Kommentar zur Wärmeschutzverordnung 1995

Anforderungsnachweise – Berechnungsbeispiele – Sonderprobleme

Von Dipl.-Ing. Thomas Ackermann, Schwetzingen

Mit zahlreichen Bildern und Tabellen

B. G. Teubner Stuttgart 1995

Die Deutsche Bibliothek – CIP-Einheitsaufnahme

Ackermann, Thomas
Kommentar zur Wärmeschutzverordnung 1995 :
Anforderungsnachweise – Berechnungsbeispiele –
Sonderprobleme ; mit Tabellen / Thomas Ackermann. –
Stuttgart : Teubner, 1995
  ISBN-13: 978-3-519-05075-9   e-ISBN-13: 978-3-322-84842-0
  DOI: 10.1007/978-3-322-84842-0

Umschlaggestaltung: Peter Pfitz, Stuttgart

Vorwort

Der vorliegende Kommentar richtet sich an alle, die den Nachweis des baulichen Wärmeschutzes nach Wärmeschutzverordnung (WSchV) 1995 erbringen müssen. Er soll Hinweise und Erläuterungen geben sowie Fragen beantworten, die sich im Zusammenhang mit dem Nachweis ergeben.

Der Kommentar gliedert sich in sechs Kapitel:

1. Kapitel: In der **Einleitung** werden die Hintergründe erläutert, die zur Novellierung der WSchV 1984 führten, sowie die maßgeblichen Anforderungen zusammengestellt, die mit der Neufassung der WSchV verbunden sind.

2. Kapitel: Mit der **Gegenüberstellung der WSchV 1984 und der WSchV 1995** werden die Unterschiede und Gemeinsamkeiten beider Verordnungen dargelegt.

3. Kapitel: Der **Kommentar der WSchV** erläutert Unklarheiten im Verordnungstext und geht auf Fragen ein, die im Zusammenhang mit dem Nachweis des baulichen Wärmeschutzes auftauchen können.

4. Kapitel: Bei der Behandlung der **Sonderprobleme** werden Hilfen zur Lösung von Fragen gegeben, die aus Einzelanforderungen der WSchV resultieren.

5. Kapitel: Anhand der **Formblätter zum Nachweis der Anforderungen an den baulichen Wärmeschutz nach WSchV 1995** wird der Berechnungsgang der verschiedenen Nachweisverfahren der Verordnung erläutert.

6. Kapitel: Mit Hilfe der **Berechnungsbeispiele** sollen Besonderheiten des Nachweises nach WSchV an realistischen Projekten dargestellt werden.

Mein Dank gilt dem Architekturbüro Huppenbauer und Engel, Leinfelden-Echterdingen - und hier besonders Herrn Dipl.-Ing. C.-B. Scherer - für die Bereitstellung, Ausarbeitung und Spezifikation der im 6. Kapitel aufgeführten Planzeichnungen.
Außerdem bin ich all jenen zu Dank verpflichtet, die mir während meiner Ausarbeitungen zu diesem Kommentar mit Rat und Tat zur Seite standen. Besonderer Dank gilt meiner Frau, die mich bei meinen Bemühungen tatkräftig unterstützte.

Schwetzingen, März 1995   Thomas Ackermann

Inhalt

1 Einleitung

1.1 Grundlagen für eine Novellierung der Wärmeschutzverordnung

Unter dem Eindruck der Veränderungen in der Erdatmosphäre (Bild 1.1), des zusätzlichen Treibhauseffektes und der daraus resultierenden Klimaveränderungen sowie der Rolle klimarelevanter Emissionen aus dem Energiesektor (Bild 1.2) legte die Enquete-Kommission "Vorsorge zum Schutz der Erdatmosphäre" 1990 ihren dritten Bericht vor [1]. In ihm kommt die Kommission bei der Betrachtung der Potentiale einzelner Emissionsminderungsmaßnahmen zu folgendem Ergebnis:

"Im Heizwärmebereich können gemäß dem Stand der Technik besonders hohe Reduktionen des Energieeinsatzes und der Spurengasemission erzielt werden. Die Kommission hält es für erforderlich, hier besonders große Anstrengungen zu unternehmen. Sie empfiehlt aufgrund der Ergebnisse des Studienprogramms, die CO_2-Emission des Heizenergieeinsatzes in allen Endenergiesektoren bis zum Jahr 2005 um bis zu 40 Prozent zu vermindern."

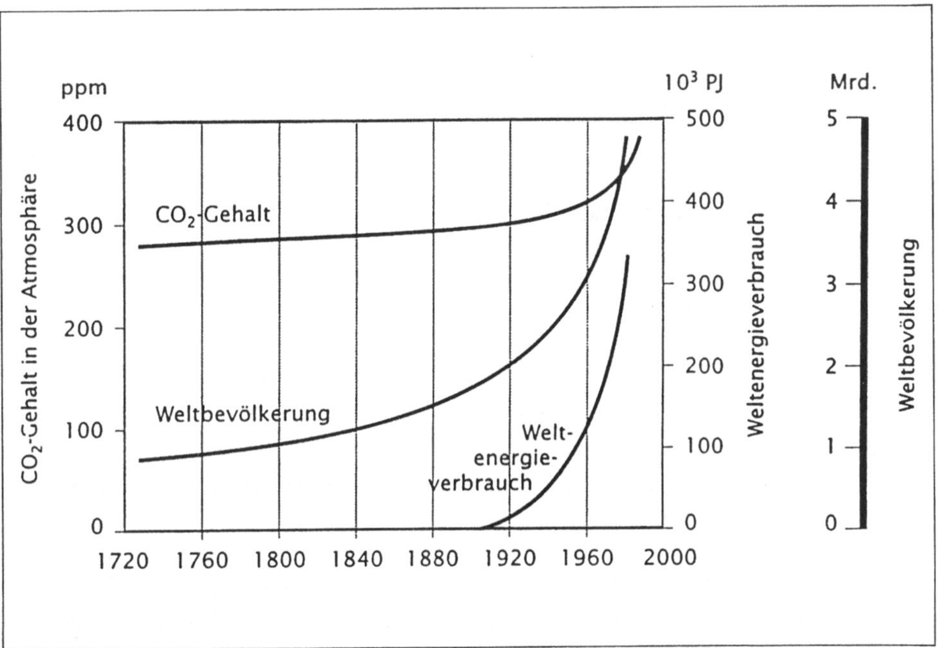

Bild 1.1 Bevölkerungs- und Schadstoffentwicklung seit 1720 nach [2]

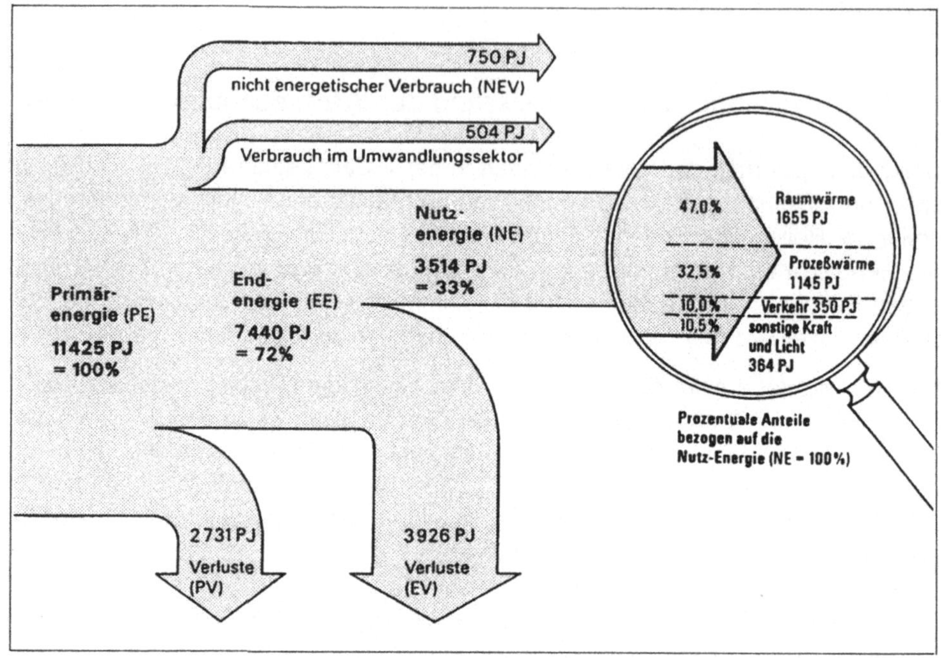

Bild 1.2 Energieflußdiagramm für Primär-, End- und Nutzenergie für die Bundesrepublik Deutschland (ohne ehemalige DDR) im Jahre 1988 nach [1]

Diese Untersuchungen bewogen den Bundesrat in einer Entschließung am 16. Februar 1990, die Bundesregierung um eine Novellierung der Wärmeschutz- und der Heizungsanlagenverordnung als Beitrag zur Verminderung des anthropogenen Treibhauseffektes zu bitten. Es wurde folgendes festgelegt:
"Bei der Novellierung der Wärmeschutzverordnung sind
- die Anforderungen an Neubauten entsprechend dem Stand der Technik ..... zu verschärfen und dabei die Anforderungen an den baulichen Wärmeschutz um mindestens 30% zu verbessern,
- der Altbaubestand dort verstärkt einzubeziehen, wo sich ein verbesserter Wärmeschutz wirtschaftlich vertreten läßt."
Das Bundeskabinett beschloß am 07. November 1990 "eine Überarbeitung der einschlägigen energiespar- und immissionsschutzrechtlichen Vorschriften". Dabei soll die energetische Qualität von Neubauten an den Standard von Niedrigenergiehäusern angepaßt werden. Dieser Standard wurde in einer Empfehlung des Bundesbauministeriums "Wege zum Niedrigenergiehaus" [3] aus dem Jahre 1988 mit einem maximalen Heizwärmebedarf von 100 kWh/(m²a) definiert.

Mit diesen Festlegungen von Bundesrat und Bundeskabinett war der Rahmen für eine Novellierung festgeschrieben, und zwar durch folgende Punkte:

- Verminderung des Jahresheizwärmebedarfs um 30%.
- Maximal möglicher Jahresheizwärmebedarf $Q''_H \leq 100$ kWh/(m²a).
- Berücksichtigung der Wirtschaftlichkeit von Energiesparmaßnahmen.

Ziel der Festlegungen war es, den Jahresheizwärmebedarf bei Gebäuden, die entsprechend den Maßgaben der Wärmeschutzverordnung 1984 errichtet wurden, im Mittel um 30% zu vermindern (Bild 1.3).

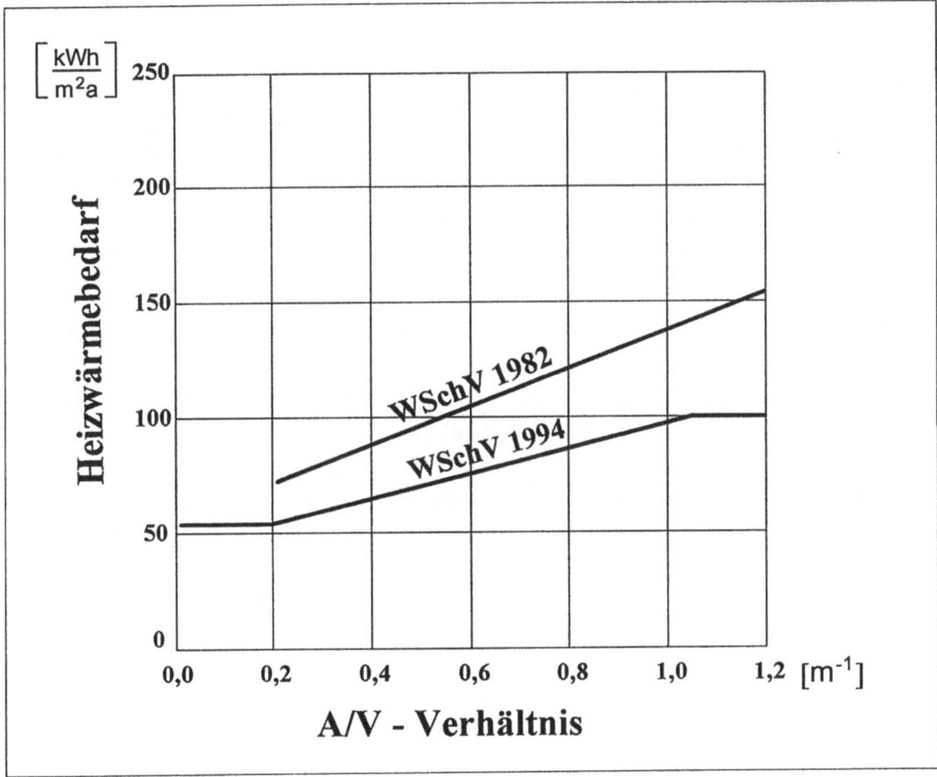

Bild 1.3 Jahresheizwärmebedarf nach WSchV 1984 und WSchV 1995

1.2 Rechtliche Belange

Die Wärmeschutzverordnung basiert auf den Maßgaben des Energieeinsparungsgesetzes (EnEG) vom 22. Juli 1976 [8], dessen § 1 Absatz 1 wie folgt lautet:

"Wer ein Gebäude errichtet, das seiner Zweckbestimmung nach beheizt oder gekühlt werden muß, hat, um Energie einzusparen, den Wärmeschutz nach Maßgabe der nach Absatz 2 zu erlassenden Rechtsverordnung so zu entwerfen und auszuführen, daß beim Heizen und Kühlen vermeidbare Energieverluste unterbleiben."

In der gleichen Verordnung wird auch darauf hingewiesen, daß Maßnahmen zur Energieeinsparung wirtschaftlich sein müssen. § 5 Absatz 1 lautet:

"Die in den Rechtsverordnungen nach §§ 1 bis 4 aufgestellten Anforderungen müssen nach dem Stand der Technik erfüllbar und für Gebäude gleicher Art und Nutzung wirtschaftlich vertretbar sein. Anforderungen gelten als wirtschaftlich vertretbar, wenn generell die erforderlichen Aufwendungen innerhalb der üblichen Nutzungsdauer durch die eintretenden Einsparungen erwirtschaftet werden können. Bei bestehenden Gebäuden ist die noch zu erwartende Nutzungsdauer zu berücksichtigen."

Die Ausführungen des § 5 Absatz 1 EnEG weisen darauf hin, daß zur Erfüllung der in den Rechtsverordnungen nach den §§ 1 bis 4 des EnEG aufgestellten Anforderungen der "Stand der Technik" zugrundezulegen ist (Erläuterungen zu "Stand der Technik" siehe § 4 Absatz 3 WSchV, Kapitel 3).

Die in Kapitel 1.1 aufgelisteten Grundsatzforderungen von Bundesrat und Bundeskabinett bestimmten in Verbindung mit dem Anspruch der Wirtschaftlichkeit entsprechend EnEG den Rahmen zur Novelle der Wärmeschutzverordnung 1995.

2 Gegenüberstellung der Wärmeschutzverordnung 1984 und der Wärmeschutzverordnung 1995

2.1 Gliederung der Wärmeschutzverordnung 1984 und der Wärmeschutzverordnung 1995

Im Rahmen der Novellierung der Wärmeschutzverordnung wurde beschlossen, neben einem neuen Berechnungsalgorithmus - der in Einklang mit den europäischen Normen zur Ermittlung des Heizwärmebedarfs von Gebäuden steht (z.B. DIN EN 832 [24]) - und dem Bezug auf eine energiekennzeichnende Einheit (kWh/(m³a) bzw. kWh/(m²a)) auch die Struktur und Gliederung der neuen Verordnung zu verbessern.

Eine Gegenüberstellung der Gliederung der Wärmeschutzverordnung 1984 mit der Wärmeschutzverordnung 1995 ist in Bild 2.1 dargestellt (s. S. 13).

2.1.1 Verordnungstext

Da sich bezüglich der Einteilung der Nutzungsarten verschiedener Gebäude keine Unterschiede zwischen den beiden Verordnungen ergaben, weist auch der Verordnungstext der Wärmeschutzverordnung (WSchV) 1995 gegenüber der Version von 1984 eine ähnliche Struktur auf. In beiden Fällen behandelt der 1. Abschnitt ("Gebäude mit normalen Innentemperaturen" bzw. "Zu errichtende Gebäude mit normalen Innentemperaturen") Gebäude mit einer Innentemperatur $t_i \geq 19°C$. Im zweiten Abschnitt ("Gebäude mit niedrigen Innentemperaturen" bzw. "Zu errichtende Gebäude mit niedrigen Innentemperaturen") werden Gebäude mit einer Innentemperatur $12°C \leq t_i < 19°C$ erfaßt. Da Gebäude für Sport- und Versammlungszwecke (3. Abschnitt nach WSchV 1984) wie normalbeheizte Gebäude zu behandeln sind, wenn sie auf eine Innentemperatur $t_i \geq 15°C$ und mehr als 3 Monate im Jahr beheizt werden, wurde dieser Abschnitt in der WSchV 1995 in den 1. Abschnitt integriert. Hierdurch wird jedoch - im Gegensatz zur WSchV 1984 - ausgeschlossen, daß bei Bauteilen ohne zusätzliche Wärmedämmung, die an das Erdreich grenzen, der Wärmedurchgangskoeffizient k_G in Abhängigkeit von der Gebäudegrundfläche A_G ermittelt werden kann.

Entsprechend der weiteren Abfolge der Nutzungsarten folgt - bei der WSchV 1984 in Abschnitt 4, bei der WSchV 1995 in Abschnitt 3 - die Behandlung "Baulicher Änderungen bestehender Gebäude". Abschließend sind im 5. Abschnitt nach WSchV 1984 bzw. im 4. Abschnitt nach WSchV 1995 die "Ergänzenden Vorschriften" erfaßt.

2.1.2 Anlagen

Bei der Strukturierung der Anlagen wurde zur Schaffung einer größeren Transparenz bei der WSchV 1995 eine ähnliche Gliederung wie im Verordnungstext eingeführt, so daß in Anlage 1 die Anforderungen an normalbeheizte Gebäude, in Anlage 2 die Anforderungen an niedrig beheizte Gebäude und in Anlage 3 die Anforderungen an bauliche Änderungen bestehender Gebäude festgelegt sind. Diese Umstrukturierung bringt zwar einige Unterschiede zur WSchV 1984, ist aber in der Anwendung - bedingt durch die übersichtlichere Gestaltung - besser handhabbar. Die Überschriften der Anlage 1 in der WSchV 1984 bzw. in der WSchV 1995 "Anforderungen zur Begrenzung des Wärmedurchgangs (Transmissionswärmeverluste) bei Gebäuden mit normalen Innentemperaturen" bzw. "Anforderungen zur Begrenzung des Jahres-Heizwärmebedarfs Q_H bei zu errichtenden Gebäuden mit normalen Innentemperaturen" lassen bereits einen deutlichen Unterschied zwischen beiden Varianten erkennen: Während in Anlage 1 der WSchV 1984 nur auf eine Begrenzung der Transmissionswärmeverluste eingegangen wird - d.h. die Verluste über wärmeübertragende Umfassungsflächen - , liegt dem Berechnungsalgorithmus nach Anlage 1 der WSchV 1995 ein Energiebilanzverfahren des gesamten Gebäudes zugrunde. Die in Anlage 2 der WSchV 1984 aufgeführten "Anforderungen zur Begrenzung der Wärmeverluste infolge Undichtheit" wurden in der WSchV 1995 unter der Bezeichnung "Anforderungen an die Dichtheit zur Begrenzung der Wärmeverluste" in Anlage 4 erfaßt. Die Überschriften von Anlage 3 der WSchV 1984 "Anforderungen zur Begrenzung des Wärmedurchgangs (Transmissionswärmeverluste) bei Gebäuden mit niedrigen Innentemperaturen" und von Anlage 2 in WSchV 1995 "Anforderungen zur Begrenzung des Jahres-Transmissionswärmebedarfs Q_T bei zu errichtenden Gebäuden mit niedrigen Innentemperaturen" lassen erkennen, daß der Berechnungsgang in beiden Verordnungen ähnlich ist. Im Gegensatz zur WSchV 1984, in der die Anforderungen an bauliche Änderungen bestehender Gebäude in Anlage 1 erfaßt wurden, sind die "Anforderungen zur Begrenzung des Wärmedurchgangs bei erstmaligem Einbau, Ersatz oder Erneuerung von Außenbauteilen bestehender Gebäude" in der WSchV 1995 gesondert in Anlage 3 enthalten.

Gliederung der Verordnungen

Wärmeschutzverordnung 1984	Wärmeschutzverordnung 1995
1. Abschnitt Gebäude mit normalen Innentemperaturen	**1. Abschnitt** Zu errichtende Gebäude mit normalen Innentemperaturen
2. Abschnitt Gebäude mit niedrigen Innentemperaturen	**2. Abschnitt** Zu errichtende Gebäude mit niedrigen Innentemperaturen
3. Abschnitt Gebäude für Sport- und Versammlungszwecke	**3. Abschnitt** Bauliche Änderungen bestehender Gebäude
4. Abschnitt Bauliche Änderungen bestehender Gebäude	**4. Abschnitt** Ergänzende Vorschriften
5. Abschnitt Ergänzende Vorschriften	
Anlage 1 Anforderungen zur Begrenzung des Wärmedurchgangs (Transmissionswärmeverluste) bei Gebäuden mit normalen Innentemperaturen	**Anlage 1** Anforderungen zur Begrenzung des Jahres-Heizwärmebedarfs Q_H bei zu errichtenden Gebäuden mit normalen Innentemperaturen
Anlage 2 Anforderungen zur Begrenzung der Wärmeverluste infolge Undichtheiten	**Anlage 2** Anforderungen zur Begrenzung des Jahres-Transmissionswärmebedarfs Q_T bei zu errichtenden Gebäuden mit niedrigen Innentemperaturen
Anlage 3 Anforderungen zur Begrenzung des Wärmedurchgangs (Transmissionswärmeverluste) bei Gebäuden mit niedrigen Innentemperaturen	**Anlage 3** Anforderungen zur Begrenzung des Wärmedurchgangs beim erstmaligen Einbau, Ersatz oder Erneuerung von Außenbauteilen bestehender Gebäude
	Anlage 4 Anforderungen an die Dichtheit zur Begrenzung der Wärmeverluste

Bild 2.1: Gegenüberstellung der Gliederungen von WSchV 1984 und WSchV 1995

2.2 Nachweis der Anforderungen bei Gebäuden mit normalen Innentemperaturen

Bereits bei der Anforderungsgrenze zeigt sich der maßgebliche Unterschied zwischen der Wärmeschutzverordnung 1984 und der Wärmeschutzverordnung 1995. Bei der WSchV 1984 war nachzuweisen, daß der mittlere vorhandene Wärmedurchgangskoeffizient vorh. k_m kleiner oder gleich dem mittleren zulässigen Wärmedurchgangskoeffizient zul. k_m ist. Der mittlere zulässige Wärmedurchgangskoeffizient zul. k_m wird dabei in Abhängigkeit vom Verhältnis der wärmeübertragenden Flächen A zum davon eingeschlossenen beheizten Volumen V ermittelt. Nach WSchV 1995 ist nachzuweisen, daß der vorhandene Jahres-Heizwärmebedarf vorh. Q'_H (bei Bezug auf das beheizte Volumen) bzw. vorh. Q''_H (bei Bezug auf die beheizte Nutzfläche) kleiner oder gleich dem zulässigen Jahres-Heizwärmebedarf zul. Q'_H bzw. zul. Q''_H ist. Der Wert des zulässigen Jahres-Heizwärmebedarfs wird - wie der zulässige mittlere Wärmedurchgangskoeffizient zul. k_m nach WSchV 1984 - in Abhängigkeit vom Verhältnis der wärmeübertragenden Fläche A (nach Anlage 1 Ziffer 1.1) zum davon eingeschlossenen beheizten Volumen V (nach Anlage 1 Ziffer 1.3) ermittelt.

Nach WSchV 1984 gehen in die Berechnung des vorhandenen mittleren Wärmedurchgangskoeffizienten vorh. k_m nur die Transmissionswärmeverluste, d.h. der Anteil der Wärme ein, der über Bauteile verlorengeht, die das Gebäude gegen die Außenluft, das Erdreich oder Bereiche mit wesentlich niedrigeren Temperaturen abgrenzen. Nach WSchV 1995 wird der Jahres-Heizwärmebedarf, d.h. eine Wärmebilanz des Gebäudes ermittelt. In diese Bilanzierung gehen neben den Transmissionswärmeverlusten Q_T und den Lüftungswärmeverlusten Q_L auch solare Wärmegewinne Q_S und interne Wärmegewinne Q_i ein.

Der vorhandene mittlere Wärmedurchgangskoeffizient vorh. k_m nach WSchV 1984 wird ermittelt, indem man die Summe der Verluste über die einzelnen Bauteile bildet, mit einem spezifischen Reduktionsfaktor r zur Berücksichtigung der jeweiligen Wärmeübertragung multipliziert Σ ($r_i \cdot k_i \cdot A_i$) und durch die Summe der wärmeübertragenden Außenflächen Σ A_i dividiert. Der Jahres-Heizwärmebedarf nach WSchV 1995 ergibt sich aus der Summe der Wärmeverluste Q_T und Q_L, abzüglich der Wärmegewinne Q_S und Q_i. Die Wärmeverluste werden dabei mit einem Reduktionsfaktor 0,9 multipliziert. Dieser als Teilbeheizungsfaktor bezeichnete Wert soll berücksichtigen, daß ein Gebäude in der Regel nicht in der Gesamtheit seiner Nutzfläche beheizt wird, und daß moderne Heizungsanlagen in der Nacht eine Absenkung der Innenraumtemperatur vornehmen.

Der Jahres-Heizwärmebedarf wird in der Einheit kWh/(m³a) bzw. kWh/(m²a) berechnet. Damit wird deutlich, daß sich der Nachweis des baulichen Wärmeschutzes nach WSchV 1995 auf eine Energiebilanz bezieht.

Nachweis der Anforderungen
bei
Gebäuden mit normalen Innentemperaturen

Wärmeschutzverordnung 1984	Wärmeschutzverordnung 1995
1. Anforderungsgrenze: mittlerer Wärmedurchgangskoeffizient vorh. $k_m \leq$ zul. k_m in Abhängigkeit von A/V oder Einzelbauteilverfahren	**1. Anforderungsgrenze:** Jahres-Heizwärmebedarf vorh $Q'_H \leq$ zul. Q'_H bzw. vorh. $Q''_H \leq$ zul. Q''_H in Abhängigkeit von A/V oder Einzelbauteilverfahren
2. Verlust- und Gewinnanteile: Transmissionswärmeverluste über die Gebäudehülle	**2. Verlust- und Gewinnanteile:** - Transmissionswärmeverluste Q_T - Lüftungswärmeverluste $\quad Q_L$ - Solare Gewinne $\quad\quad\quad Q_S$ - Interne Gewinne $\quad\quad\quad Q_I$
3. Berechnung: $$\text{vorh. } k_m = \frac{\Sigma\, (r_i * k_i * A_i)}{\Sigma\, A_i}$$	**3. Berechnung:** $$\text{vorh. } Q_H = 0{,}9 * (Q_T + Q_L) - (Q_S + Q_I)$$
4. Einheit: W/(m²K)	**4. Einheit:** kWh/(m³a) bzw. kWh/(m²a) bei Raumhöhe $h \leq 2{,}6$ m

Bild 2.2 Gegenüberstellung der Gliederungen von WSchV 1984 und WSchV 1995

2.3 Nachweis der Anforderungen bei Gebäuden mit niedrigen Innentemperaturen

Im Unterschied zum Nachweis der Gebäude mit normalen Innentemperaturen zeigt hier bereits die Anforderungsgrenze, daß es beim Nachweis der Anforderungen für Gebäude mit niedrigen Innentemperaturen nur geringfügige Unterschiede zwischen der Wärmeschutzverordnung 1984 und der Wärmeschutzverordnung 1995 gibt.

Nach WSchV 1984 war nachzuweisen, daß der mittlere vorhandene Wärmedurchgangskoeffizient vorh. k_m kleiner oder gleich dem mittleren zulässigen Wärmedurchgangskoeffizient zul. k_m ist. Der mittlere zulässige Wärmedurchgangskoeffizient zul. k_m wird dabei in Abhängigkeit vom Verhältnis der wärmeübertragenden Flächen A zum davon eingeschlossenen beheizten Volumen V ermittelt. Gemäß WSchV 1995 ist nachzuweisen, daß der vorhandene Jahres-Transmissionswärmebedarf vorh. Q'_T (bei Bezug auf das beheizte Volumen) bzw. vorh. Q''_T (bei Bezug auf die beheizte Nutzfläche) kleiner oder gleich dem zulässigen Jahres-Transmissionswärmebedarf zul. Q'_T bzw. zul. Q''_T ist. Der Wert des zulässigen Jahres-Transmissionswärmebedarfs wird - wie der zulässige mittlere Wärmedurchgangskoeffizient zul. k_m nach WSchV 1984 - in Abhängigkeit vom Verhältnis der wärmeübertragenden Fläche A (nach Anlage 1 Ziffer 1.1) zum davon eingeschlossenen beheizten Volumen V (nach Anlage 1 Ziffer 1.3) ermittelt.

Nach WSchV 1984 gehen in die Berechnung des vorhandenen mittleren Wärmedurchgangskoeffizienten vorh. k_m nur die Transmissionswärmeverluste, d.h. der Anteil der Wärme ein, der über Bauteile verlorengeht, die das Gebäude gegen die Außenluft, das Erdreich oder Bereiche mit wesentlich niedrigeren Temperaturen abgrenzen. Dies gilt auch für den Nachweis nach WSchV 1995: Bei diesem Nachweis werden nur die Wärmeverluste über die Gebäudehülle betrachtet.

Der vorhandene mittlere Wärmedurchgangskoeffizient vorh. k_m nach WSchV 1984 wird aus der Summe der Verluste über die einzelnen Bauteile ermittelt, mit einem spezifischen Reduktionsfaktor r zur Berücksichtigung der jeweiligen Wärmeübertragung $\Sigma (r_i \cdot k_i \cdot A_i)$ multipliziert und durch die Summe der wärmeübertragenden Außenflächen ΣA_i dividiert. Der Jahres-Transmissionswärmebedarf nach WSchV 1995 ergibt sich in gleicher Weise, nur wird zu dessen Bestimmung die Summe der Verluste über Außenbauteile mit der einheitenbereinigten Heizgradtagzahl multipliziert (s.a. Kapitel 3, Erläuterungen zu Anlage 2) und durch das beheizte Volumen dividiert.

Der Jahres-Transmissionswärmebedarf wird in der Einheit $kWh/(m^3 a)$ bzw. $kWh/(m^2 a)$ berechnet. Damit wird berücksichtigt, daß sich der Nachweis des baulichen Wärmeschutzes nach WSchV 1995 auf eine Energiebilanz bezieht.

Nachweis der Anforderungen
bei
Gebäuden mit niedrigen Innentemperaturen

Wärmeschutzverordnung 1984	Wärmeschutzverordnung 1995
1. Anforderungsgrenze: mittlerer Wärmedurchgangskoeffizient vorh. $k_m \leq$ zul. k_m in Abhängigkeit von A/V	**1. Anforderungsgrenze:** Jahres-Transmissionswärmebedarf vorh. $Q'_T \leq$ zul. Q'_T in Abhängigkeit von A/V
2. Verlust- und Gewinnanteile: Transmissionswärmeverluste über die Gebäudehülle	**2. Verlust- und Gewinnanteile:** Transmissionswärmeverluste Q_T über die Gebäudehülle
3. Berechnung: $$\text{vorh. } k_m = \frac{\Sigma\,(r_i * k_i * A_i)}{\Sigma\,A_i}$$	**3. Berechnung:** $$\text{vorh. } Q'_T = \frac{30 * \Sigma\,(r_i * k_i * A_i)}{V}$$
4. Einheit: W/(m²K)	**4. Einheit:** kWh/(m³a)

Bild 2.3 Gegenüberstellung der Gliederungen von WSchV 1984 und WSchV 1995

2.4 Nachweis der Anforderungen bei baulichen Änderungen bestehender Gebäude

Der Nachweis der Anforderungen an den baulichen Wärmeschutz nach Wärmeschutzverordnung 1995 erfolgt in gleicher Weise wie der Nachweis nach Wärmeschutzverordnung 1984. In beiden Fällen muß belegt werden, daß der vorhandene Wärmedurchgangskoeffizient einzelner Bauteile vorh. k kleiner oder höchstens gleich dem zulässigen Wärmedurchgangskoeffizienten zul. k ist.

Aufgrund des gleichen Nachweisverfahrens sind in beiden Fällen die Einheiten - $W/(m^2K)$ - gleich.

Nachweis der Anforderungen
bei
baulichen Änderungen bestehender Gebäude

Wärmeschutzverordnung 1984	Wärmeschutzverordnung 1995
1. Anforderungsgrenze: Wärmedurchgangskoeffizient der Bauteile vorh. k ≤ zul. k	**1. Anforderungsgrenze:** Wärmedurchgangskoeffizient der Bauteile vorh. k ≤ zul. k
2. Einheit: $W/(m^2K)$	**2. Einheit:** $W/(m^2K)$

Bild 2.4   Gegenüberstellung der Gliederungen von WSchV 1984 und WSchV 1995

3 Kommentierung der Wärmeschutzverordnung 1995

Verordnung

über einen

energiesparenden Wärmeschutz bei Gebäuden

(Wärmeschutzverordnung - WärmeschutzV)

Vom 16. August 1994

Aufgrund des § 1 Abs. 2 sowie der §§ 4 und 5 des Energieeinsparungsgesetzes vom 22. Juli 1976 (BGBl. I S. 1873), von denen die §§ 4 und 5 durch Gesetz vom 20. Juni 1980 (BGBl. I S. 701) geändert worden sind, verordnet die Bundesregierung:

Erster Abschnitt

Zu errichtende Gebäude mit normalen Innentemperaturen

Erläuterungen: In Anlehnung an andere Anforderungen - wie beispielsweise die Arbeitsstättenrichtlinien [6] und DIN 4108 Teil 2 Ziffer 1 [12] - wurde in der WSchV 1995 als Grenzwert für Gebäude mit normalen Innentemperaturen eine Sollinnnentemperatur $t_i \geq 19°C$ festgelegt. Die Sollinnentemperatur bedeutet, daß bei Gebäuden mit unterschiedlichen Temperaturzonen nicht eine über das Gebäude gemittelte Temperatur zur Einstufung herangezogen wird, sondern daß der Bereich mit normalen Innentemperaturen nur die Zonen beinhaltet, die auf $t_i \geq 19°C$ beheizt werden.

§ 1

Anwendungsbereich

Bei der Errichtung der nachstehend genannten Gebäude ist zum Zwekke der Energieeinsparung der Jahres-Heizwärmebedarf dieser Gebäude durch Anforderungen an den Wärmedurchgang der Umfassungsfläche und an die Lüftungswärmeverluste nach den Vorschriften dieses Abschnittes zu begrenzen:

Erläuterungen: Zur Verminderung des Jahres-Heizwärmebedarfs stehen als frei gestaltbare Elemente der Heizwärmebilanz eines Gebäudes die Transmissions- und Lüftungswärmeverluste sowie die solaren Gewinne zur Verfügung. Die Einflußmöglichkeiten beziehen sich auf eine Verbesserung der Wärmedämmqualität der wärmeübertragenden (transmittierenden) Bauteile, auf den Einsatz lüftungstechnischer Anlagen sowie auf die Möglichkeit einer optimalen Ausrichtung der Hauptverglasungsflächen nach Süd oder West. Lediglich der Betrag der internen Gewinne ist bereits aufgrund der Gebäudenutzung festgelegt und kann daher nicht mehr beeinflußt werden.

1.   Wohngebäude,

2.   Büro- und Verwaltungsgebäude,

3.   Schulen, Bibliotheken,

4. Krankenhäuser, Altenwohnheime, Altenheime, Pflegeheime, Entbindungs- und Säuglingsheime sowie Aufenthaltsgebäude in Justizvollzugsanstalten und Kasernen,

5. Gebäude des Gaststättengewerbes,

6. Waren- und sonstige Geschäftshäuser,

7. Betriebsgebäude, soweit sie nach ihrem üblichen Verwendungszweck auf Innentemperaturen von mindestens 19°C beheizt werden,

8. Gebäude für Sport- und Versammlungszwecke, soweit sie nach ihrem üblichen Verwendungszweck auf Innentemperaturen von mindestens 15°C und jährlich mehr als 3 Monate beheizt werden,

9. Gebäude, die eine nach den Nummern 1 bis 8 gemischte oder eine ähnliche Nutzung aufweisen.

Erläuterungen: Die Aufzählung umfaßt alle Nutzungsarten, für die die Anforderungen an zu errichtende Gebäude mit normalen Innentemperaturen erfüllt werden müssen. Dabei wurde bewußt in Kauf genommen, daß es sich bei der vorliegenden Darstellung der verschiedenen Nutzungsarten um keine vollständige Erfassung handelt. Um jedoch zu verhindern, daß alle nicht aufgezählten Nutzungsarten unberücksichtigt bleiben, wird in Nr. 9 darauf verwiesen, daß auch Gebäude mit einer gemischten oder ähnlichen Nutzung wie nach Nr. 1 bis 8 als normalbeheizt einzustufen sind.

In Nr. 7 werden auch Betriebsgebäude erfaßt, die aufgrund ihrer Nutzung oder aufgrund von Anforderungen entsprechend den Arbeitsstättenrichtlinien auf Innentemperaturen $t_i \geq 19°C$ beheizt werden müssen. Dies betrifft in erster Linie Bereiche mit vorwiegend sitzender Tätigkeit oder Gebäude, in denen aufgrund herstellungstechnischer Anforderungen eine Innentemperatur von mindestens 19°C eingehalten werden muß.

Gebäude, die in der Auflistung nach Nr. 1 bis 9 nicht enthalten sind, werden entweder nur auf eine Innentemperatur $12°C \leq t_i < 19°C$ beheizt und sind dann gemäß Abschnitt 2 zu behandeln, oder sie fallen unter die Ausnahmen der Anforderungen gemäß § 11.

§ 2

Begriffsbestimmungen

(1) Der Jahres-Heizwärmebedarf eines Gebäudes im Sinne dieser Verordnung ist diejenige Wärme, die ein Heizsystem unter den Maßgaben des in Anlage 1 angegebenen Berechnungsverfahrens jährlich für die Gesamtheit der beheizten Räume dieses Gebäudes bereitzustellen hat.

Erläuterungen: Der Jahres-Heizwärmebedarf soll eine Aussage über den jährlich zu erwartenden Heizwärmeverbrauch machen. Dabei wird der rechnerisch ermittelte "Verbrauch" als "Bedarf" bezeichnet, da er auf standardisierten Randbedingungen basiert, die sich von den tatsächlichen Randbedingungen deutlich unterscheiden. Wie in Anlage 1 Ziffer 1.6.1 dargelegt, werden die klimatischen Daten auf einen meteorologisch repräsentativen Ort in der Bundesrepublik Deutschland bezogen, wobei entsprechende Untersuchungen ergaben, daß diese Anforderung von Würzburg erfüllt werden.
Der ermittelte Jahres-Heizwärmebedarf (sowohl flächen- als auch volumenbezogen) kann als Heizwärmekennzahl eines Gebäudes gewertet werden. Diese Kennzahl ermöglicht energetische Vergleiche verschiedener Planungs- und Konstruktionsvarianten unabhängig vom jeweiligen Standort. Der Heizwärmebedarf macht jedoch keine Aussage über den für Heizzwecke tatsächlich zu erwartenden Energieverbrauch eines Gebäudes. Hierfür müssen die jeweiligen objekt- und ortsspezifischen Randbedingungen hinzugezogen werden; eine Berechnung dieser Art ist gemäß DIN V 4108-6 [16] durchzuführen. Außerdem entspricht der Heizwärmebedarf nicht dem nach DIN 4701 Teil 1 [17] ermittelten Norm-Wärmebedarf, da dieser zur Dimensionierung der Heizungsanlagen herangezogen wird und einen Leistungswert darstellt.
Der zu ermittelnde Netto-Heizwärmebedarf gibt nur den Betrag an Heizwärme wieder, der zur Aufrechterhaltung einer Innenraumtemperatur von größer oder gleich 20°C in Gebäuden erforderlich ist. Hierin ist nicht der Betrag an Heizwärme enthalten, der zur Bereitstellung von warmem Brauchwasser benötigt wird, und er enthält auch nicht die Kessel-, Abgas- und Rohrleitungsverluste, die bei der Wärmebereitung und Wärmeverteilung anfallen.

(2) Beheizte Räume im Sinne dieser Verordnung sind Räume, die aufgrund bestimmungsgemäßer Nutzung direkt oder durch Raumverbund beheizt werden.

Erläuterungen: Unter Direktbeheizung sind alle technischen Möglichkeiten wie z.B. zentrale Heizungsanlagen, aber auch Einzelraumheizungen zu verstehen.

Als Räume, die nicht selbst beheizt werden, die aber im Verbund mit beheizten Räumen stehen, können beispielsweise interne Flure in beheizten Gebäuden, Lagerräume von Verkaufstätten, die an den beheizten Bereich direkt angrenzen, oder Zentraltreppenhäuser in Büro- und Verwaltungsbauten angesehen werden. Durch die Nutzung im direkten Einzugsbereich muß davon ausgegangen werden, daß die Verbindungen zwischen beheizten und unbeheizten Zonen nicht durch ständige geschlossene Abtrennungen - z.B. Türen - voneinander abgegrenzt werden. Es ist vielmehr zu erwarten, daß mögliche Verbindungen geöffnet sind und sich damit auch in den angrenzenden Bereichen eine Innentemperatur $t_i \geq 19°C$ einstellt. Mit dieser Einteilung steht die Wärmeschutzverordnung auch im Einklang mit DIN 4108, Teil 2 Ziffer 1 [12], in der es heißt: "Nebenräume, die zu Aufenthaltsräumen gehören, werden wie Aufenthaltsräume behandelt".

In das beheizte Volumen nicht einbezogen werden dagegen unbeheizte Glasvorbauten, auch wenn sie direkt an das beheizte Kerngebäude angrenzen. Während bei Räumen und Bereichen, die in das beheizte Volumen einbezogen werden, aufgrund der dort vorliegenden Nutzung Anforderungen an die Innenraumtemperatur gegeben sind, bestehen keine Anforderungen an die Innenraumtemperatur unbeheizter Glasvorbauten. Unbeheizte Glasvorbauten sollen - bezüglich ihrer Energieeinsparwirkung - nur verhindern, daß über die angrenzenden Bereiche des beheizten Kernhauses Wärme nach außen abgeführt wird, d.h. die unbeheizten Glasvorbauten stellen einen Pufferbereich dar. Falls zu Zeiten niedriger Außentemperaturen Fenster oder Türen zu unbeheizten Glasvorbauten geöffnet wären, würde dies zu einem erheblichen Wärmestrom vom beheizten Kernhaus in den unbeheizten Glasvorbau und damit zu erheblichen Heizwärmeverlusten führen. Da hierfür keine Notwendigkeit besteht und die vorliegende Verordnung bestrebt ist, Energie einzusparen, können unbeheizte Glasvorbauten nicht zum beheizten Volumen hinzugezählt werden.

§ 3

Begrenzung des Jahres-Heizwärmebedarfs Q_H

(1) Der Jahres-Heizwärmebedarf ist nach Anlage 1 Ziffer 1 und 6 zu begrenzen. Für kleine Wohngebäude mit bis zu zwei Vollgeschossen und

nicht mehr als drei Wohneinheiten gilt die Verpflichtung nach Satz 1 als erfüllt, wenn die Anforderungen nach Anlage 1 Ziffer 7 eingehalten werden.

Erläuterungen: Generell ist für Gebäude nach § 1 Nr. 1 bis Nr. 9 der Nachweis des Jahres-Heizwärmebedarfs nach Anlage 1 Ziffer 1 unter Einbeziehung der Transmissions- und Lüftungswärmeverluste sowie der solaren und internen Gewinne zu führen.

Für kleine Wohngebäude mit bis zu zwei Vollgeschossen und nicht mehr als drei Wohneinheiten kann vom Nachweis in Form einer Heizwärme-Bilanz abgewichen und dem Planer die Möglichkeit gegeben werden, den Nachweis alternativ durch die Einhaltung der Anforderungen an die Einzelbauteile zu führen.

In mehreren Bundesländern wird bei den oben genannten kleinen Wohngebäuden - entsprechend den Vorschriften des jeweiligen Bundeslandes - der Wärmeschutznachweis nur auf Antrag geprüft; in Bayern wurde die Bauordnung beispielsweise dahingehend geändert, daß solche Gebäude in Gebieten mit qualifiziertem Bebauungsplan von der Baugenehmigungspflicht freigestellt sind. Um den zeitlichen Aufwand für einen Nachweis der Anforderungen an den baulichen Wärmeschutz - insbesondere bei nicht-prüfpflichtigen kleinen Wohngebäuden - zu vermindern und um den entsprechenden Bauherren und Planern ein Verfahren an die Hand zu geben, mit dem die Anforderungen an einzelne Bauteile klar definiert werden können, wurde das verkürzte "Einzelbauteilverfahren" als eingeschränkt mögliche Variante zugelassen.

(2) Werden mechanisch betriebene Lüftungsanlagen eingesetzt, können diese bei der Ermittlung des Jahres-Heizwärmebedarfes nach Maßgabe der Anlage 1 Ziffer 1.6.3 und 2 berücksichtigt werden.

Erläuterungen: Damit soll dem Umstand Rechnung getragen werden, daß durch die Verwendung lüftungstechnischer Einrichtungen deutlich niedrigere Lüftungswärmeverluste entstehen als bei reiner Fensterlüftung. Um die Energieeinsparung der verschiedenen technischen Möglichkeiten entsprechend ihres Wirkungsgrades zu berücksichtigen, werden Anlagen zur reinen Be- und Entlüftung, Anlagen zur Be- und Entlüftung mit Wärmerückgewinnung und Anlagen zur Be- und Entlüftung mit Wärmerückgewinnung und einer Wärmepumpe im Fortluftkanal unterschiedlich bewertet.

Genauere Angaben über die Höhe der jeweils gültigen Reduktionsfaktoren sind Anlage 1 Ziffer 1.6.3 zu entnehmen.

(3) Ferner gelten folgende Anforderungen:

1. Bei Flächenheizungen in Bauteilen, die beheizte Räume gegen die
    Außenluft, das Erdreich oder gegen Gebäudeteile mit wesentlich
    niedrigeren Innentemperaturen abgrenzen, ist der Wärmedurch-
    gang nach Anlage 1 Ziffer 3 zu begrenzen.

Erläuterungen: Da aufgrund des direkten Kontaktes des Heizmediums Flächen-
heizung mit dem trennenden Bauteil gegen Außenluft, Erdreich oder Gebäudeteilen mit wesentlich niedrigeren Innnentemperaturen mit einem erhöhten
Wärmeabfluß gerechnet werden muß, soll durch die Anforderungen an den
Wärmedurchgangskoeffizient dieser Bauteile eine Verminderung der Verluste erreicht werden. Die Anforderungen, die an die trennenden Bauteile
gestellt werden, sind in Anlage 1 Ziffer 3 festgelegt.
Erläuterungen zum Begriff "wesentlich niedrigere Innentemperaturen" siehe
Anlage 1 Ziffer 1.5.2.3.

2. Der Wärmedurchgangskoeffizient für Außenwände im Bereich von
    Heizkörpern darf den Wert der nichttransparenten Außenwände
    des Gebäudes nicht überschreiten.

Erläuterungen: Werden Heizkörper vor Außenwänden angeordnet, wird in diesem Bereich die Wand häufig verschwächt, um die Verluste an nutzbarer
Raumfläche zu minimieren. Hierdurch wird jedoch die Wärmedämmqualität
der Außenwand vermindert. Da es sich um eine energetisch brisante Stelle
handelt - mit der Anordnung der Heizkörper direkt vor der Wand sind auch
höhere Wandoberflächentemperaturen und damit höhere Energieverluste
verbunden -, soll vermehrten Wärmeverlusten durch eine schlechtere Wärmedämmung entgegengewirkt werden, indem die Außenwand im Bereich
dieser Heizkörpernischen keinen ungünstigeren Wärmedurchgangskoeffizienten aufweisen darf als im ungestörten Bereich. Wird eine Außenwand im
Bereich von Heizkörpern verschwächt, muß durch zusätzliche Dämmaßnah-
men ein Wärmedurchgangskoeffizient wie im flächigen Wandbereich geschaffen werden.

3. Werden Heizkörper vor außenliegenden Fensterflächen angeord-
    net, sind zur Verringerung der Wärmeverluste geeignete, nicht de-
    montierbare oder integrierte Abdeckungen an der Heizkörperrück-
    seite vorzusehen. Der k-Wert der Abdeckung darf 0,9 W/(m²K)

nicht überschreiten. Der Wärmedurchgang durch die Fensterflächen ist nach Anlage 1 Ziffer 4 zu begrenzen.

Erläuterungen: Werden Heizkörper direkt vor transparenten Bauteilen angeordnet, so führt dies - bedingt durch die schlechtere Dämmqualität von Verglasungen - zu vergleichsweise hohen Heizwärmeverlusten. Um diese Verluste zu reduzieren, müssen zwischen Heizkörper und Verglasung zusätzliche Elemente für eine erhöhte Wärmedämmung angebracht werden, die nach Möglichkeit aus Materialien geringer Wärmeleitfähigkeit und hoher Wärmedämmung erstellt werden sollen. Reine Bleche - eventuell noch mit reflektierenden Beschichtungen - haben sich in der Vergangenheit als wenig effektiv erwiesen, da diese leichten Bauteile bereits nach kurzer Zeit ein Temperaturniveau ähnlich dem des Heizkörpers annehmen und damit nur eine zeitliche Verzögerung der Strahlungswärmeverluste erreicht wird, nicht aber eine Verminderung der Heizwärmeverluste. Diesem Umstand trägt auch die Anforderung Rechnung, daß die zu installierende Heizkörperverkleidung mindestens einen Wärmedurchgangskoeffizienten (k-Wert) kleiner gleich 0,9 W/(m²K) aufweisen muß. Heizkörperverkleidungen müssen so angebracht werden, daß ein dauernder Einbau gewährleistet ist, d.h. sie dürfen nicht demontierbar sein. Nur durch das ständige Vorhandensein einer Heizkörperabdeckung werden die Verluste an einer derart exponierten Stelle ausreichend vermindert (weitere Erläuterungen s.a. Kapitel 4.1).

Achtung: Da die Verhältnisse bei der Ermittlung des Wärmedurchgangskoeffizienten - insbesondere die üblicherweise verwendeten Wärmeübergangswiderstände - nicht den Randbedingungen eines Heizkörpers entsprechen, sind die für den Nachweis erforderlichen Größen für diese speziellen Randbedingungen zu ermitteln. Ein möglicher Berechnungsalgorithmus und die erforderlichen Angaben der Wärmeübergangswiderstände sind Kapitel 4.1 dieses Kommentars zu entnehmen.

Außerdem ist zu beachten, daß zusätzlich zu den Anforderungen an die heizkörperrückseitige Verkleidung - mit $k \leq 0{,}9$ W/(m²K) - nach Anlage 1 Ziffer 4 für das dahinterliegende Fenster noch ein Wärmedurchgangskoeffizient von $k_F \leq 1{,}5$ W/(m²K) eingehalten werden muß. Mit dieser Maßnahme sollen zusätzlich Wärmeverluste vom Heizkörper nach außen vermieden werden.

4.   Soweit Gebäude mit Einrichtungen ausgestattet werden, durch die die Raumluft unter Einsatz von Energie gekühlt wird, ist der Energiedurchgang von außenliegenden Fenstern und Fenstertüren nach Maßgabe der Anlage 1 Ziffer 5 zu begrenzen.

Erläuterungen: Um zu verhindern, daß im Sommer zur Kühlung der Raumluft größere Energiemengen aufgewendet werden müssen, wird der sommerliche Wärmeschutz definiert. Dieser kann, entsprechend den Ausführungen in Anlage 1 Ziffer 5 und dem darin enthaltenen Querverweis auf DIN 4108 Teil 2 [12], durch den Einbau von Verschattungsmaßnahmen oder die Verwendung von Sonnenschutzgläsern erreicht werden.

Achtung: Der Nachweis des sommerlichen Wärmeschutzes nach Anlage 1 Ziffer 5 ist nicht nur "bei Gebäuden, die mit Einrichtungen ausgestattet werden, durch die die Raumluft unter Einsatz von Energie gekühlt wird" zu erbringen, sondern nach Anlage 1 Ziffer 5.1 b) auch bei "Gebäuden nach Abschnitt 1 mit einem Fensterflächenanteil je zugehöriger Fassade von 50 vom Hundert oder mehr". Erläuterungen hierzu siehe Anlage 1 Ziffer 5.1.

5.   Fenster und Fenstertüren in wärmedämmenden Flächen müssen mindestens mit einer Doppelverglasung ausgeführt werden. Hiervon sind großflächige Verglasungen, zum Beispiel für Schaufenster, ausgenommen, wenn sie nutzungsbedingt erforderlich sind.

Erläuterungen: Mit einer Mindestanforderung an die Verglasung soll erreicht werden, daß die wärmeübertragende Hülle überall einen Mindeststandard erhält. Man will dadurch vermeiden, daß bei einer sehr gut gedämmten Gebäudehülle beispielsweise durch den Einbau von Einfachverglasung Stellen mit deutlich erhöhtem Wärmeabfluß entstehen und sich dort andere bauphysikalische Probleme - z.B. Tauwasserbildung - ergeben. Außerdem befindet sich die Wärmeschutzverordnung mit der Forderung nach Doppelverglasung im Einklang mit DIN 4108 Teil 2 Ziffer 5.5 [12], worin es heißt: "Außenliegende Fenster und Fenstertüren von beheizten Räumen sind mindestens mit Isolier- oder Doppelverglasung auszuführen".
Von dieser Regelung sind großflächige Verglasungen ausgenommen, bei denen aufgrund ihrer Nutzung der Einbau einer Doppelverglasung nicht möglich ist. Eine solche Notwendigkeit liegt beispielsweise bei Schaufenstern vor, da der Einbau von Doppelverglasungen zu Reflektionserscheinungen führen würde, die eine erhebliche Nutzungsbeeinträchtigung - und damit eine Minderung der Funktionalität einer solchen Verglasung - darstellen. In diesem Fall wird die Funktion der Verglasung nicht mehr gewährleistet, so daß die vorliegende Regelung nicht zur Anwendung kommt.
Die ausdrückliche Betonung dieser Ausnahmeregelung liegt jedoch auf dem Sachverhalt eines nutzungsbedingten Erfordernisses. Es muß daher sichergestellt werden, daß diese Ausnahmeregelung nur im Fall einer Beeinträch-

§ 4

Anforderungen an die Dichtheit

tigung der Nutzung, nicht aber im Fall sonstiger Beeinträchtigungen angewendet wird.

Erläuterungen: Je mehr die Wärmeverluste über die Gebäudehülle und über das Lüftungsverhalten der Nutzer eingeschränkt werden, d.h. je höher der Standard der Gebäudedämmung wird, um so größer wird der Anteil der Wärme- und damit der Energieverluste, der durch Undichtheiten in der Gebäudehülle verlorengeht. Außerdem führen derartige Undichtheiten durch den Ausfall von Tauwasser im Bauteil häufig zu Bauschäden. Es muß daher das erklärte Ziel sein, bei der Ausbildung der Anschlüsse und Fugen durch entsprechende Sorgfalt Wärmeverluste und Bauschäden zu vermeiden. Musterbeispiele zur optimalen Gestaltung von Anschlüssen und Fugenausbildungen sind entsprechenden Veröffentlichungen zu entnehmen.

(1) Soweit die wärmeübertragende Umfassungsfläche durch Verschalungen oder gestoßene, überlappende sowie plattenartige Bauteile gebildet wird, ist eine luftundurchlässige Schicht über die gesamte Fläche einzubauen, falls nicht auf andere Weise eine entsprechende Dichtheit sichergestellt werden kann.

Erläuterungen: Raumseitige Verschalungen von Dächern, massive Fertigteile von Außenwänden oder leichte Metallpaneele in Fassaden gewährleisten an den Stoßstellen der einzelnen Bauteile keine ausreichende Luft- und Dampfdichtheit. Um zu verhindern, daß einerseits über Undichtheiten des inneren Abschlusses unkontrolliert Wärme nach außen abfließt und andererseits durch den Kontakt warmfeuchter Raumluft mit kalter Außenluft Tauwasser im Bauteil ausfällt, muß sichergestellt sein, daß die Gebäudehülle diffusionsdicht ist. Für Dächer in üblicher, leichter Bauweise bedeutet dies, daß raumseitig der Wärmedämmung eine Dampfbremse eingebaut werden muß. Hierauf kann nur dann verzichtet werden, wenn die raumseitige Verkleidung eine ausreichende Diffusionsdichtheit gewährleistet; d.h es ist zu prüfen, ob die in den allgemein anerkannten Regeln der Technik (z.B. DIN 4108 Teil 3 [13] oder Richtlinien für die Planung und Ausführung von Dächern mit Abdichtung [7]) geforderte diffusionsäquivalente Luftschichtdicke s_d für die geplante Dachform und Ausführung von der raumseitigen Verkleidung erbracht wird bzw. ob gewährleistet werden kann, daß alle Stöße und Anschlüsse eine ausreichende Luftdichtigkeit aufweisen. Bei einer Fassade aus Betonfertigteilen oder leichten Metallpaneelen, bei denen das Bauteil selbst eine ausreichende Diffusionsdichtheit gewährleistet, sind die Fugen zwischen den einzelnen Fertigteilen raumseitig mit einer Dichtungsmasse oder geeigneten Dichtungsbändern luft- und dampfdicht auszuführen.

(2) Die Fugendurchlaßkoeffizienten der außenliegenden Fenster und Fenstertüren von beheizten Räumen dürfen die in Anlage 4 Tabelle 1 genannten Werte, die Fugendurchlaßkoeffizienten der Außentüren den in Anlage 4 Tabelle 1 Zeile 1 genannten Wert nicht überschreiten.

Erläuterungen: Mit den Anforderungen an den Fugendurchlaßkoeffizienten außenliegender Fenster und Fenstertüren soll sichergestellt werden, daß durch die Anschlußfuge des öffenbaren Fensterflügels an den Rahmen kein erhöhter Austausch von erwärmter Innenluft gegen kalte Außenluft stattfindet. Für den Anschluß des Rahmens an das umgebende Bauteil gelten die Anforderungen der Ziffer 3.

(3) Die sonstigen Fugen in der wärmeübertragenden Umfassungsfläche müssen entsprechend dem Stand der Technik dauerhaft luftundurchlässig abgedichtet sein.

Erläuterungen: Neben der unter Ziffer 1 und 2 diskutierten Dichtheit raumabschließender Bauteile bzw. beweglicher Fensterteile sind auch die Anschlüsse verschiedener Bauteile, Durchdringungen sowie die Fugen zwischen den Rahmen transparenter bzw. leichter Außenwandbauteile und dem anschließenden massiven Baukörper luftundurchlässig auszubilden. Besondere Aufmerksamkeit ist hierbei der Dichtung von Anschlußfugen leichter Dachkonstruktionen an massive Bauteile zu schenken.

Achtung: Hier wird gefordert, daß die "sonstigen Fugen ...... entsprechend dem Stand der Technik dauerhaft luftundurchlässig abgedichtet sind". Diese Forderung legt als Maßstab den Stand der Technik und nicht die allgemein anerkannten Regeln der Technik zugrunde (zur Erläuterung der allgemein anerkannten Regeln der Technik s.a. § 10 Absatz 1). Als Maßstab dienen daher die neuesten Erkenntnisse und Technologien.

(4) Soweit es im Einzelfall erforderlich wird zu überprüfen, ob die Anforderungen der Absätze 1 bis 3 erfüllt sind, gilt Anlage 4 Ziffer 2.

Erläuterungen: Falls durch entsprechende Nutzung der Standard der Gebäude-
dichtheit gewährleistet sein muß oder wenn konstruktionsbedingt mit einer
erhöhten, wenngleich unzulässigen Undichtheit gerechnet werden muß, gibt
Anlage 4 Ziffer 2 Hinweise für eine mögliche Überprüfung der Dichtheit der
Gebäudehülle.

Zweiter Abschnitt

Zu errichtende Gebäude mit niedrigen Innentemperaturen

§ 5

Anwendungsbereich

Bei der Errichtung von Betriebsgebäuden, die nach ihrem üblichen Verwendungszweck auf eine Innentemperatur von mehr als 12°C und weniger als 19°C und jährlich mehr als vier Monate beheizt werden, ist zum Zwecke der Energieeinsparung ein baulicher Wärmeschutz nach den Vorschriften dieses Abschnitts auszuführen.

Erläuterungen: Unter Gebäuden mit niedrigen Innentemperaturen sind solche zu verstehen, bei denen aufgrund der Tätigkeiten im Inneren eine Temperatur kleiner 19° C und größer 12° C ausreicht. Bei Gewerbebetrieben ist jeweils zu untersuchen, ob die sich ergebenden Arbeitsbedingungen mit den Anforderungen der Arbeitsstättenrichtlinien [6] vereinbar sind. Außerdem muß eine Heizdauer von mehr als 4 Monaten bei den oben genannten Innentemperaturen gegeben sein. Für Gebäude, die eine der beiden Anforderungen unterschreiten, gibt es nach dieser Verordnung keine Anforderungen an den baulichen Wärmeschutz.

§ 6

Begrenzung des Jahres-Transmissionswärmebedarfs Q_T

(1) Der Jahres-Transmissionswärmebedarf ist nach Anlage 2 Ziffer 1 zu begrenzen.

Erläuterungen: Die Energiebilanz bei zu errichtenden Gebäuden mit niedrigen Innentemperaturen bezieht sich nur auf die Transmissionswärmeverluste der umgebenden Bauteile, die an die Außenluft, das Erdreich oder Gebäudeteile mit wesentlich niedrigeren Innentemperaturen grenzen; d.h. analog zum Nachweis nach Wärmeschutzverordnung 1984 werden nur die Verluste über die Gebäudehülle betrachtet.

(2)   Ferner gelten folgende Anforderungen:

1.   Soweit die Gebäude mit Einrichtungen ausgestattet werden, bei denen die Luft unter Einsatz von Energie gekühlt, be- oder entfeuchtet wird, ist mindestens Isolier- oder Doppelverglasung vorzusehen. Wird die Luft unter Einsatz von Energie gekühlt, ist der Energiedurchgang von außenliegenden Fenstern und Fenstertüren nach Maßgabe der Anlage 1 Ziffer 5 zu begrenzen.

Erläuterungen: Um zu verhindern, daß im Sommer zur Kühlung der Raumluft größere Energiemengen aufgewendet werden müssen, wird der sommerliche Wärmeschutz definiert. Dieser kann, entsprechend den Ausführungen in Anlage 1 Ziffer 5 und dem darin enthaltenen Querverweis auf DIN 4108 Teil 2 [12], durch den Einbau von Verschattungsmaßnahmen oder die Verwendung von Sonnenschutzgläsern erreicht werden. Bedingt durch das niedrigere Anforderungsniveau an den zulässigen Jahres-Transmissionswärmebedarf könnte es bei zu errichtenden Gebäuden mit niedrigen Innentemperaturen möglich sein, durch den verstärkten Einsatz von Dämmstoffen bei nichttransparenten Bauteilen die Anforderungen an den Wärmeschutz bereits soweit zu erfüllen, daß die Verwendung einfachverglaster Fenster ausreichen würde. Um ein gleichmäßiges Anforderungsniveau aller Außenbauteile zu erreichen und um zu verhindern, daß es durch die starke Sonneneinstrahlung im Sommer und den hohen Gesamtenergiedurchlaßgrad einfachverglaster Scheiben zu einer starken Erwärmung im Gebäudeinneren kommt, wurde als Mindestqualität der Fenster Isolier- oder Doppelverglasung vorgeschrieben.

2.   Für die Begrenzung des Jahres-Transmissionswärmebedarfs bei

      a) Flächenheizungen in Außenbauteilen gilt § 3 Abs. 3 Nr. 1 entsprechend,

Erläuterungen: Zur Erläuterung siehe § 3 Abs. 3 Nr. 1.

      b) Außenwänden im Bereich von Heizkörpern gilt § 3 Abs. 3 Nr. 2 entsprechend,

Erläuterungen: Zur Erläuterung siehe § 3 Abs. 3 Nr. 2.

c) Heizkörpern im Bereich von Fensterflächen gilt § 3 Abs. 3 Nr. 3 entsprechend.

Erläuterungen: Zur Erläuterung siehe § 3 Abs. 3 Nr. 3.

(3) Wird für außenliegende Fenster, Fenstertüren und Außentüren in beheizten Räumen Einfachverglasung vorgesehen, so ist der Wärmedurchgangskoeffizient für diese Bauteile bei der Berechnung nach Anlage 2 Ziffer 2 mit mindestens 5,2 W/(m²K) anzusetzen.

Erläuterungen: Nach DIN 4108 Teil 4 Tabelle 3 [14] beträgt der Wärmedurchgangskoeffizient von Fenstern mit Einfachverglasung - unabhängig von der gewählten Rahmenart - k = 5,2 W/(m²K), so daß bei diesem Verglasungstyp generell der o.g. Mindestwert anzusetzen ist.

§ 7

Anforderungen an die Dichtheit

Die Fugendurchlaßkoeffizienten der außenliegenden Fenster und Fenstertüren von beheizten Räumen dürfen den in Anlage 4 Tabelle 1 Zeile 1 genannten Wert nicht überschreiten. Im übrigen gilt § 4 Abs. 1, 3 und 4 entsprechend.

Erläuterungen: Da aufgrund der niedrigeren Innentemperaturen mit geringeren Verlusten über die Bauteilfugen gerechnet werden kann, genügen für die Anforderungen an die Dichtheit der Fensterfugen die in Tabelle 1 Anlage 4 genannten Werte für "Gebäude mit bis zu zwei Geschossen".

Dritter Abschnitt

Bauliche Änderungen bestehender Gebäude

§ 8

Begrenzung des Heizwärmebedarfs

(1) Bei der baulichen Erweiterung eines Gebäudes nach dem ersten oder zweiten Abschnitt um mindestens einen beheizten Raum oder der Erweiterung der Nutzfläche in bestehenden Gebäuden um mehr als 10 m^2 zusammenhängende beheizte Gebäudenutzfläche nach Anlage 1 Ziffer 1.4.2 sind für die neuen beheizten Räume bei Gebäuden mit normalen Innentemperaturen die Anforderungen nach den §§ 3 und 4 und bei Gebäuden mit niedrigen Innentemperaturen die Anforderungen nach den §§ 6 und 7 einzuhalten.

Erläuterungen: Wenn ein bestehendes Gebäude in der Weise erweitert wird, daß mindestens ein Raum bzw. eine zusammenhängende, angrenzende Nutzfläche von mindestens 10 m² hinzugefügt wird, sind für die neuen Gebäudeteile - sofern es sich um ein "Gebäude mit normalen Innentemperaturen" (d.h. einer Innentemperatur $t_i \geq 19°$ C) handelt - die Anforderungen nach den §§ 3 und 4 zu erfüllen. Für die neu hinzugekommenen Bauteile ist ein Nachweis nach Anlage 1 zu führen. Falls es sich bei dem Gebäude oder den neu hinzugefügten Räumen oder Flächen um Bereiche mit "niedrigen Innentemperaturen" handelt, gelten die Anforderungen der §§ 6 und 7, und der Nachweis für die neu hinzugekommenen Bauteile ist entsprechend der Anlage 2 zu führen. Trennende Bauteile zu beheizten Räumen mit "normalen Innentemperaturen" - bei einer Berechnung nach Anlage 1 - oder zu Räumen mit "niedrigen Innentemperaturen" - bei einer Berechnung nach Anlage 2 - werden bei der Ermittlung der Flächen nicht berücksichtigt. Falls das Gebäude um eine zusammenhängende, angrenzende Fläche von mindestens 10 m² erweitert wird, gehen in die Berechnung nur die abgrenzenden Bauteile gegen Außenluft, das Erdreich oder Bereiche mit wesentlich niedrigerer Innentemperatur ein (zur Definition von "Bereichen mit wesentlich niedrigerer Raumtemperatur" siehe Anlage 1 Ziffer 1.5.2.3).

Achtung: Als bauliche Erweiterung wird auch der Ausbau des Dachgeschosses in einem vorhandenen Gebäude eingestuft, wenn die neu entstandenen Räume auf normale oder niedrige Innentemperaturen beheizt werden.

(2) Soweit bei beheizten Räumen in Gebäuden nach dem ersten oder zweiten Abschnitt

1. Außenwände,

2. außenliegende Fenster und Fenstertüren sowie Dachfenster,

3. Decken unter nicht ausgebauten Dachräumen oder Decken (einschließlich Dachschrägen), welche die Räume nach oben oder unten gegen die Außenluft abgrenzen,

4. Kellerdecken oder

5. Wände oder Decken gegen unbeheizte Räume

erstmalig eingebaut, ersetzt (wärmetechnisch nachgerüstet) oder erneuert werden, sind die in Anlage 3 genannten Anforderungen einzuhalten. Dies gilt nicht, wenn die Anforderungen für zu errichtende Gebäude erfüllt werden oder wenn sich die Ersatz- oder Erneuerungsmaßnahme auf weniger als 20 vom Hundert der Gesamtfläche der jeweiligen Bauteile erstreckt; bei Außenwänden, außenliegenden Fenstern und Fenstertüren sind die jeweiligen Bauteilflächen der zugehörigen Fassade zugrunde zu legen. Satz 1 gilt auch bei Maßnahmen zur wärmeschutztechnischen Verbesserung der Bauteile. Die Sätze 1 und 3 gelten nicht, wenn im Einzelfall die zur Erfüllung der dort genannten Anforderungen aufzuwendenden Mittel außer Verhältnis zu der noch zu erwartenden Nutzungsdauer des Gebäudes stehen.

Erläuterungen: Die Anforderungen nach Anlage 3 an den erstmaligen Einbau, den Ersatz oder die Erneuerung der in den Nummern 1 bis 5 genannten Bauteile beziehen sich nicht auf die in Absatz 1 dargestellte Erweiterung um einen Raum oder um eine zusammenhängende Gebäudenutzfäche von mindestens 10 m², sondern heben auf die wärmetechnische Sanierung von Bauteilen bestehender Gebäude ab. Dabei wurde erstmals auch der Sachverhalt einer wärmetechnischen Nachrüstung mit einem Anforderungswert versehen: Werden vorhandene Bauteile zusätzlich gedämmt, so gelten die in Anlage 3 aufgeführten Grenzwerte, auch wenn an der Konstruktion keine weiteren Änderungen vorgenommen werden. Beim Ersatz oder der Erneuerung vorhandener Bauteile sind nur dann die Anforderungen nach Anlage 3 einzuhalten, wenn bei einem Gebäude im Zuge von Sanierungsarbeiten mehr als 20% der Fläche des betreffenden Bauteils saniert werden. Wenn beispielsweise bei einem Gebäude alle Fenster einer Fassadenfläche, z.B. der Vorderseite, erneuert werden, bei einer anderen Fassadenfläche, wie etwa der Rückseite, aber nur 10% der zugehörigen Fensterflächen, dann gelten für die Vorderseite die Anforderungen nach Anlage 3 Tabelle 1 Zeile 2, während für die rückseitigen Fenster nur die Mindestanforderungen nach DIN 4108 Teil 2 Ziffer 5.5 [12] einzuhalten sind. Mit einer Grenze von 20%, ab der die Anforderungen nach Anlage 3 erfüllt werden müssen, soll verhindert werden, daß bereits bei kleinflächigen Reparaturmaßnahmen ein größerer Aufwand zu treiben und damit die Verhältnismäßigkeit nicht mehr gegeben ist.

Falls die Aufwendungen, die zur Erfüllung der genannten Anforderungen notwendig sind, nicht mehr im Verhältnis stehen - d.h. wenn abzusehen ist, daß sich die Maßnahmen während der Nutzungsdauer eines Gebäudes nicht mehr amortisieren (und damit im Widerspruch zu § 5 des Energieeinsparungsgesetzes [8] stehen), - gelten die Sätze 1 und 3 nicht. In diesem Fall ist bei der nach Landesrecht zuständigen Stelle entsprechend § 14 wegen unbilliger Härte eine Befreiung von den Anforderungen dieser Verordnung zu beantragen.

(4) Soweit Einrichtungen bei Gebäuden nach dem ersten oder zweiten Abschnitt nachträglich eingebaut werden, durch die die Raumluft unter Einsatz von Energie gekühlt wird, ist der Energiedurchgang von außenliegenden Fenstern und Fenstertüren nach Maßgabe der Anlage 1 Ziffer 5 zu begrenzen. Außenliegende Fenster und Fenstertüren sowie Außentüren der von Satz 1 versorgten Räume sind mindestens mit Isolier- oder Doppelverglasungen auszuführen.

Erläuterungen: Auch hier soll mit den Anforderungen an Gebäude, in die Anlagen eingebaut werden, mit deren Hilfe die Raumluft unter Einsatz von Energie gekühlt wird, erreicht werden, daß der Energieverbrauch zur Klimatisierung reduziert wird. Ein Verzicht auf den sommerlichen Wärmeschutz würde dazu führen, daß zur Kühlung der Räume ein hoher Energiebetrag aufgewendet werden muß.

Um dafür Sorge zu tragen, daß die unterschiedlichen Dämmstandards der verschiedenen Außenbauteile nicht zu stark variieren, wurde als Mindeststandard der außenliegenden Fenster, Fenstertüren und Außentüren Isolier- oder Doppelverglasung vorgegeben.

Vierter Abschnitt

Ergänzende Vorschriften

§ 9

Gebäude mit gemischter Nutzung

Bei Gebäuden, die nach der Art ihrer Nutzung nur zu einem Teil den Vorschriften des ersten bis dritten Abschnitts unterliegen, gelten für die entsprechenden Gebäudeteile die Vorschriften des jeweiligen Abschnitts.

Erläuterungen: Wenn in einem Gebäude neben Bereichen mit normaler Innentemperatur ($t_i \geq 19\,°C$) auch Zonen mit niedriger Innentemperatur ($12\,°C \leq t_i < 19\,°C$) vorhanden sind (beispielsweise Lagerräume bzw. Lebensmittelvorbereitungsräume in Verkaufsstätten oder Gewerberäume), oder wenn Teile der wärmeübertragenden Umfassungsfläche eines Gebäudes saniert bzw. ein Bestandsbau erweitert wird, müssen die gegen die Außenluft, das Erdreich oder Bereiche mit wesentlich niedrigen Innentemperaturen abgrenzenden Bauteile für die unterschiedlich beheizten Zonen auch nur die zugehörigen Anforderungen nach Abschnitt 1, Abschnitt 2 oder Abschnitt 3 erfüllen.

Achtung: Dabei ist - im Gegensatz zur WSchV 1984 - zu berücksichtigen, daß die Bauteile, die einen Bereich mit "normalen Innentemperaturen" oder "niedrigen Innentemperaturen" gegen einen Bereich mit "wesentlich niedrigeren Innentemperaturen" abgrenzen, nach Anlage 1 Ziffer 1.5.2.3 in die Ermittlung der wärmeübertragenden Umfassungsfläche A eingehen.

§ 10

Regeln der Technik

(1) Für Bauteile von Gebäuden nach dieser Verordnung, die gegen die Außenluft oder Gebäudeteile mit wesentlich niedrigeren Innentemperaturen abgrenzen, sind die Anforderungen des Mindest-Wärmeschutzes nach den allgemein anerkannten Regeln der Technik einzuhalten, sofern nach dieser Verordnung geringere Anforderungen zulässig wären.

Erläuterungen: Nicht nur die Wärmeschutzverordnung, sondern auch andere allgemein anerkannte Regeln der Technik geben Anforderungen an den baulichen Wärmeschutz vor; sie können wie folgt definiert werden [4]: Die allgemein anerkannten Regeln der Technik umfassen solche technische Regeln für den Entwurf und die Ausführung baulicher Anlagen, die in der Wissenschaft als theoretisch richtig anerkannt sind und feststehen sowie in der Praxis, d.h. bei den für die Anwendung der betreffenden Regeln maßgeblichen, nach dem neuesten Erkenntnisstand vorgebildeten Technikern durchweg im Sinn eines Allgemeingutes bekannt und als richtig und notwendig anerkannt sind.

Besondere Beachtung ist dabei DIN 4108 Teil 2 Tabelle 1 und Tabelle 2 [12] zu schenken. Die dort festgelegten Mindestanforderungen an den baulichen Wärmeschutz dürfen auf keinen Fall unterschritten werden, da hier nicht die Belange des energiesparenden Wärmeschutzes betroffen sind, sondern - durch die Vermeidung von Tauwasserausfall - Probleme des gesundheitlichen Wärmeschutzes angesprochen werden. Bei dem in der vorliegenden Verordnung enthaltenen Bilanzverfahren für den Nachweis des baulichen Wärmeschutzes wäre es durch eine entsprechend höhere Dämmung einzelner Bauteile möglich, an anderer Stelle ein geringeres als das nach DIN 4108 Teil 2 [12] vorgegebene Dämmniveau auszuführen. Beispielhaft seien hier nur Bauteile mit einer Masse raumseitig der Wärmedämmschicht kleiner 300 kg/m² angeführt. Durch eine bessere Wärmedämmung anderer Bauteile könnte man zu k-Werten für die leichten Bauteile kommen, die die in DIN 4108 Teil 2 [12] definierten Mindestanforderungen nicht einhalten. In diesem Fall sind die Werte nach DIN 4108 Teil 2 Tabelle 2 [12] verbindlich. In gleicher Weise können andere Normen oder Rechtsvorschriften Anforderungen an den baulichen Wärmeschutz eines Gebäudes oder an den Wärmeschutz einzelner Bauteile stellen, die über die Forderungen der Wärmeschutzverordnung hinausgehen. In diesem Fall sind Anforderungen mit einem höheren Niveau als verbindlich anzusehen.

(2) Das Bundesministerium für Raumordnung, Bauwesen und Städtebau weist durch Bekanntmachung im Bundesanzeiger auf Veröffentlichungen sachverständiger Stellen über die jeweils allgemein anerkannten Regeln der Technik hin, auf die in dieser Verordnung Bezug genommen wird.

Erläuterungen: Kennwerte für Baustoffe und Rechenmethoden, die als allgemein anerkannte Regeln der Technik gelten, werden vom Bundesministerium für Raumordnung, Bauwesen und Städtebau veröffentlicht.

Ein solches Vorgehen ist notwendig, damit sichergestellt werden kann, daß Stoffwerte oder anlagenspezifische Kennwerte, die der Berechnung nach Wärmeschutzverordnung zugrundegeliegen, auf der Basis eines einheitlichen Prüfverfahrens ermittelt wurden. Außerdem ist so gewährleistet, daß Berechnungsmethoden, auf die in dieser Verordnung Bezug genommen wird, auch als allgemein anerkannte Regeln der Technik eingestuft werden können.

§ 11

Ausnahmen

(1) Diese Verordnung gilt nicht für

1. Traglufthallen, Zelte und Raumzellen sowie sonstige Gebäude, die wiederholt aufgestellt und zerlegt werden und nicht mehr als zwei Heizperioden am jeweiligen Aufstellungsort beheizt werden,

Erläuterungen: Mit dieser Regelung soll verhindert werden, daß Einrichtungen wie beispielsweise Verkaufsstände oder Raumzellen- und Container-Bauwerke, die als Übergangslösung für eine begrenzte Zeit geplant waren, zu einer Dauereinrichtung werden. Nach einem Zeitraum von zwei Heizperioden - d.h. innerhalb von zwei Jahren - kann man davon ausgehen, daß die zunächst erforderlichen provisorischen Einrichtungen durch wärmetechnisch vollwertige Dauerlösungen ersetzt werden. Dies umso mehr, als man bei Zelten aufgrund der wärmetechnisch ungenügenden Hülle und dem großen Austausch warmer Raumluft gegen kalte Außenluft davon ausgehen muß, daß erhebliche Wärme- und damit Energieverluste zu verzeichnen sind. Außerdem werden den Bauaufsichtsbehörden mit einer zeitlichen Befristung solcher Bauwerke auf zwei Jahre über die Wärmeschutzverordnung hinaus rechtliche Mittel aufgezeigt, die Standzeit derartiger Gebäude zu befristen.

2. unterirdische Bauten oder Gebäudeteile für Zwecke der Landesverteidigung, des Zivil- oder Katastrophenschutzes,

Erläuterungen: Gebäude oder Räume in Gebäuden, die der Landesverteidigung, dem Zivil- oder Katastrophenschutz dienen, sind aufgrund der für sie geltenden Rechtsverordnungen und Gesetze von den Anforderungen an den baulichen Wärmeschutz befreit. Für solche Gebäude oder Räume gilt vielmehr, daß Maßnahmen zur Wärmedämmung untersagt sind. Damit soll verhindert werden, daß es im Falle einer Nutzung (in der Regel sind diese Gebäude oder Räume im Bedarfsfall sehr dicht belegt) im Inneren nicht zu einer Überhitzung der Raumluft kommt, da beim Vorhandensein einer Wärmedämmung eine Abgabe der anfallenden Wärme an die umgebenden, abgrenzenden Schichten wie Außenluft oder Erdreich nicht möglich ist.

3.   Werkstätten, Werkhallen und Lagerhallen, soweit sie nach ihrem üblichen Verwendungszweck großflächig und langanhaltend offengehalten werden müssen,

Erläuterungen: Für Werkstätten, Werkhallen und Lagerhallen, bei denen es betriebsbedingt notwendig ist, daß Türen, Tore oder sonstige großflächige Öffnungen langanhaltend offenstehen und bei denen dementsprechend auch kein Heizenergiebedarf aufgewendet wird, um für eine bestimmte Innenraumtemperatur zu sorgen, sind Maßnahmen für einen baulichen Wärmeschutz nicht erforderlich.

4.   Unterglasanlagen und Kulturräume im Gartenbau

Erläuterungen: Hierunter sind nur solche Anlagen zu verstehen, die dem gewerblichen Anbau von Kulturgütern im Gartenbau dienen. Anlagen, die Demonstrationszwecken dienen - wie Tier- und Pflanzenschauhäuser -, sollten den Anforderungen an den baulichen Wärmeschutz nach Abschnitt 1 oder Abschnitt 2 dieser Verordnung entsprechen. Bei Verglasungen sollte dabei mindestens Isolier- oder Doppelverglasung eingesetzt werden.

(2) Die nach Landesrecht zuständigen Stellen lassen auf Antrag für Baudenkmäler oder sonstige besonders erhaltenswerte Bausubstanz Ausnahmen von dieser Verordnung zu, soweit Maßnahmen zur Begrenzung des Jahres-Heizwärmebedarfs nach dem dritten Abschnitt die Substanz oder das Erscheinungsbild des Baudenkmals beeinträchtigen und andere Maßnahmen zu einem unverhältnismäßig hohen Aufwand führen würden.

Erläuterungen: Bei Baudenkmälern, denkmalgeschützten Gebäuden oder bei erhaltenswerter Bausubstanz sind die Aufwendungen zur Erlangung eines sinnvollen und effizienten Wärmeschutzes häufig so hoch, daß sie sich nicht mehr mit der Verhältnismäßigkeit der Mittel nach § 5 des Energieeinsparungsgesetzes [8] vereinbaren lassen. In solchen Fällen sind die zuständi-

gen Behörden gehalten, für das Einzelbauvorhaben eine Genehmigung zur Ausnahme von den Anforderungen an den baulichen Wärmeschutz zu gewähren, da die Voraussetzung nach § 5 des Energieeinsparungsgesetzes [8], wonach Maßnahmen an den baulichen Wärmeschutz wirtschaftlich sein müssen und sich innerhalb einer zumutbaren Zeitspanne zu amortisieren haben, nicht mehr gewährleistet ist. Außerdem werfen bestehende und schützenswerte Gebäude bei der Sanierung meist große technische Probleme auf. Da die äußere Gestalt solcher Gebäude in der Regel nicht verändert werden darf, sind häufig nur wenige Möglichkeiten des Wärmeschutzes auf der bauphysikalisch richtigen (Außen-) Seite gegeben. Innendämmungen bergen, insbesondere bei bestehenden Gebäuden, das große Risiko einer späteren Schädigung in sich. Die raumseitigen Dampfbremsen können meist nur sehr unzulänglich angebracht werden und stellen damit das gesamte System der Innendämmung in Frage. Weitere Problempunkte sind die Dämmung von Fensterlaibungen und der alleinige Austausch der Fenster. Es sollte daher bei der Sanierung denkmalgeschützter Gebäude und Bausubstanzen überlegt werden, ob es - nicht zuletzt auch zugunsten der gesundheitlichen Belange der Nutzer - ausreicht, wenn bei einer wärmetechnischen Sanierung nur den Mindestanforderungen nach DIN 4108 Teil 2 [12] entsprochen wird.
Unter besonders erhaltenswerter Bausubstanz werden stadtbildprägende Gebäude bzw. Gebäudezüge verstanden, die im Sinne des Denkmalschutzes für das Erscheinungsbild oder die Stadtgestaltung entscheidend sind.

(3) Die nach Landesrecht zuständigen Stellen lassen auf Antrag Ausnahmen von dieser Verordnung zu, soweit durch andere Maßnahmen die Ziele dieser Verordnung im gleichen Umfang erreicht werden.

Erläuterungen: Das Ziel dieser Verordnung besteht darin, den Heizwärmebedarf, der zur Aufrechterhaltung einer Innenraumtemperatur von $t_i \geq 19°C$ bzw. $t_i \geq 12°C$ erforderlich ist, um mindestens 30% zu senken. Die Verordnung enthält jedoch nicht alle derzeit verfügbaren technischen Möglichkeiten zur Realisierung eines solchen Anforderungsprofils. Falls vom Nachweisenden dargelegt werden kann, daß durch den Einsatz anderer technischer oder planerischer Möglichkeiten eine Verminderung des Heizwärmebedarfs des vorliegenden Gebäudes um mindestens 30% gegenüber der Wärmeschutzverordnung 1984 erreicht werden kann, sind die zuständigen Behörden befugt, eine Ausnahmegenehmigung vom Nachweis entsprechend dieser Verordnung zu erteilen. Einsparungen lassen sich beispielsweise durch den Einsatz regenerativer Energien erreichen, bei denen gewährleistet ist, daß sie zu keinem vermehrten CO_2-Ausstoß führen.

Alternative Technologien müssen jedoch eine ausreichende Lebensdauer aufweisen und die Gesamtkonzeption dieser Energieverwendung sollte auch während der "Lebensdauer" des Gebäudes garantiert sein. Es muß sich daher bei den verwendeten - vom Berechnungsmodus der Verordnung abweichenden - technischen Möglichkeiten um Alternativen handeln, für die bereits ausreichende Langzeiterfahrungen vorhanden sind. Ausgeschlossen sind Technologien, bei denen nach dem Stand der zum Planungszeitpunkt vorliegenden Erkenntnisse nicht garantiert werden kann, daß während der Lebensdauer des Gebäudes die maßgebenden technischen Werte der verwendeten Geräte erhalten bleiben.

§ 12

Wärmebedarfsausweis

(1) Für Gebäude nach dem ersten oder zweiten Abschnitt sind die wesentlichen Ergebnisse der rechnerischen Nachweise in einem Wärmebedarfsausweis zusammenzustellen. Rechte Dritter werden durch den Ausweis nicht berührt. Näheres über den Wärmebedarfsausweis wird in einer allgemeinen Verwaltungsvorschrift der Bundesregierung mit Zustimmung des Bundesrates bestimmt. Hierbei ist auf die normierten Bedingungen bei der Ermittlung des Wärmebedarfs hinzuweisen.

Erläuterungen: Für Gebäude mit normalen und für Gebäude mit niedrigen Innentemperaturen sind die wesentlichen Ergebnisse des rechnerischen Nachweises in einem Wärmebedarfsausweis zusammenzustellen (s.a. Anhang 2). Als wesentliche Ergebnisse werden die Daten eingestuft, die erforderlich sind, um den Nachweis der Anforderungen nach Wärmeschutzverordnung nachvollziehen zu können. Es müssen daher alle relevanten Daten zur Ermittlung der Transmissions- und Lüftungswärmeverluste sowie der internen und solaren Wärmegewinne aufgeführt sein.

Hinsichtlich der Haftung der am Bau Beteiligten ändert sich auch mit Einführung eines Wärmebedarfsausweises nichts. Dies gilt insbesondere für die Beziehungen zwischen Nutzer / Ausführendem bzw. zwischen Nutzer / Bauüberwachendem. Hierfür gelten wie bisher auch die gesetzlichen oder privatrechtlichen Vereinbarungen.

(2) Der Wärmebedarfsausweis ist der nach Landesrecht für die Überwachung der Verordnung zuständigen Stelle auf Verlangen vorzulegen und ist Käufern, Mietern oder sonstigen Nutzungsberechtigten eines Gebäudes auf Aufforderung zur Einsichtnahme zugänglich zu machen.

Erläuterungen: In den vom jeweiligen Bundesland erlassenen Rechtsvorschriften (Landesbauordnung, Bauvorlagenverordnung, Baufreistellungsverordnung) ist festgelegt, in welchem Umfang und welchen Personen bzw. Institutionen zu prüfende Unterlagen - wie beispielsweise der Wärmeschutznachweis oder der Wärmebedarfsausweis - vorgelegt werden müssen. Außerdem muß der Wärmebedarfsausweis interessierten Kreisen, d.h. Käufern, Mietern oder anderen Nutzern des Gebäudes zugänglich sein. Da die Angaben in einem solchen Wärmebedarfsausweis - neben den zum Nachvollziehen des Wärmeschutznachweises erforderlichen Daten - auch den volumen- bzw. flächenbezogenen Jahresheizwärmebedarf enthalten und die Werte für Q'_H bzw. Q''_H vom örtlichen Klima unabhängig sind, besteht mit dem Wärmebedarfsausweis die Möglichkeit, einen qualitativen Vergleich zwischen verschieden Gebäuden vorzunehmen.

(3) Dieser Wärmebedarfsausweis stellt die energiebezogenen Merkmale eines Gebäudes im Sinne der Richtlinie 93/76/EWG des Rates vom 13.September 1993 zur Begrenzung der Kohlendioxidemission durch eine effizientere Energienutzung (ABl.EG Nr. L237 S.28) dar.

Erläuterungen: Aus der Richtlinie 93/76/EWG ergibt sich für die Mitgliedstaaten die grundsätzliche Verpflichtung, unter Berücksichtigung insbesondere des Kosten-Nutzen-Verhältnisses und der technischen Durchführbarkeit einen Energieausweis für Gebäude einzuführen. Der Wärmebedarfsausweis beschreibt die energiebezogenen Merkmale eines Gebäudes und dient zur Information potentieller Nutzer.

§ 13

Übergangsvorschriften

(1) Die Errichtung oder bauliche Änderung von Gebäuden nach dem Ersten bis Dritten Abschnitt, für die bis zum Tage vor dem Inkrafttreten dieser Verordnung der Bauantrag gestellt oder die Bauanzeige erstattet worden ist, ist von den Anforderungen dieser Verordnung ausgenom-

men. Für diese Bauvorhaben gelten weiterhin die Anforderungen der Wärmeschutzverordnung vom 24. Februar 1982 (BGBl. I S. 209).

Erläuterungen: Mit dieser Regelung soll verhindert werden, daß bei Bauvorhaben, für die der Bauantrag gestellt oder die Bauanzeige vor dem Inkrafttreten der Verordnung erstattet wurde, die Bauausführung aber erst nach dem Inkrafttreten dieser Verordnung erfolgt, Umplanungen erforderlich werden.

(2) Genehmigungs- und anzeigenfreie Bauvorhaben sind von den Anforderungen dieser Verordnung ausgenommen, wenn mit der Bauausführung bis zum Tage vor dem Inkrafttreten dieser Verordnung begonnen worden ist. Für diese Bauvorhaben gelten weiterhin die Anforderungen der Wärmeschutzverordnung vom 24. Februar 1982 (BGBl. I S. 209).

Erläuterungen: Eine Zusammenstellung genehmigungsfreier Bauvorhaben ist in der Musterbauordnung für die Länder der Bundesrepublik Deutschland oder der jeweiligen Landesbauordnung enthalten.

§ 14

Härtefälle

Die nach Landesrecht zuständigen Stellen können auf Antrag von den Anforderungen dieser Verordnung befreien, soweit die Anforderungen im Einzelfall wegen besonderer Umstände durch einen unangemessenen Aufwand oder in sonstiger Weise zu einer unbilligen Härte führen.

Erläuterungen: Als Härtefälle können insbesondere Widersprüche zu folgenden dem § 5 Absatz 1 des Energieeinsparungsgesetzes [8] entnommenen Voraussetzungen auftreten:
- Die aufgestellten Anforderungen müssen nach dem Stand der Technik erfüllbar und für Gebäude gleicher Art und Nutzung wirtschaftlich vertretbar sein. Anforderungen gelten als wirtschaftlich vertretbar, wenn generell die erforderlichen Aufwendungen innerhalb der üblichen Nutzungsdauer durch die eintretenden Einsparungen erwirtschaftet werden können.
- Bei bestehenden Gebäuden ist die noch zu erwartende Nutzungsdauer zu berücksichtigen.

Da bei zu errichtenden Gebäuden nach dem Ersten oder Zweiten Abschnitt die Wirtschaftlichkeit meist gegeben ist, muß bei Härtefällen untersucht werden, ob die Nutzungsdauer eines Gebäudes mit den erforderlichen Aufwendungen in Einklang steht.

§ 15

Inkrafttreten

(1) Diese Verordnung tritt am 1. Januar 1995 in Kraft.

(2) Mit Inkrafttreten dieser Verordnung tritt die Wärmeschutzverordnung vom 24. Februar 1982 (BGBl. I S. 209) außer Kraft.

Anlage 1

Anforderungen zur Begrenzung des Jahres-Heizwärmebedarfs Q_H bei zu errichtenden Gebäuden mit normalen Innentemperaturen

Erläuterungen: In den Beschlüssen von Bundesrat und Bundestag wurde festgelegt, daß bei einer Novellierung der Wärmeschutzverordnung das daraus hervorgehende Ergebnis in Form einer Energiegröße ausgedrückt werden soll. Um diesem Anspruch gerecht zu werden, wurde als maßgebende Größe, die darüber Auskunft gibt, wieviel Wärme zur Aufrechterhaltung einer bestimmten Innenraumtemperatur erforderlich ist, der "Jahres-Heizwärmebedarf" eingeführt. Damit soll eine Aussage über den jährlich zu erwartenden Heizwärmeverbrauch des betrachteten Gebäudes gemacht werden. Dieser rechnerisch ermittelte "Verbrauch" wird als "Bedarf" bezeichnet, um zu verdeutlichen, daß es sich hierbei um eine Angabe handelt, die auf normierten Randbedingungen beruht; diese sind für alle Gebäude und alle Regionen gleich und können daher gegenüber dem tatsächlichen Verbrauch deutliche Abweichungen aufweisen. Mit Hilfe des "Jahres-Heizwärmebedarfs" ist es möglich, unterschiedliche Planungsvarianten desselben Gebäudes bzw. verschiedener Gebäude miteinander zu vergleichen. Als Bezugsfläche des Jahres-Heizwärmebedarfs kann dabei das umbaute Volumen V herangezogen werden (der zugehörige Wert wird dann mit Q'_H bezeichnet) oder - bei Gebäuden mit einer lichten Raumhöhe kleiner oder gleich 2,6 m - die Gebäudenutzfläche A_N (mit dem zugehörigen Wert Q''_H).

1.0 Anforderungen zur Begrenzung des Jahres-Heizwärmebedarfes in Abhängigkeit von A/V (Verhältnis der wärmeübertragenden Umfassungsfläche A zum hiervon eingeschlossenen Bauwerksvolumen V).

Die in Tabelle 1 angegebenen Werte des auf das beheizte Bauwerksvolumen V oder die Gebäudenutzfläche A_N bezogenen maximalen Jahres-Heizwärmebedarfs Q'_H oder Q''_H dürfen nicht überschritten werden.

Die auf die Gebäudenutzfläche bezogenen Werte nach Tabelle 1 Spalte 3 dürfen nur bei Gebäuden mit lichten Raumhöhen von 2,60 m oder weniger angewendet werden.

Tabelle 1

Maximale Werte des auf das beheizte Bauwerksvolumen oder die Gebäudenutzfläche A_N bezogenen Jahres-Heizwärmebedarfs in Abhängigkeit vom Verhältnis A/V

A/V	Maximaler Jahres-Heizwärmebedarf	
	bezogen auf V Q'_H [1] nach Ziffer 1.6.6	bezogen auf A_N Q''_H [2] nach Ziffer 1.6.7
in m^{-1}	in kWh/(m³a)	in kWh/(m²a)
1	2	3
$\leq$ 0,2	17,3	54,0
0,3	19,0	59,4
0,4	20,7	64,8
0,5	22,5	70,2
0,6	24,2	75,6
0,7	25,9	81,1
0,8	27,7	86,5
0,9	29,4	91,9
1,0	31,1	97,3
$\geq$ 1,05	32,0	100,0

[1] Zwischenwerte sind nach folgender Gleichung zu ermitteln:
$Q'_H = 13,82 + 17,32\ (A/V)$ in kWh/(m³a).

[2] Zwischenwerte sind nach folgender Gleichung zu ermitteln:
$Q''_H = Q'_H/0,32$ in kWh/(m²a).

1.1 Berechnung der wärmeübertragenden Umfassungsfläche A eines Gebäudes

Die wärmeübertragende Umfassungsfläche A eines Gebäudes wird wie folgt ermittelt:

$$A = A_W + A_F + A_D + A_G + A_{DL}$$

Erläuterungen: Die wärmeübertragende Umfassungsfläche A eines Gebäudes setzt sich aus allen Flächen zusammen, die das beheizte Volumen gegen die Außenluft, das Erdreich oder Bauteile mit wesentlich niedrigeren Innentemperaturen abgrenzen. Eine Darstellung über den Einbauort der verschiedenen Bauteile kann Bild 3.1 entnommen werden (s. S. 53). Die Angabe der wärmeübertragenden Umfassungsfläche wird zur Ermittlung des A/V-Wertes, d.h. zur Bestimmung der Kompaktheit und des Anforderungsniveaus an den Jahres-Heizwärmebedarf des Gebäudes benötigt.

Achtung: Nach Anlage 1 Ziffer 1.3 sind bei der Berechnung der Flächen der wärmeübertragenden Außenbauteile auch die abgrenzenden Flächen von Bauteilen gegen Zonen mit wesentlich niedrigeren Innentemperaturen (A_{AB}) zu berücksichtigen, die in der oben dargestellten Formel jedoch nicht aufgeführt werden.

Dabei bedeuten

A_W die Fläche der an die Außenluft grenzenden Wände, im ausgebauten Dachgeschoß auch die Fläche der Abseitenwände zum nicht wärmegedämmten Dachraum.

Erläuterungen: Als wärmeübertragende Fläche werden alle die Wandflächen eingestuft, die beheizte Räume, d.h. das beheizte Volumen, gegen die Außenluft oder - wie bei Abseitenwänden (Drempel) - zum nicht gedämmten Dachraum abgrenzen.

Achtung: In die Summe der Außenwände gehen auch die nichttransparenten Wandanteile ein, die einen unbeizten Glasvorbau vom beheizten Kernhaus abtrennen. Obwohl diese Flächen nicht der oben genannten Definition entsprechen - sie grenzen nicht direkt an die Außenluft -, sind sie in ihrer Eingruppierung wie Außenwände (A_W) einzustufen. **Bei einem dem beheizten Kernhaus vorgelagerten unbeheizten Glasvorbau werden also nicht die Bauteile des Glasvorbaus als Au-**

ßenbauteile eingestuft, sondern die Trennbauteile, die das beheizte Kernhaus vom unbeheizten Glasvorbau abgrenzen.

Es gelten die Gebäudeaußenmaße.

Erläuterungen: Bei der Ermittlung der wärmeübertragenden Flächen werden generell die Außenmaße des betreffenden Bauteils verwendet, obwohl der physikalisch richtige Ansatz der Bezug auf Bauteilinnenmaße wäre; nur die über Innenmaße ermittelten Flächen grenzen direkt an das beheizte Volumen an und können damit Wärme nach außen übertragen. Eine Berechnung der wärmeübertragenden Flächen auf der Basis von Innenmaßen würde aber bedeuten, daß die Wärmebrücken der einzelnen Bauteile gesondert ermittelt werden müßten. Da eine solche Vorgehensweise sehr arbeitsintensiv ist, entschied man sich dafür, als Kompensation für eine fehlende Berücksichtigung von Wärmebrücken bei der Ermittlung der wärmeübertragenden Bauteilflächen auf Gebäudeaußenmaße überzugehen. Durch diese "zu groß" angesetzten Bauteilflächen wird ein "zu großer" Wert für die Transmissionswärmeverluste eines Gebäudes ermittelt und damit die Nichtberücksichtigung der zusätzlichen Wärmeverluste über Wärmebrücken ausgeglichen.

Gerechnet wird von der Oberkante des Geländes oder, falls die unterste Decke über der Oberkante des Geländes liegt, von der Oberkante dieser Decke bis zu der Oberkante der obersten Decke oder der Oberkante der wirksamen Dämmschicht.

Erläuterungen: Da bei Decken, die beheizte Zonen gegen unbeheizte Kellerräume abgrenzen, nicht immer festgelegt werden kann, wo die wärmetechnisch wirksame Dämmschicht liegt - wenn beispielsweise in Bereichen mit Abdichtungen von einer deckenoberseitigen auf eine deckenunterseitige Wärmedämmung übergegangen wird, oder bei einer Aufteilung der Wärmedämmschicht in deckenober- und deckenunterseitig -, wird im Sinne einer Vereinheitlichung festgelegt, daß bei diesen Decken die Oberkante der (Roh-) Decke als unterere Begrenzung für die Berechnung der wärmeübertragenden Außenwand anzusetzen ist, unabhängig davon, ob die Decke unter- oder oberseitig gedämmt wird.
Zur unteren Begrenzung der anrechenbaren wärmeübertragenden Außenwandfläche muß hinsichtlich der Lage der untersten Geschoßdecke gegenüber der Geländeoberkante zwischen drei Fällen unterschieden werden:

a) Die Oberkante der Geschoßdecke liegt unter der Oberkante des Geländes:

Die Wandfläche unter der Oberkante Gelände ist zu den erdberührten Bauteilen (A_G) zu zählen; die wärmeübertragende Außenwandfläche (A_W) beginnt ab Oberkante Gelände.

b) Die Oberkante der Geschoßdecke ist niveaugleich mit der Oberkante des Geländes:

Die wärmeübertragende Wandfläche (A_W) wird ab Oberkante Decke gerechnet.

c) Die Oberkante der Geschoßdecke liegt über der Oberkante des Geländes:

Die wärmeübertragende Wandfläche (A_W) beginnt mit der Oberkante der Decke. Der Außenwandbereich der unbeheizten Kellerräume bleibt unberücksichtigt, da es sich hierbei nicht um ein wärmeübertragendes Bauteil handelt.

Bei der obersten Geschoßdecke ist zur Erfassung des gesamten beheizten Volumens die Höhe der wärmeübertragenden Außenwand bis zur Deckenoberkante bzw. bei einer aufliegenden Wärmedämmung bis zur Oberkante der Wärmedämmschicht anzusetzen. Dies gilt sowohl für Dachaufbauten, bei denen die Wärmedämmschicht raumseitig der Abdichtung liegt (siehe auch Berechnung des Wärmedurchlaßwiderstandes bei Bauteilen mit Abdichtung nach DIN 4108 Teil 2 Ziffer 5.2.4 [12]) - z.B. beim Warmdach -, als auch für Dachaufbauten, bei denen die Wärmedämmschicht auf der Außenseite der Abdichtung liegt - z.B. beim Umkehrdach.

A_F die Fläche der Fenster, Fenstertüren, Türen und Dachfenster, soweit sie zu beheizende Räume nach außen abgrenzen. Sie wird aus den lichten Rohbaumaßen ermittelt.

Erläuterungen: Da sich der Wärmedurchgangskoeffizient k_F der Fenster und Fenstertüren - einschließlich Rahmen - aus dem Wärmedurchgangskoeffizient der Verglasung k_V und der verwendeten Rahmenmaterialgruppe zusammensetzt, stellt der k_F-Wert die maßgebliche Größe des zusammengesetzten Bauteils Fenster (Verglasung und Rahmen) dar. Der k_F-Wert kann nach DIN 4108 Teil 4 Tabelle 3 [14] ermittelt werden.

Eine getrennte Berücksichtigung der Flächenanteile von Verglasung und Rahmen ist bei dem aus beiden Einzelwerten gemittelten k_F-Wert nicht erforderlich, so daß als wärmeübertragende Fläche bei Fenstern, Fenstertüren,

Türen und Dachfenstern die in den Planunterlagen dargestellte lichte Rohbauöffnung anzusetzen ist.

Achtung: **Auch bei der Berechnung der Fensterflächen gehen die Anteile, die einen unbeheizten Glasvorbau gegen das beheizte Kernhaus abgrenzen, in die Summe der Fensterfläche A_F ein; d.h. nicht die Außenverglasungen des unbeheizten Glasvorbaus sind bei der Ermittlung der Fensterfläche zu berücksichtigen, sondern die Trennbauteile zwischen beheiztem Kernhaus und unbeheiztem Wintergarten.**

A_D die nach außen abgrenzende wärmegedämmte Dach- oder Dachdeckenfläche.

Erläuterungen: Wie bei der Ermittlung der wärmeübertragenden Flächen bei Außenwänden sind auch bei Dach- und Dachdeckenflächen die Gebäudeaußenmaße anzusetzen. Dabei wird als äußere Begrenzung generell die in den Planunterlagen angegebene Außenkante der aufgehenden Wand verwendet, unabhängig von der jeweiligen Wandkonstruktion. Dies kann dazu führen, daß auch Bereiche, die außerhalb der beheizten Konstruktion liegen - beispielsweise die Luftschicht und Außenverkleidung einer hinterlüfteten, nicht gemauerten Vorsatzschale -, in den beheizten Bereich eingerechnet werden. Da solche Flächenanteile - im Vergleich zur restlichen wärmeübertragenden Dachdecke - unbedeutend sind und außerdem bei jeder Außenwandkonstruktion geprüft werden müßte, wo der beheizte Bereich endet, wird - wie bereits oben dargelegt - die in den Planunterlagen dargestellte Außenkante der vor der Dachfläche aufgehenden Konstruktion als Bezugspunkt festgelegt.

Bei geneigten Dächern, bei denen die Wärmedämmschicht bis zur Traufe fortgesetzt wird, endet die anzurechnende Dachfläche mit der Außenkante der aufgehenden Außenwand.

Generell ist darauf zu achten, daß bei geneigten Dächern die Wärmedämmung des Dachs lückenlos in die Dämmebene der Außenwand übergeht, und daß bei Flachdächern im Bereich aufgehender Bauteile - z.B. Attiken oder Oberlichtaufkantungen - die Ausbildung von Wärmebrücken vermieden wird.

A_G die Grundfläche des Gebäudes, sofern sie nicht an die Außenluft grenzt. Gerechnet wird die Bodenfläche auf dem Erdreich oder bei unbeheizten Kellern die Kellerdecke. Werden Keller beheizt, sind in der Gebäudegrundfläche A_G neben der Kellergrundfläche auch die erdberührten Wandflächenanteile zu berücksichtigen.

Erläuterungen: Bei der Ermittlung der wärmeübertragenden Flächen von Böden gegen Erdreich beheizter Kellerräume und bei Decken gegen unbeheizte Keller sind jeweils die Gebäudeaußenmaße anzusetzen, d.h. die Flächen der aufgehenden Wände sind in die anzurechnenden Bodenflächen einzubeziehen.

Die Höhe der erdberührten Wandflächen bei beheizten Kellerräumen wird auf der einen Seite von der Oberkante des Geländes, auf der anderen Seite von der Oberkante der Abdichtung nach DIN 18195 Teil 4 [21] auf der Bodenplatte gegen Erdreich bzw. - bei Vernachlässigung der Dicke der Abdichtung - von der Oberkante der Bodenplatte begrenzt. Diese einheitliche Regelung gilt sowohl für eine Schichtenfolge, bei der die Wärmedämmung raumseitig der Abdichtung liegt, als auch für eine Perimeterdämmung, bei der die Wärmedämmschicht außerhalb der Abdichtung unter der Bodenplatte angeordnet wird.

A_{DL} die Deckenfläche, die das Gebäude nach unten gegen die Außenluft abgrenzt.

Erläuterungen: Bei der Ermittlung der wärmeübertragenden Deckenflächen, die das Gebäude nach unten gegen die Außenluft abgrenzen, sind die Gebäudeaußenmaße anzusetzen. Dabei gilt jeweils die in den Plänen vermaßte Vorderkante der begrenzenden aufgehenden Konstruktion als Bezugsgröße. Bei der Berechnung der wärmeübertragenden Außenwand wird - bei einer innenliegenden Wärmedämmschicht - als untere Begrenzung die Unterkante der (Roh-)Decke und - bei einer außenliegenden Wärmedämmschicht - die Unterkante der wärmetechnisch wirksamen Dämmschicht angesetzt.

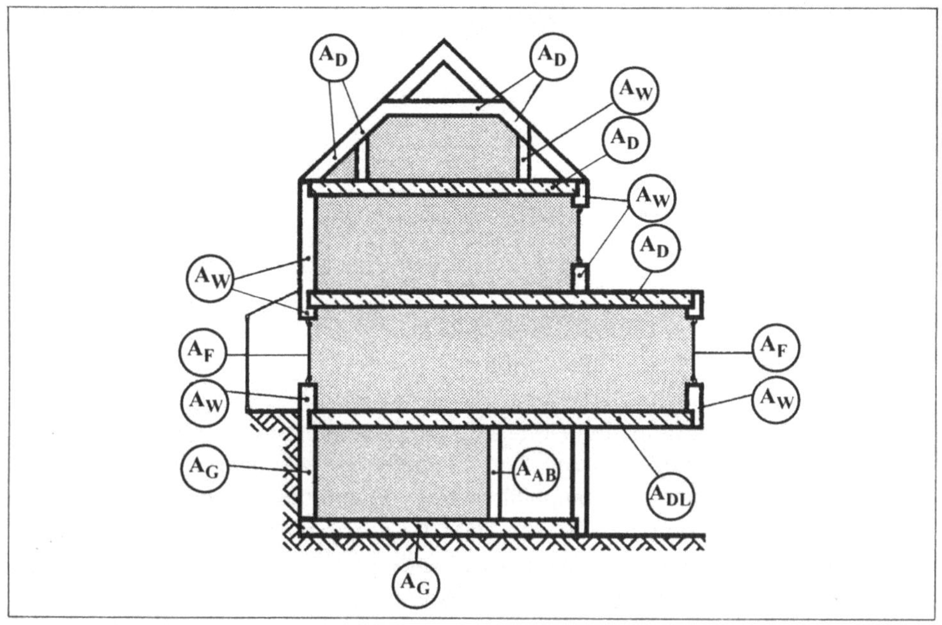

Bild 3.1 Darstellung der unterschiedlichen Flächenanteile der wärmeübertragenden Gebäudehülle und des beheizten Volumens (dunkle Fläche)

1.2 Beheiztes Bauwerksvolumen V

Das beheizte Bauwerksvolumen V in m^3 ist das Volumen, das von den nach Ziffer 1.1 ermittelten Teilflächen umschlossen wird.

Erläuterungen: Das beheizte Volumen umschließt den Bereich eines Gebäudes, bei dem die Innenluft auf eine Temperatur $t_i \geq 19°C$ geheizt wird. Es
wird über die Außenmaße der wärmeübertragenden Bauteile nach Ziffer 1.1
ermittelt, d.h. die Abmessungen, die in Ziffer 1.1 zur Ermittlung der wärmeübertragenden Außenfläche A angesetzt werden, sind auch bei der Berechnung des "Brutto-Volumens" zu verwenden. In diesem Volumen sind auch
alle innenliegenden Bauteile - wie Innenwände und Geschoßdecken - zwischen normalbeheizten Zonen eingeschlossen sowie der Anteil des Volumens, der sich aus der Einbeziehung der Außenwände und der Dachdecke
ergibt.
Das "Brutto-Volumen" eines Gebäudes wird zur Ermittlung des A/V-Werts
und zur Überprüfung der volumenbezogenen Anforderungen an den bauli-

chen Wärmeschutz nach Anlage 1 Tabelle 1 benötigt. Zu diesem Zweck wird der nach Ziffer 1.6 berechnete Jahres-Heizwärmebedarf Q_H des Gebäudes durch das beheizte Bauwerksvolumen V dividiert.

1.3   A/V-Werte

Das Verhältnis A/V in m^{-1} wird ermittelt, indem die nach Ziffer 1.1 unter Beachtung der Ziffern 1.5.2.3 und 6.2 errechnete wärmeübertragende Umfassungsfläche A eines Gebäudes durch das nach Ziffer 1.2 errechnete Bauwerksvolumen geteilt wird.

Erläuterungen: Mit dem A/V-Wert, d.h. dem Quotienten aus der wärmeübertragenden Gebäudefläche und dem beheizten Bauwerksvolumen, läßt sich eine Aussage über die Kompaktheit eines Gebäudes machen. Je kleiner die Fläche der Außenbauteile nach Ziffer 1.1 gegenüber dem Volumen nach Ziffer 1.2, desto kompakter ist das Gebäude und desto geringer ist der Betrag an Heizwärme, der - in bezug auf das Volumen - verlorengeht.

Aus Gründen der Heizwärmeeinsparung ist daher anzustreben, möglichst kompakte Gebäude - d.h. solche mit einem niedrigen A/V-Wert - zu planen und zu bauen.

Nach Anlage 1 Ziffer 1.5.2.3 sind "für die Ermittlung der wärmeübertragenden Umfassungsfläche A und des beheizten Volumens V die abgrenzenden Bauteilflächen A_{AB} zu berücksichtigen. Die angrenzenden Gebäudeteile bleiben für die Ermittlung des Verhältnisses A/V unberücksichtigt".

Die Ermittlung dieser Flächen erfolgt nach Anlage 1 Ziffer 1.5.2.3.

Achtung: **Im Gegensatz zur Wärmeschutzverordnung 1984 werden die abgrenzenden Bauteile gegen Bereiche mit wesentlich niedrigeren Innentemperaturen bei der Ermittlung der wärmeübertragenden Flächen A berücksichtigt.**

Dabei gilt folgende Vorgehensweise: Die Bauteilflächen, die das beheizte Gebäude von Gebäudeteilen mit wesentlich niedrigeren Raumtemperaturen abgrenzen - d.h. die jeweiligen Trennbauteile -, werden bei den wärmeübertragen Umfassungsflächen A berücksichtigt. Die Bauteilflächen, die Räume mit wesentlich niedrigeren Innentemperaturen gegen die Außenluft abgrenzen - d.h. die Außenbauteile solcher Räume -, und das darin eingeschlossene Volumen werden weder bei der Umfassungsfläche A noch beim Volumen V berücksichtigt.

Außerdem werden nach Anlage 1 Ziffer 6.2 "Gebäudetrennwände als nicht wärmedurchlässig angenommen und bei der Berechnung der Werte A und

A/V nicht berücksichtigt". **Dies gilt nur, wenn es sich bei beiden Gebäuden, die durch eine Wand gegeneinander abgetrennt sind, um Zonen gleicher Innentemperatur handelt. Nur dann besteht zwischen beiden Zonen kein Wärmestrom, so daß die Wände als adiabatisch angesehen und bei der Ermittlung der wärmeübertragen Flächen A unberücksichtigt bleiben können. Grenzt ein Gebäude mit normalen Innentemperaturen nicht an eine gleich beheizte Zone, sind die Trennbauteile entweder wie gegen Außenluft oder wie gegen Bereiche mit wesentlich niedrigerer Innentemperatur einzustufen.**

1.4 Bestimmung der Bezugsgrößen V_L und A_N

1.4.1 Anrechenbares Luftvolumen V_L

Das anrechenbare Luftvolumen V_L der Gebäude wird wie folgt ermittelt:

$$V_L = 0{,}80 \cdot V \quad \text{in } m^3,$$

wobei V das beheizte Bauwerksvolumen nach Ziff. 1.2 ist.

Erläuterungen: Das anrechenbare Luftvolumen wird benötigt, um die Lüftungswärmeverluste nach den Ziffern 1.6.2 und 1.6.3 zu ermitteln. Es ist daher erforderlich, das unter Ziffer 1.2 ermittelte beheizte Bauwerksvolumen um den Betrag zu reduzieren, der kein beheiztes Raumvolumen darstellt. Zu diesem Abzug zählen - wie bereits unter Ziffer 1.2 erläutert - Innenwände und Geschoßdecken beheizter Zonen sowie Außenwände und Geschoßdecken gegen Außenluft. Das Luftvolumen wird ermittelt, indem das Bauwerksvolumen nach Ziffer 1.2 mit dem Faktor 0,8 multipliziert wird. Dieser Reduktionsfaktor stellt einen über alle Gebäudetypen gemittelten Wert dar.

1.4.2 Gebäudenutzfläche A_N

Die Gebäudenutzfläche wird für Gebäude, deren lichte Raumhöhen 2,60 m oder weniger betragen, wie folgt ermittelt:

$$A_N = 0{,}32 \cdot V \quad \text{in } m^2,$$

wobei V das nach Ziff. 1.2 ermittelte beheizte Bauwerksvolumen in m³ bedeutet.

Erläuterungen: Die Angabe der Gebäudenutzfläche ist erforderlich, um den Jahres-Heizwärmebedarf Q_H eines Gebäudes mit dem zulässigen, auf die beheizte Nutzfläche bezogenen Anforderungswert Q''_H nach Anlage 1 Tabelle 1 Spalte 3 vergleichen zu können. Hierzu wird der nach Anlage 1 Ziffer 1.6 ermittelte Wert des Jahres-Heizwärmebedarfs Q_H durch die Gebäudenutzfläche A_N dividiert. Der so ermittelte vorhandene volumenbezogene Jahresheizwärmebedarf (vorh. Q''_H) wird mit dem zulässigen volumenbezogenen Jahres-Heizwärmebedarf (zul. Q''_H) verglichen.

Achtung: Der nach WSchV (Anlage 1 Ziffer 1.4.2) ermittelte Wert der Gebäudenutzfläche A_N ist nicht vergleichbar mit der Wohnfläche nach § 44 Abs.1 der II. Berechnungsverordnung [9], da hierin auch unbeheizte Balkonflächen und Flächen von Wintergärten bzw. Terrassen enthalten sein können. Auch der nach DIN 277 [11] berechnete Wert der Hauptnutzfläche stimmt nicht mit A_N überein.

1.5 Wärmedurchgangskoeffizienten

1.5.1 Wärmedurchgangskoeffizienten k für die einzelnen Anteile der Umfassungsfläche A

Die Berechnung der Wärmedurchgangskoeffizienten k erfolgt nach den allgemein anerkannten Regeln der Technik.

Erläuterungen: Um einen sachlich eindeutigen und einheitlichen Berechnungsmodus zur Ermittlung des Wärmedurchgangskoeffizienten von Bauteilen oder Konstruktionen zu erhalten, werden in § 10 Absatz 2 der Verordnung die allgemein anerkannten Regeln der Technik bekanntgegeben, nach denen der k-Wert bestimmt wird.

Für die Berechnung des Wärmedurchgangskoeffizienten ist besonders auf DIN 4108 hinzuweisen, in deren Teil 5 [15] allgemein der Berechnungsalgorithmus zur Ermittlung des Wärmedurchgangskoeffizienten dargelegt wird, während in Teil 2 [12] auf die Besonderheiten verschiedener Bauteile - wie beispielsweise Bauteile mit Abdichtungen - eingegangen wird.

Rechenwerte der Wärmeleitfähigkeit, Wärmeübergangswiderstände, Wärmedurchlaßwiderstände, Wärmedurchgangskoeffizienten, der äquivalenten Wärmedurchgangskoeffizienten für Systeme sowie der Gesamtenergiedurchlaßgrade für Verglasungen dürfen für die Berechnung des Wärmeschutzes verwendet werden, wenn sie im Bundesanzeiger bekanntgemacht worden sind.

Erläuterungen: Die Anforderung, daß Rechenwerte der Wärmeleitfähigkeit, der Wärmeübergangswiderstände, der Wärmedurchlaßwiderstände, der Wärmedurchgangskoeffizienten, der äquivalenten Wärmedurchgangskoeffizienten für Systeme und der Gesamtenergiedurchlaßgrade für Verglasungen nur verwendet werden dürfen, wenn sie im Bundesanzeiger veröffentlich worden sind, bezieht sich auf die Herstellerangaben der verschiedenen Produkte, nicht aber auf Stoffkennwerte aus Normen. Dementsprechend können beispielsweise produktunabhängige Rechenwerte für verschiedene Baustoffe DIN 4108 Teil 4 Tabelle 1 [14] entnommen werden, während herstellerspezifische Angaben eines Baustoffs nur dann im Wärmeschutznachweis Verwendung finden dürfen, wenn sie im Bundesanzeiger veröffentlicht wurden. Durch dieses Verfahren wird gewährleistet, daß Produktkennwerte, die nicht einer zugehörigen Stoffnorm entnommen wurden, nach einheitlichen Normen und Berechnungsverfahren ermittelt werden und unterschiedliche Werte - bei der gleichen Baustoffart - nur auf unterschiedliche Werkstoffeigenschaften zurückzuführen sind.

Die Wärmedurchgangskoeffizienten für außenliegende Fenster und Fenstertüren sowie Außentüren und die Gesamtenergiedurchlaßgrade für Verglasungen sind von Prüfanstalten zu ermitteln, die im Bundesanzeiger bekanntgemacht worden sind.

Erläuterungen: Um eine einheitliche Qualität der meßtechnisch ermittelten Bauteileigenschaften von Fenstern, Fenstertüren und Türen - die von verschiedenen Prüfanstalten ermittelt werden - zu gewährleisten, müssen alle zur Prüfung zugelassenen Prüfanstalten ein gleiches Niveau besitzen. Nur so kann die Übereinstimmung der Meßwerte von Produkten durch verschiedene Prüfanstalten garantiert werden (weitere Erläuterungen s.a. Kapitel 4.3).

1.5.2 Berücksichtigung bauteilspezifischer Temperaturdifferenzen bei der Ermittlung des Transmissionswärmebedarfs Q_T

Erläuterungen: Die Berechnung der Transmissionswärmeverluste und damit die Berechnung des Wärmestroms durch die verschiedenen Bauteile geht von einem mittleren Klima in der Bundesrepublik Deutschland aus. Für die Innenluft wird eine Temperatur von 20°C und für die Außenluft eine durchschnittliche Temperatur während der Heizperiode von ca. 4,5°C angesetzt (s.a. Erläuterungen zu Anlage 1 Ziffer 1.6.1). Falls bei einem Bauteil eine vom Mittelwert abweichende Außentemperatur vorliegt - wie beispielsweise bei Bauteilen gegen Erdreich -, vermindert sich der Wärmestrom von innen nach außen. Um diesen veränderten Randbedingungen Rechnung zu tragen, müssen Reduktionsfaktoren angegeben werden, die der jeweiligen Einbausituation entsprechen. Die Reduktionsfaktoren können (für genauere Berechnungen als die nach WSchV) nach DIN V 4108-6 [16] ermittelt werden. Zur vereinfachten Bestimmung sind die Reduktionsfaktoren nach folgendem Algorithmus zu berechnen:

$$r = \frac{\vartheta_i - \vartheta_x}{\vartheta_i - \vartheta_a}$$

mit

r   Reduktionsfaktor

ϑ_i Innenraumtemperatur, mit $\vartheta_i = 20°C$

ϑ_x Temperatur im betrachteten Raum oder der betrachteten Zone

ϑ_a Außenlufttemperatur, mit $\vartheta_a = 0°C$ (vereinfachter Ansatz)

Die im folgenden angegebenen Reduktionsfaktoren stellen einen Mittelwert der unterschiedlichen Einbausituationen und Randbedingungen der verschiedenen Bauteile dar. Bei einer genaueren Berechnung ist eine Streuung der Werte zu verzeichnen.

Achtung: In der Wärmeschutzverordnung wird nicht berücksichtigt, wie die Wärmedurchgangskoeffizienten von Trennbauteilen zu reduzieren sind, die Bereiche mit normalen Innentemperaturen (Erster Abschnitt) gegen Bereiche mit niedrigen Innentemperaturen (Zweiter Abschnitt) abgrenzen. Wenn nach der oben gezeigten Gleichung die Reduktionsfaktoren r für Innentemperaturen des niedrig beheizten Bereichs von $\vartheta_i = 12°C$, $\vartheta_i = 15°C$ und $\vartheta_i = 19°C$ ermittelt werden, erhält man folgende Werte: r = 0,40, r = 0,25 und r= 0,05. Hieraus folgt, daß die Reduktionsfaktoren zwischen r = 0,4 und r = 0,05, je nach Innenraumtemperatur, schwanken können. Da ein Reduktionsfaktor r = 0, d.h. die Annahme eines adiabatischen Falls, eine zu günstige Betrachtung des Problems darstellt, sollten die Wärmeströme aus Bereichen mit normalen Innentemperaturen in Bereiche mit niedrigen Innentemperaturen wie der Übergang von normal beheizten Bereichen in Bereiche mit wesentlich niedrigen Innentemperaturen behandelt werden; d.h. nach Anlage 1 Ziffer

1.5.2.3 sind die Wärmedurchgangskoeffizienten der Trennbauteile mit einem Reduktionsfaktor r = 0,5 abzumindern und die bauteilflächen bei der Berechnung der wärmeübertragenden Bauteile (s.a. Anlage 1 Ziffer 1.1 und Ziffer 1.6.1) zu berücksichtigen. Diese Betrachtung weist zwar zu hohe Verluste aus, erfaßt aber das gesamte Temperaturspektrum des niedrig beheizten Bereichs ($12\,°C \leq \vartheta_i < 19\,°C$).

1.5.2.1 Für Dach- oder Dachdeckenflächen sind der Wärmedurchgangskoeffizient k_D und für Flächen der Abseitenwände zum nicht wärmegedämmten Dachraum der Wärmedurchgangskoeffizient k_W jeweils mit dem Faktor 0,8 zu reduzieren.

Erläuterungen: Wärmegedämmte Dachdeckenflächen, die das beheizte Volumen nicht gegen die Außenluft, sondern gegen einen belüfteten Dachraum - z.B. einen Spitzboden - abgrenzen, trennen das beheizte Volumen gegen einen Bereich ab, dessen Temperatur über der Außentemperatur liegt. Durch das verminderte Temperaturgefälle ist auch ein reduzierter Wärmestrom aus dem beheizten Kernhaus in die unbeheizte Zone zu verzeichnen, der sich in einem gegenüber Außenluftbedingungen um 20% verminderten Reduktionsfaktor ausdrückt. Die gegenüber der Außenluft erhöhte Temperatur im ungedämmten Dachraum ist einerseits auf die verminderte Wärmeabfuhr im Spitzboden - bedingt durch die geringere Durchströmung dieses Bereichs - zurückzuführen, andererseits aber auch auf die solaren Wärmegewinne, die eine Temperaturerhöhung in dieser Zone bedingen.
Bei steil und flach geneigten Dächern, die das beheizte Volumen direkt von der Außenluft abgrenzen, ist der veranschlagte Reduktionsfaktor ebenfalls auf eine höhere Außentemperatur und damit einen verminderten Wärmestrom und eine verminderte Wärmeabgabe über die Dachfläche infolge solarer Wärmegewinne zurückzuführen.
Bei der Festlegung des Reduktionsfaktors bei Dächern ist - entsprechend der jeweiligen Einbausituation - eine große Streubreite zu verzeichnen. Um zur Berechnung des Wärmeschutz-Nachweises eine Vereinheitlichung zu erreichen, wurde als Reduktionsfaktor des Wärmedurchgangskoeffizienten von Dachflächen ein Wert r = 0,8 festgelegt.
Für Abseitenwände (Drempelwände) zum undämmten Dachraum gelten die gleichen Ausführungen wie für Decken gegen ungedämmten Spitzboden. Auch hier ist der Reduktionsfaktor auf eine verminderte Wärmeabgabe infolge höherer Außentemperatur und solarer Wärmegewinne im nicht belüfteten Dachraum zurückzuführen.

1.5.2.2 Für die Grundfläche des Gebäudes ist der Wärmedurchgangskoeffizient k_G mit dem Faktor 0,5 zu gewichten.

Erläuterungen: Da das Erdreich ganzjährig - also auch während der Heizperiode - eine Temperatur von ca. 10°C aufweist, ist im Gegensatz zu Außenluftbedingungen ein deutlich reduzierter Wärmestrom vom beheizten Volumen über das angrenzende Erdreich nach außen zu verzeichnen. Um diesem Wärmedämmeffekt Rechung zu tragen, wurde für Bauteile gegen Erdreich ein Reduktionsfaktor von r = 0,5 angesetzt. Unberücksichtigt bleibt dabei die spezifische Einbausituation. Je tiefer das wärmeübertragende Bauteil unter der Oberkante des Geländes liegt, desto geringer ist der Wärmestrom nach außen und desto geringer müßte der Reduktionsfaktor sein. Andererseits sollten Bauteile im Bereich des Grundwassers - aufgrund der höheren Wärmeabfuhr - mit einem größeren Reduktionsfaktor versehen werden. Um jedoch eine Vereinheitlichung der Berechnung zu erreichen, wurde für alle erdberührten Bauteile, unabhängig von der örtlichen Einbausituation, der oben genannte Reduktionsfaktor festgelegt.

1.5.2.3 Für angrenzende Gebäudeteile mit wesentlich niedrigeren Raumtemperaturen (z.B. Treppenräume, Lagerräume) dürfen die Wärmedurchgangskoeffizienten der abgrenzenden Bauteilflächen k_{AB} mit dem Faktor 0,5 gewichtet werden. Hierbei werden für die Ermittlung der wärmeübertragenden Umfassungsfläche A und des beheizten Bauwerksvolumens V die abgrenzenden Bauteilflächen A_{AB} berücksichtigt. Die angrenzenden Gebäudeteile bleiben für die Ermittlung des Verhältnisses A/V unberücksichtigt.

Erläuterungen: Als Gebäudeteile mit wesentlich niedrigeren Raumtemperaturen werden Zonen eingestuft, die auf eine Innentemperatur $t_i \leq 10$°C, mindestens aber frostfrei (+5°C nach DIN 4701 Teil 2 Tabelle 2 [18]) gehalten werden. Dies gilt nach DIN 4701 Teil 2 Tabelle 2 und Tabelle 6 [18] für Treppenräume von Wohngebäuden und Nebentreppenräume von Verwaltungsgebäuden, Geschäftshäusern, Hotels, Gaststätten und Kirchen sowie für Lagerräume, die nicht unmittelbar an das beheizte Volumen grenzen (für die Einstufung von Haupttreppenräumen in Verwaltungsgebäuden und für Lagerräume, die unmittelbar an das beheizte Volumen grenzen, siehe Erläuterungen zu § 2 Absatz 2).
Da die Bauteile, die das beheizte Volumen gegen Zonen mit wesentlich niedrigeren Raumtemperaturen abgrenzen, nicht mit der Außenluft bzw. der Außenlufttemperatur in Verbindung stehen, ist mit einem verminderten Wär-

mestrom und damit mit verminderten Transmissionswärmeverlusten zu rechnen, die einen Reduktionsfaktor von r = 0,5 rechtfertigen.
Eine Darstellung der Flächen, die Gebäudeteile mit wesentlich niedrigeren Raumtemperaturen gegen normal beheizte Zonen abgrenzen, ist Bild 3.2 zu entnehmen.

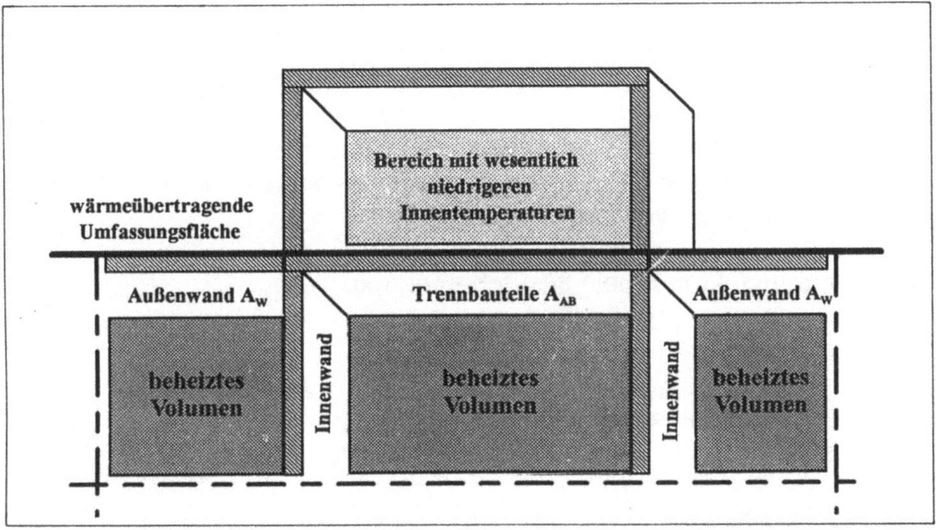

Bild 3.2 Darstellung der wärmeübertragenden Fläche A_{AB}, die Bereiche mit normalen Innentemperaturen gegen Bereiche mit wesentlich niedrigeren Innentemperaturen abgrenzen

1.5.3 Berücksichtigung geschlossener, nicht beheizter Glasvorbauten

Erläuterungen: Als geschlossene, unbeheizte Glasvorbauten können dem Gebäude vorgelagerte verglaste Konstruktionen eingestuft werden, deren eingeschlossenes Luftvolumen nicht beheizt wird. Dabei müssen nicht alle an die Außenluft grenzenden Flächen einer solchen Konstruktion verglast sein, mindestens aber der überwiegende Teil - d.h. mehr als 50% . Es muß außerdem gewährleistet sein, daß diese Konstruktionen geschlossen sind und keinen überdurchschnittlichen Luftwechsel aufweisen.
Unter diesen Maßgaben können als geschlossener, unbeheizter Glasvorbau beispielsweise folgende Konstruktionen eingestuft werden:
- Wintergärten im klassischen Sinn, wenn sie geschlossen und unbeheizt sind,

- unbeheizte, geschlossene Lichthöfe oder Atrien, die mit einer Verglasung eingedeckt sind,
- großflächig verglaste, unbeheizte, dem Gebäude vorgelagerte Eingangsbereiche, soweit gewährleistet wird, daß kein erhöhter unkontrollierter Luftwechsel vorliegt, d.h. der Zugang zu einer solchen Pufferzone muß über eine zusätzliche Luftschleuse erfolgen.

Die äquivalenten Wärmedurchgangskoeffizienten $k_{eq,F}$ von außenliegenden Fenstern und Fenstertüren sowie Außentüren nach Ziffer 1.6.4.2, die im Bereich von geschlossenen, nicht beheizten Glasvorbauten in Außenwänden angeordnet sind, sowie die Wärmedurchgangskoeffizienten der im Bereich dieser Glasvorbauten liegenden Außenwandteile dürfen wie folgt vermindert werden:

Abminderungsfaktoren bei Glasvorbauten mit

Einfachverglasung   0,70

Isolier- oder Doppelverglasung
(Klarglas)   0,60

Wärmeschutzglas
($k_V \leq 2,0$ W/m^{2}K)   0,50

Achtung: Nicht nur bei der Berechnung der äquivalenten Wärmedurchgangskoeffizienten nach Anlage 1 Ziffer 1.6.4.2, bei denen die solaren Wärmegewinne durch eine Verminderung der vorhandenen Wärmedurchgangskoeffizienten der betreffenden Bauteile einfließen, sondern auch bei der getrennten Bilanzierung der solaren Gewinne nach Anlage 1 Ziffer 1.6.4.1 und der Berechnung der Transmissionswärmeverluste nach Anlage 1 Ziffer 1.6.1 sind die Bauteile, die einen unbeheizten Glasvorbau gegen das beheizte Kernhaus abtrennen, mit den oben genannten Reduktionsfaktoren abzumindern. Die Berücksichtigung der Reduktionsfaktoren bei solaren Wärmegewinnen über transparente Bauteile muß für die Berechnung nach Anlage 1 Ziffer 1.6.4.1 und 1.6.4.2 in gleicher Weise gelten, da die verschiedenen Berechnungsmöglichkeiten ansonsten zu unterschiedlichen Ergebnissen führen.

Erläuterungen: Wenn vor Bauteilen des beheizten Kernhauses ein geschlossener, unbeheizter Glasvorbau angeordnet wird, ist mit einem verminderten

Wärmestrom aus der beheizten Zone in den unbeheizten Glasvorbau zu rechnen. Dieser Effekt ist darauf zurückzuführen, daß einerseits aufgrund der fehlenden Windströmungen im unbeheizten Innenraum keine Wärme von der Oberfläche der trennenden Bauteile abgeführt wird und sich anderseits in diesem "Pufferraum", bedingt durch die solare Einstrahlung, eine Raumtemperatur einstellt, die über der Außentemperatur liegt. Je hochwertiger die Verglasung des Glasvorbaus in bezug auf die Transmissionswärmeverluste ausgeführt wird - d.h. je kleiner die k_V-Werte sind -, um so geringer ist der Wärmestrom aus dem Glasvorbau nach außen. Hierdurch erhöht sich die Temperatur im Glasvorbau und vermindert den Wärmestrom aus dem beheizten Kernhaus in den Glasvorbau. Dementsprechend ist bei wärmetechnisch besseren Verglasungen ein niedrigerer Reduktionsfaktor anzusetzen als bei schlechteren Produkten.

Achtung: **Die oben aufgeführten Reduktionsfaktoren gelten nicht nur für "die im Bereich dieser Glasvorbauten liegenden Außenwandbauteile", sondern auch für alle anderen Bauteile, die die normalbeheizte Zone gegen den unbeheizten Glasvorbau abgrenzen; d.h. neben Wänden und Fenstern sind auch die Wärmedurchgangskoeffizienten von Decken, die das beheizte Volumen nach unten oder oben gegen den unbeheizten Glasvorbau abgrenzen, mit den in Anlage 1 Ziffer 1.5.3 aufgeführten Reduktionsfaktoren abzumindern. In diesem Fall ist ein der Verglasung des unbeheizten Glasvorbaus entsprechender Reduktionsfaktor - also 0,7 oder 0,6 oder 0,5 - anzusetzen und nicht der Reduktionsfaktor wie bei Außenluft (d.h. nicht 0,8 bei Decke nach oben bzw. 1,0 bei Decke nach unten gegen Außenluft).**

Die Berücksichtigung geschlossener, nicht beheizter Glasvorbauten auf den Wärmeschutz der außenliegenden Fenster und Fenstertüren, der Außentüren sowie der Außenwandanteile im Bereich dieser Glasvorbauten kann auch nach den allgemein anerkannten Regeln der Technik erfolgen.

Erläuterungen: Da die oben aufgeführten Reduktionsfaktoren einen Mittelwert aus verschiedenen Einbausituationen darstellen, können in Einzelfällen Abweichungen gegenüber einer genaueren Berechnung auftreten. Falls eine genauere Berechnung gewünscht wird, kann diese nach den allgemein anerkannten Regeln der Technik durchgeführt werden. In diesem Zusammenhang ist insbesondere auf DIN V 4108-6 [16] und DIN EN 832 [24] hinzuweisen, die eine genauere Bestimmung dieser Reduktionsfaktoren ermöglichen.

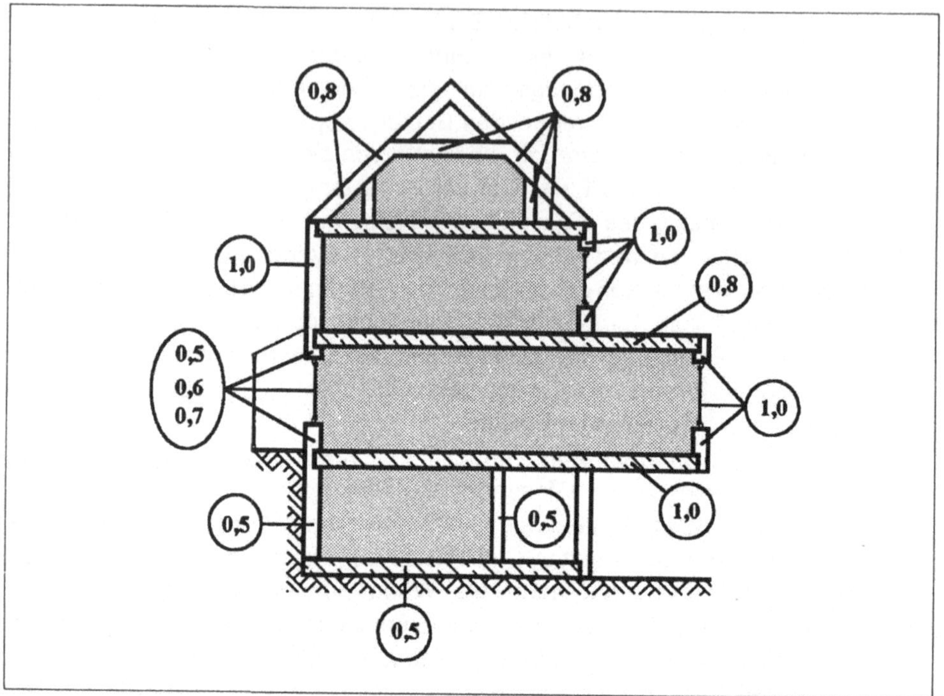

Bild 3.3 Reduktionsfaktoren der Wärmedurchgangskoeffizienten für verschiedene Bauteile und Darstellung des beheizten Volumens (dunkle Fläche)

1.6 Berechnung des Jahres-Heizwärmebedarfs Q_H

Der Jahres-Heizwärmebedarf Q_H für ein Gebäude wird wie folgt ermittelt:

$$Q_H = 0,9 \cdot (Q_T + Q_L) - (Q_I + Q_S) \quad \text{in kWh/a}$$

Erläuterungen: Die Berechnung des Jahres-Heizwärmebedarfs Q_H stellt eine Heizwärmebilanz des betrachteten Gebäudes dar. Dabei werden die Wärmeverluste - bestehend aus Transmissions- und Lüftungswärmeverlusten - gegen die Wärmegewinne - interne und solare Wärmegewinne - aufgerechnet. Hierdurch besteht die Möglichkeit, den Jahres-Heizwärmebedarf sowohl durch technische Mittel zu beeinflussen - wie beispielsweise die Verbesserung des Wärmedurchgangskoeffizienten von wärmeübertragenden Bauteilen oder die Verwendung einer Anlage zur mechanischen Lüftung - als auch bei der Gestaltung des Gebäudes zu einer Verminderung der Wärmeverluste beizutragen - z.B. indem die Hauptverglasungsflächen nach Süden orientiert werden oder das Gebäude kompakt gestaltet wird. Durch die Bilanzierung lassen sich wärmetechnisch ungünstige Einflüsse ausgleichen, ohne daß eine Veränderung der Grundkonzeption erforderlich wird.

Der Faktor 0,9 vor der Summe der Verlustanteile der Bilanzierung wird als Teilbeheizungsfaktor bezeichnet. Mit diesem Faktor wird berücksichtigt, daß die betrachteten Gebäude einerseits nicht in der Gesamtheit des von den wärmeübertragenden Außenflächen eingeschlossenen Volumens beheizt werden und andererseits gebräuchliche Heizungsanlagen so eingestellt sind, daß sie bei Nacht- oder Wochenendabsenkungen nur eine Raumtemperatur kleiner $19°C$ gewährleisten müssen. Durch beide Einflüsse wird eine Verminderung der erforderlichen Heizwärme erreicht, die eine Reduktion der Heizwärmeverluste um 10% rechtfertigt. Der Teilbeheizungsfaktor stellt dabei einen über alle Nutzungsarten gemittelten Wert dar.

Dabei bedeuten

Q_T der Transmissionswärmebedarf in kWh/a
den durch den Wärmedurchgang der Außenbauteile verursachten Anteil des Jahres-Heizwärmebedarfes. Bei Berücksichtigung der solaren Wärmegewinne nach Ziffer 1.6.4.2 sind die nutzbaren solaren Wärmegewinne in Q_T berücksichtigt.

Erläuterungen: Die Transmissionswärmeverluste Q_T stellen den Anteil der Heizwärmeverluste dar, der über die wärmeübertragenden Außenbauteile verlorengeht.
Werden die solaren Wärmegewinne bei außenliegenden Fenstern und Fenstertüren sowie ggf. bei Außentüren nicht nach Anlage 1 Ziffer 1.6.4.1 gesondert ausgewiesen, sind sie nach Anlage 1 Ziffer 1.6.4.2 in Form äquivalenter Wärmedurchgangskoeffizienten $k_{eq,F}$ als eine Reduktion des Wärmedurchgangskoeffizienten der transparenten Bauteile zu berücksichtigen.

Q_L der Lüftungswärmebedarf in kWh/a
den durch Erwärmung der gegen kalte Außenluft ausgetauschten Raumluft verursachten Anteil des Jahres-Heizwärmebedarfes.

Erläuterungen: Die Lüftungswärmeverluste Q_L geben den Betrag der Heizwärmeverluste wieder, der beim Austausch warmer Raumluft gegen kalte Außenluft anfällt. Hierin enthalten sind sowohl Verluste, die durch die üblichen

Lüftungsgewohnheiten der Nutzer entstehen, als auch Verluste, die sich aus Undichtheiten in der Gebäudehülle ergeben.

Q_I die internen Wärmegewinne in kWh/a
die bei bestimmungsgemäßer Nutzung innerhalb des Gebäudes auftretenden nutzbaren Wärmegewinne.

Erläuterungen: Durch die Nutzung eines Gebäudes entstehen in dessen Innerem Wärmegewinne, die den zur Aufrechterhaltung der gewünschten Innentemperatur erforderlichen Heizwärmebedarf vermindern. Bei üblichen Wohngebäuden entstehen diese Gewinne durch Personenaufenthalt, Kochen, Baden sowie durch elektrische Geräte, in Büro- und Verwaltungsgebäuden üblicher Nutzung durch Personenaufenthalt und besonders durch die hohe Belegungsdichte elektrischer Geräte und Installationen. Dementsprechend kann auch nach Anlage 1 Ziffer 1.6.5 für Gebäude mit ausschließlicher Nutzung als Büro- oder Verwaltungsgebäude ein um 25% höherer interner Gewinn als bei Wohnnutzung angesetzt werden.

Q_S die solaren Wärmegewinne in kWh/a
nach Ziffer 1.6.4.1 die bei bestimmungsgemäßer Nutzung durch die Sonneneinstrahlung nutzbaren Wärmegewinne.

Erläuterungen: Durch Sonnenstrahlen, die über Fenster und Fenstertüren in die beheizte Zone einfallen, werden die beschienenen Innenbauteile erwärmt. Diese geben die Wärme in Form von Infrarotstrahlung wieder ab und erwärmen damit die Raumluft. Hierdurch reduziert sich der erforderliche Heizwärmebedarf eines Gebäudes. Da die Intensität der solaren Strahlung von der jeweiligen Himmelsrichtung abhängt, sind nach Anlage 1 Ziffer 1.6.4 die Fensterflächen - und damit die solaren Wärmegewinne - entsprechend ihrer Ausrichtung getrennt zu berücksichtigen.

1.6.1 Transmissionswärmebedarf Q_T

Der Transmissionswärmebedarf Q_T in kWh/a wird wie folgt ermittelt:

$$Q_T = 84 \cdot (k_W \cdot A_W + k_F \cdot A_F + 0{,}8 \cdot k_D \cdot A_D + 0{,}5 \cdot k_G \cdot A_G + k_{DL} \cdot A_{DL} + 0{,}5 \cdot k_{AB} \cdot A_{AB})^1$$

---

[1]   Im Faktor 84 ist eine mittlere Heizgradtagzahl von 3500 (K · Tage/Jahr) berücksichtigt

Erläuterungen: Die Transmissionswärmeverluste eines Gebäudes setzen sich aus dem Produkt des Wärmedurchgangskoeffizienten - k-Wert - nach Anlage 1 Ziffer 1.5, der Fläche des zugehörigen Bauteils nach Anlage 1 Ziffer 1.1 sowie der Heizgradtagzahl zusammen.

Die Heizgradtagzahl gibt den Zeitraum wieder, während dessen ein Gebäude beheizt werden muß, um eine Raumtemperatur von $t_i = 20°C$ aufrechtzuhalten. Da mit dem Berechnungsverfahren nach Wärmeschutzverordnung eine Möglichkeit geschaffen werden sollte, verschiedene Varianten von Gebäuden - unabhängig von deren Aufstellungsort - miteinander vergleichen zu können, genügt es, wenn man für den Nachweis ein mittleres Klima der Bundesrepublik Deutschland verwendet; Würzburg erfüllt diese Voraussetzungen aufgrund seiner meteorologischen Daten. Die Heizgradtagzahl wiederum setzt sich aus dem Produkt der Heizzeit, d.h. der Anzahl der Tage, an denen die internen und solaren Wärmegewinne nicht ausreichen, um die Wärmeverluste auszugleichen, und der Differenz aus der Raumtemperatur und der mittleren Außentemperatur während der Heizperiode zusammen. Für Würzburg wurde eine Heizperiode von ca. 224 Tagen bei einer mittleren Außenlufttemperatur von $t_a = 4,5°C$ ermittelt. Damit erhält man eine Gradtagzahl Gt von: $Gt = (293 - 277{,}5) \cdot 224 \cong 3500$ Kd (mit den Temperaturen $t = t_x + 273$). Zur Angleichung an die Heizwärmebilanz muß dieser Wert mit 24 (h = Stunden) multipliziert und durch 1000 (Kilo-) dividiert werden, damit man als Einheit kWh erhält. Somit ergibt sich ein Faktor $(3500 \cdot 24) / 1000 = 84$.

Für nach Ziffer 1.5.3 abweichende Gebäudesituationen können die dort angegebenen Faktoren berücksichtigt werden.

Erläuterungen: Da in der Gleichung für Q_T keine Reduktionsfaktoren für Bauteile angegeben sind, die die beheizte Zone vom unbeheizten Glasvorbau trennen, wird noch einmal darauf hingewiesen, daß auch für diese Bauteile eine Abminderung der Transmissionswärmeverluste möglich ist.

Werden solare Gewinne nach Ziffer 1.6.4.2 berücksichtigt, ist für die Ermittlung des Transmissionswärmebedarfs der außenliegenden Fenster und Fenstertüren sowie ggf. der Außentüren $k_F \cdot A_F$ durch $k_{eq,F} \cdot A_F$ zu ersetzen.

Erläuterungen: Falls keine getrennte Bilanzierung der solaren Wärmegewinne nach Anlage 1 Ziffer 1.6.4.1 erfolgt, sondern diese Gewinne in Form einer Verminderung des Wärmedurchgangskoeffizienten der trennenden Bauteile berücksichtigt werden, sind auch nur die um die solaren Gewinne reduzierten k-Werte, d.h. die $k_{eq,F}$-Werte, zu verwenden.

Im Bereich von Rolladenkästen darf der Wärmedurchgangskoeffizient den Wert 0,6 W/(m²K) nicht überschreiten.

Erläuterungen: Um zu erreichen, daß die Gebäudehülle in ihrer Gesamtheit einen möglichst gleichmäßig guten Wärmeschutz aufweist, werden auch an den Wärmedurchgangskoeffizienten von Rolladenkästen Anforderungen gestellt. Bislang galten für Rolladenkästen nur die Anforderungen nach DIN 4108 Teil 2 Abschnitt 5.2.1 [12]. Da dieser Wärmedurchgangskoeffizient in krassem Widerspruch zu den Zielen der Wärmeschutzverordnung liegt, wurde die Forderung mit $k \leq 0,6$ W/(m²K) festgelegt (weitere Erläuterungen s.a. Kapitel 4.2).

Achtung: Da die Verhältnisse bei der Ermittlung des Wärmedurchgangskoeffizienten von Rolladenkästen nicht eindeutig geklärt sind - z.B. die Berechnung der wärmeübertragenden Flächen oder die Festlegung der Wärmeübergangswiderstände -, müssen die für den Nachweis erforderlichen Größen getrennt festgelegt werden. Ein möglicher Berechnungsalgorithmus und die erforderlichen Angaben der Wärmeübergangswiderstände sind Kapitel 4.2 dieses Kommentars zu entnehmen.

1.6.2 Lüftungswärmebedarf Q_L o h n e mechanisch betriebene Lüftungsanlage nach Ziffer 2.

Erläuterungen: Es werden nur die Lüftungswärmeverluste Q_L betrachtet, die entstehen, wenn aufgrund reiner Fensterlüftung in beheizten Räumen ein Austausch warmer Raumluft gegen kalte Außenluft erfolgt.

Der Lüftungswärmebedarf Q_L wird wie folgt ermittelt:

$$Q_L = 0,34 \cdot \text{ß} \cdot 84 \cdot V_L \text{ in kWh/a.}$$

Erläuterungen: Die Lüftungswärmeverluste Q_L setzen sich zusammen aus einem Faktor 0,34 (in der Einheit Wh/(m³K)) - der die spezifische Wärmekapazität der Luft mit $c_{pL} = 1,0$ kJ/(kgK) und die Dichte der Luft mit $\rho_L = 1,2$ kg/m³ beinhaltet -, einem Rechenwert der Luftwechselzahl β, der einheitenbereinigten Heizgradtagzahl (s.a. Erläuterungen zu Anlage 1 Ziffer 1.6.1) und dem anrechenbaren Luftvolumen nach Anlage 1 Ziffer 1.4.1.

Dabei bedeutet

ß die Luftwechselzahl (Rechenwert) in h^{-1}

Erläuterungen: Die Luftwechselzahl gibt darüber Auskunft, wie oft je Stunde das gesamte Luftvolumen eines Raumes gegen Außenluft ausgetauscht wird. In diesem Luftwechsel enthalten ist sowohl der Austausch der Raumluft durch Außenluft, der durchschnittlich von einem Nutzer herbeiführt wird, als auch der Luftwechsel, der sich aus Undichtheiten in der wärmeübertragenden Hülle eines Gebäudes ergibt.
Der Rechenwert der Luftwechselzahl nennt einen Wert, der bei einem durchschnittlichen Nutzerverhalten und bei einer üblichen Ausführungsqualität der Außenbauteile zu erwarten ist. Es kann hiervon im konkreten Fall Abweichungen geben, die dann zu geringeren oder höheren Lüftungswärmeverlusten führen. Da es sich bei dem Berechnungsgang der Wärmeschutzverordnung jedoch nur um eine Möglichkeit zum Vergleich verschiedener Planungsvarianten handelt, genügt ein mittlerer Wert der Luftwechselzahl.

V_L das anrechenbare Luftvolumen in m^3 nach Ziffer 1.4.1.

Erläuterungen: Siehe hierzu die Erläuterungen zu Anlage 1 Ziffer 1.4.1.

Für den Nachweis des Lüftungswärmebedarfs ist die Luftwechselzahl ß gleich 0,8 h^{-1} zu setzen.

Damit ergibt sich:

$$Q_L = 22,85 \cdot V_L \text{ in kWh/a.}$$

1.6.3 Lüftungswärmebedarf Q_L m i t mechanisch betriebener Lüftungsanlage nach Ziffer 2

Wird ein Gebäude mit einer mechanisch betriebenen Lüftungsanlage nach Ziffer 2.1 ausgestattet, darf der nach Ziffer 1.6.2 ermittelte Lüftungswärmebedarf Q_L bei Anlagen mit Wärmerückgewinnung ohne Wärmepumpe gemäß Ziffer 2.1 mit dem Faktor 0,80 multipliziert werden, soweit je kWh aufgewendeter elektrischer Arbeit mindestens 5,0 kWh nutzbare Wärme abgegeben wird.

Erläuterungen: Wenn - statt reiner Fensterlüftung - zum Austausch der warmen Raumluft gegen kalte Außenluft eine mechanisch betriebene Lüftungsanlage eingesetzt wird und falls der kalten Zuluft über einen Wärmetauscher ein Teil der in der Fortluft enthaltenen Wärme zugeführt wird, führt dies - aufgrund des kontrollierten Betriebs der Anlage und des Wärmeaustauschs von Fort- nach Zuluft - gegenüber freier Lüftung zu verringerten Lüftungswärmeverlusten. Diesem Umstand wird dadurch Rechnung getragen, daß die Lüftungswärmeverluste, die sich nach Anlage 1 Ziffer 1.6.2 bei freier Lüftung ergeben, mit dem Faktor 0,8 multipliziert und damit um 20% verringert werden dürfen. Die obigen Ausführungen gelten für mechanisch betriebene Anlagen mit Wärmerückgewinnung, bei denen im Fortluftkanal nicht noch zusätzlich eine Wärmepumpe installiert ist.

Um zu gewährleisten, daß mechanisch betriebene Lüftungsanlagen so eingestellt und angeordnet sind, daß sie auch tatsächlich Energie einsparen, sind die Anforderungen nach Anlage 1 Ziffer 2.1 einzuhalten.

Außerdem darf der Reduktionsfaktor nur dann angesetzt werden, wenn sichergestellt ist, daß eine solche Anlage nicht mehr Energie verbraucht als sie einspart. Zu diesem Zweck ist nachzuweisen, daß die mechanisch betriebene Lüftungsanlage mit Wärmetauscher je kWh aufgewendeter Arbeit für den Betrieb von Ventilatoren und anderer Geräte mindestens 5,0 kWh nutzbare Wärme abgibt.

Für Anlagen mit Wärmepumpen darf der Lüftungswärmebedarf Q_L mit dem Faktor 0,8 multipliziert werden, soweit je kWh aufgewendeter elektrischer Arbeit mindestens 4,0 kWh nutzbare Wärme abgegeben wird.

Erläuterungen: Wird bei einer mechanisch betriebenen Lüftungsanlage mit Wärmerückgewinnung im Fortluftkanal zusätzlich eine Wärmepumpe installiert, kann der Abluft mehr Wärme entzogen und der beheizten Zone wieder zugeführt werden als bei reinen Wärmerückgewinnungsanlagen. Um einerseits der damit möglichen höheren Energieeinsparung, andererseits aber auch dem höheren notwendigen Energieverbrauch zum Betrieb der zusätzlichen Geräte Rechnung zu tragen, wurde zum Nachweis der Tauglichkeit des Systems ein gegenüber einfacheren Anlagen geringerer erforderlicher Wert an nutzbarer Wärme - 4,0 kWh - festgelegt. Falls diese Anforderung erfüllt wird, darf bei mechanisch betriebenen Lüftungsanlagen mit Wärmerückgewinnung und Wärmepumpe in der Fortluft bei den nach Anlage 1 Ziffer 1.6.2 ermittelten Lüftungswärmeverlusten Q_L ein Reduktionsfaktor von 0,8 angesetzt werden.

Achtung: Dieser Abschnitt bezieht sich nur auf eine Gerätekonfiguration, bei der eine mechanisch betriebene Lüftungsanlage mit Wärmerückgewinnung zusätzlich mit einer Wärmepumpe im Fortluftkanal gekoppelt wird. Nur wenn zusätzlich zum Wärmetauscher der Fortluft in einer nachgeschalteten Wärmepumpe weitere Wärme entzogen wird, gilt dieser Abschnitt. Er kann nicht angewendet werden, falls die Wärmepumpe ihre Wärme aus einem anderen Medium - z. B. dem Erdreich oder dem Abwasser - bezieht. Das Verhältnis aus aufgewendeter elektrischer Arbeit zur nutzbaren abgegebenen Wärme bezieht sich auf die aus der mechanisch betriebenen Lüftungsanlage mit Wärmerückgewinnung und der Wärmepumpe zusammengesetzte Einheit.

Soweit bei Anlagen mit Wärmerückgewinnung ein Wärmerückgewinnungsgrad η_w, der größer ist als 65 vom Hundert, im Bundesanzeiger veröffentlicht worden ist, darf der Lüftungswärmebedarf Q_L mit dem Faktor

$$0,8 \cdot (65/\eta_w)$$

multipliziert werden.

Erläuterungen: Nach Anlage 1 Ziffer 2.1.2 wird für Einrichtungen zur Wärmerückgewinnung ein Wärmerückgewinnungsgrad η_w von im Mittel 60% verlangt. Bei Geräten, die einen im Bundesanzeiger veröffentlichten und damit gesicherten Tauschergrad von 65% aufweisen, ist damit die zulässige Toleranzbreite erfüllt, und sie weisen außerdem eine Güte auf, die gegenüber dem geforderten Mindestwert deutlich besser ist. Für solche Anlagen ergeben sich entsprechend geringere Lüftungswärmeverluste, die in einem günstigeren Reduktionsfaktor berücksichtigt werden.

Wird ein Gebäude mit einer mechanisch betriebenen Lüftungsanlage nach Ziffer 2.2 (Abluftanlage) ausgestattet, darf der nach Ziffer 1.6.2 ermittelte Lüftungswärmebedarf Q_L mit dem Faktor 0,95 multipliziert werden.

Erläuterungen: Beim Einsatz einer mechanisch betriebenen Anlage zur Be- oder Entlüftung ohne Wärmerückgewinnung und ohne Wärmepumpe im Fortluftkanal ist die erzielbare Verringerung der Lüftungswärmeverluste Q_L niedriger als bei Systemen, bei denen der Abluft Wärme entzogen und der

Zuluft zugeführt wird. Die Reduktion der Lüftungswärmeverluste ist also nur darin zu sehen, daß - statt bei einer freien Lüftung über die Fenster - der Luftaustausch im Gebäude kontrolliert über die Lüftungsanlage erfolgt und damit eine bedarfsabhängige Regelung mit verminderter Wärmeabgabe erreicht wird. Dementsprechend weist der Reduktionsfaktor 0,95 einerseits ein gegenüber freier Lüftung günstigeres Lüftungsverhalten aus, zeigt aber andererseits deutlich, daß gegenüber Systemen mit Wärmerückgewinnung und eventuell einer Wärmepumpe höhere Lüftungswärmeverluste zu erwarten sind.

Werden bei einem Gebäude nach § 1 Nr. 2 die erhöhten internen Wärmegewinne nach Ziffer 1.6.5 angesetzt, finden die Regelungen dieses Absatzes keine Anwendung.

Erläuterungen: Wenn bei Büro- und Verwaltungsgebäuden nach § 1 Nr. 2 für die internen Wärmegewinne die erhöhten Werte nach Anlage 1 Ziffer 1.6.5 angesetzt werden (s.a. Erläuterungen zu Anlage 1 Ziffer 1.6), ist eine Verwendung der in den obigen Abschnitten aufgeführten Reduktionsfaktoren der Lüftungswärmeverluste - auch wenn mechanisch betriebene Lüftungsanlagen mit oder ohne Wärmerückgewinnung zum Einsatz gelangen - nicht zulässig.

Dieser Ausschluß wird dadurch begründet, daß bei der Verwendung der Reduktionsfaktoren bei mechanisch betriebenen Lüftungsanlagen und der Berücksichtigung erhöhter interner Wärmegewinne nach Anlage 1 Ziffer 1.6.5 bei Büro- und Verwaltungsgebäuden die Anforderungen an die Transmissionswärmeverluste und damit an die Qualität der wärmeübertragenden Umfassungsfläche auf ein Niveau gesenkt werden könnten, das mit den Zielen der Wärmeschutzverordnung nicht mehr vereinbar ist.

Achtung: Es ist jedoch auch der Umkehrschluß des obigen Satzes zulässig. Dem Planer oder Fachingenieur bieten sich beim Nachweis des Jahres-Heizwärmebedarfs von Büro- und Verwaltungsgebäuden mit mechanisch betriebenen Lüftungsanlagen daher zwei Möglichkeiten, die Reduktionsfaktoren der Lüftungssysteme nach Anlage 1 Ziffer 1.6.3 und die internen Wärmegewinne nach Anlage 1 Ziffer 1.6.5 zu verwenden:

a) Es werden die Reduktionsfaktoren des verwendeten Systems der mechanisch betriebenen Lüftung und die niedrigeren, in jedem Fall gültigen Werte der internen Wärmegewinne verwendet.

b) Es werden keine Reduktionsfaktoren für die Lüftungssysteme verwendet; d.h. man behandelt das Gebäude, als ob der Luftaustausch durch freie Lüftung erfolgen würde, und setzt die erhöhten internen Wärmegewinne an.

1.6.4 Nutzbare solare Wärmegewinne

Solare Wärmegewinne dürfen nur bei außenliegenden Fenstern und Fenstertüren sowie bei Außentüren und nur dann berücksichtigt werden, wenn der Glasanteil des Bauteils mehr als 60 vom Hundert beträgt. Die nutzbaren solaren Wärmegewinne werden entweder nach 1.6.4.1 oder 1.6.4.2 ermittelt.

Erläuterungen: Solare Wärmegewinne dürfen nur bei Bauteilen berücksichtigt werden, bei denen die solare Einstrahlung direkt in die beheizte Kernzone - durch Fenster, Fenstertüren oder Außentüren - einfällt. Die solaren Wärmegewinne, die über nichttransparente Bauteile erzielt werden, gehen in die Berechnung nicht ein, da ihre Wirkung im Vergleich zur direkten Einwirkung über verglaste Flächen vernachlässigt werden kann. Unberücksichtigt bleiben auch solare Wärmegewinne über Bauteile mit transparenter Wärmedämmung sowie andere Möglichkeiten zur Nutzung der solaren Einstrahlung, wie beispielsweise Trombwände und ähnliche Konstruktionen.

Achtung: Bei der Berechnung der solaren Wärmegewinne setzt man voraus, daß bewegliche Einrichtungen zum Sonnenschutz geöffnet sind. Da es sich bei der vorliegenden Bilanzierung um eine Berechnung während der Heizzeit handelt, kann davon ausgegangen werden, daß es zu keiner Überhitzung in den Räumen kommt und bewegliche Sonnenschutzeinrichtungen nicht geschlossen werden. Zum Einfluß permanenter Verschattungen siehe Erläuterungen zu Anlage 1 Ziffer 1.6.4.1.
Da bei der Berechnung der solaren Wärmegewinne die Fensterfläche eingeht, die, wie unter Ziffer 1.1 ausgeführt, aus den lichten Rohbaumaßen ermittelt wird, ist es erforderlich, den Rahmen- bzw. nichttransparenten Anteil bei Fenstern, Fenstertüren und Außentüren zu begrenzen, um zu gewährleisten, daß die angesetzten solaren Gewinne von der verbleibenden transparenten Fläche auch erreicht werden. Als kritischer Wert hat sich dabei ein Anteil der Verglasung kleiner 60% erwiesen.

Bei Fensteranteilen von mehr als 2/3 der Wandfläche darf der solare Gewinn nur bis zu dieser Größe berücksichtigt werden.

Erläuterungen: Wie bereits unter Anlage 1 Ziffer 1.6 dargelegt, erwärmt die über Fenster und Fenstertüren in die beheizte Kernzone einfallende Sonnenstrahlung die opaken (nichttransparenten) Bauteile, die dann wiederum langwellige, infrarote Strahlung abgeben und die Raumluft erwärmen. Die Kapazität zur Wärmespeicherung eines massiven Bauteiles ist jedoch begrenzt, so daß nur ein bestimmter Betrag der vorhandenen Sonnenstrahlung aufgenommen werden kann. Wird dieser Betrag überschritten, trägt weitere einfallende Sonnenstrahlung nicht mehr zur Erwärmung des Bauteils bei. Um diesem Aspekt Rechnung zu tragen, wurden die nutzbaren solaren Wärmegewinne einer Fassade begrenzt. Bis zu einem Fensteranteil von 2/3 der zugehörigen Fassade können solare Wärmegewinne zur Bauteil- und Raumlufterwärmung herangezogen werden. Übersteigt die Fensterfläche einer Fassade diesen Anteil, d.h. sind mehr als 2/3 einer Fassade Fenster, können die Innenbauteile solare Wärme nur bis zu einem Anteil von maximal 2/3 der Fensterflächen umsetzen. Die verbleibenden Fensterflächenanteile tragen zu den solaren Wärmegewinnen nicht mehr, zu den Transmissionswärmeverlusten jedoch sehr wohl bei.

Die Beschränkung auf 2/3 der Wandfläche stellt einen Mittelwert über verschiedene Bauweisen und Konstruktionsarten dar, denn je massiver ein Bauteil, desto größer ist seine Wärmespeicherfähigkeit. Umgekehrt tragen nur Bauteilschichten, die raumseitig einer Dämmschicht liegen, zur Wärmespeicherung bei. Für eine genauere Berechnung des Wärmespeicherverhaltens einer massiven Stahlbetondecke mit schwimmendem Estrich nach DIN V 4108-6 [16] werden dementsprechend auch nur die Bauteilschichten berücksichtigt, die raumseitig der Dämmschicht liegen. Da ein solches Vorgehen sehr arbeits- und zeitintensiv ist, wurde als Grenzwert der nutzbaren solaren Wärmegewinne pauschal ein Fensteranteil von 2/3 der Wandfläche festgelegt.

Achtung: **Als Wandfläche wird jeweils die einer Himmelsrichtung zugehörige wärmeübertragende Fassadenfläche - bestehend aus den Bauteilen Wand und Fenster - angesehen.**

Es gilt auch hier, daß bei einem unbeheizten Glasvorbau die Trennbauteile zwischen der beheizten Kernzone und dem unbeheizten Glasvorbau - und nicht die Außenbauteile des unbeheizten Glasvorbaus - in die Berechnung eingehen.

1.6.4.1 Gesonderte Ermittlung der nutzbaren solaren Wärmegewinne

Erläuterungen: Bei der gesonderten Bilanzierung werden die solaren Gewinne als eigenständiger Anteil dargestellt, wohingegen bei der Berechnung der solaren Wärmegewinne nach Anlage 1 Ziffer 1.6.4.2 die nutzbaren solaren Wärmegewinne zur Verminderung der Transmissionswärmeverluste der

Fenster und Fenstertüren beitragen. Eine gesonderte Ermittlung der nutzbaren solaren Wärmegewinne nach dieser Ziffer bietet den Vorteil, daß dieser Anteil der Jahres-Heizwärmebilanz in seiner Auswirkung besser dokumentiert werden kann; d.h. Änderungen an der Qualität von Fenstern oder Fenstertüren hinsichtlich der solaren Wärmegewinne - z.B. ein veränderter Gesamtenergiedurchlaßgrad oder eine Umgestaltung der Fenstergrößen - lassen sich ebenso eindeutig darstellen wie eine Veränderung der Hauptverglasungsflächen eines Gebäudes bezüglich seiner Ausrichtung zur Sonne.

Unter Berücksichtigung eines mittleren Nutzungsgrades, der Abminderung durch Rahmenanteile und Verschattungen sowie der Gesamtenergiedurchlaßgrade der Verglasungen werden die nutzbaren solaren Wärmegewinne entsprechend den Fensterflächen i und der Orientierung j für senkrechte Flächen wie folgt ermittelt:

$$Q_S = \sum_{i,j} 0{,}46 \cdot I_j \cdot g_i \cdot A_{F,i,j} \quad \text{in kWh/a}$$

Erläuterungen: Da die Sonne nicht ungehindert in die beheizte Kernzone einstrahlen kann, sind für die abmindernden Einflüsse Reduktionsfaktoren entsprechend ihrer mittleren Auswirkung einzuführen. In der Gleichung zur Ermittlung der solaren Wärmegewinne werden diese Reduktionsfaktoren in dem Wert 0,46 zusammengefaßt. Der Reduktionsfaktor $r = 0{,}46$ setzt sich dabei aus folgenden Bestandteilen zusammen:

a) Reduktionsfaktor für das nicht senkrechte Auftreffen der Sonnenstrahlen auf die Verglasung: $r_g = 0{,}85$.

Der Gesamtenergiedurchlaßgrad von Verglasungen wird nach DIN 67507 [23] ermittelt, indem man von einem senkrechten Auftreffen der Sonnenstrahlen auf die Verglasungsfläche ausgeht. Da die verglasten Flächen in der Regel nicht senkrecht zur Sonnenstrahlung angeordnet sind und so durch die hervorgerufene Reflexion an der Scheibe ein Teil der solaren Energie verlorengeht, wird der Gesamtenergiedurchlaßgrad um 15% reduziert, woraus sich ein Faktor von $r_g = 0{,}85$ ergibt.

b) Reduktionsfaktor für Rahmenanteil der Fensterfläche $r_R = 0{,}70$.

Bei der Berechnung der solaren Wärmegewinne nach der oben stehenden Gleichung werden die Fensterflächen nach Anlage 1 Ziffer 1.1 berücksichtigt, die sich aus den lichten Rohbaumaßen ergeben. Da jedoch nur die Glasanteile der Fenster solare Strahlung in die beheizte Kernzone einlassen und daher auch nur dieser Anteil bei der Flächenermittlung der Fenster in Ansatz gebracht werden kann, sind die Rahmenanteile von den Fensterflächen nach Anlage 1 Ziffer 1.1 abzuziehen. Für Fenster üblicher Größe und Bauweise kann ein mittlerer Rahmenanteil an der Fensterfläche von 30% veranschlagt werden. Hieraus ergibt sich ein Reduktionsfaktor von $r_R = 0,70$.

c) Reduktionsfaktor für Nutzungsgrad der solaren Wärmegewinne $r_N = 0,85$.

Nicht die ganze in das Gebäudeinnere einfallende Sonnenstrahlung kann zur Erwärmung der Raumluft verwendet werden. Ein Teil dieser Strahlung wird nicht genutzt, weil sie beispielsweise durch Reflexion an Innenbauteilen wieder nach außen zurückgestrahlt wird. Außerdem muß davon ausgegangen werden, daß ein Teil der durch solare Einstrahlung gewonnenen Wärme durch Lüftungswärmeverluste wieder verlorengeht. Zur Berücksichtigung dieser Aspekte werden die solaren Wärmegewinne um 15% reduziert, womit sich ein Faktor von $r_N = 0,85$ ergibt.

d) Reduktionsfaktor aus Sonnenschutz und permanenter Verschattung $r_V = 0,90$.

Bei der Berechnung der solaren Wärmegewinne werden Beeinträchtigungen der solaren Einstrahlung in die beheizte Kernzone durch permanente Verschattungen - wie beispielsweise Geländeeinflüsse, Bäume oder Gebäudeteile (auskragende Balkonplatten) - nicht berücksichtigt. Da solche Einflüsse jedoch sehr häufig gegeben sind, wurde die Wirkung von permanenten Verschattungen mit einer pauschalen Verminderung der solaren Wärmegewinne um 10% erfaßt. Der zugehörige Reduktionsfaktor ist damit $r_V = 0,90$.

Der Reduktionsfaktor der nutzbaren solaren Wärmegewinne wird aus dem Produkt der folgenden Einzelfaktoren gebildet:

$$r = r_G \cdot r_R \cdot r_N \cdot r_V = 0,85 \cdot 0,70 \cdot 0,85 \cdot 0,90 \cong 0,46$$

Die Strahlungsintensität I berücksichtigt die Menge der solaren Globalstrahlung, die entsprechend der Ausrichtung nach der betreffenden Himmelsrichtung j durch die Verglasung in die beheizte Zone eindringt und durch die Erwärmung der massiven Bauteile die Raumluft aufheizt.

Der Gesamtenergiedurchlaßgrad g gibt Auskunft darüber, welcher Anteil an der langwelligen Globalstrahlung durch eine Verglasung i durchtritt. Je kleiner der Gesamtenergiedurchlaßgrad einer gewählten Verglasung ist, umso geringer ist die Strahlungsmenge, die zur Raumheizung verwendet werden kann.

Die zugehörige Fläche A_F des Fensters i mit der Orientierung j wird nach Anlage 1 Ziffer 1.1 aus den lichten Rohbaumaßen ermittelt. Eine Berücksichtigung der Rahmenanteile der Fenster ist - nach den voranstehenden Erläuterungen - bereits im Reduktionsfaktor 0,46 enthalten.

In Abhängigkeit von der Himmelsrichtung sind folgende Werte des Strahlungsangebotes I_j anzusetzen:

I_S = 400 kWh/(m² · a) für Südorientierung,

$I_{W/O}$ = 275 kWh/(m² · a) für Ost- und Westorientierung,

I_N = 160 kWh/(m² · a) für Nordorientierung

g_i der Gesamtenergiedurchlaßgrad der Verglasung.

Erläuterungen: Das Angebot bzw. die Intensität der solaren Strahlung wird stark von der betrachteten Himmelsrichtung beeinflußt, da die Einstrahldauer in die verschiedenen Sektoren deutlich schwankt.
Die Summe der solaren Einstrahlung - die Globalstrahlung - setzt sich zusammen aus der direkten und der diffusen Strahlung. Der Anteil der diffusen Strahlung ist während der Sonnenscheindauer ständig vorhanden - also auch bei bedecktem Himmel -, direkte Strahlung ist nur bei ungetrübtem Himmel gegeben. Die vorliegenden Strahlungsintensitäten berücksichtigen bereits einen üblichen Bewölkungsgrad. Nach Süden orientierte Flächen sind der Sonnenstrahlung am längsten ausgesetzt und erhalten daher den größten Wert der Strahlungsintensität, wohingegen bei west-/ostorientierten Fenstern - bedingt durch die kürzere Einstrahlung - nur eine verminderte Strahlungsintensität I gegeben ist. Da bei nordorientierten Fenstern keine direkte Einstrahlung vorliegt, wird hier nur der Diffusanteil berücksichtigt.

Hierbei ist unter "Orientierung" eine Abweichung der senkrechten auf die Fensterfläche von nicht mehr als 45 Grad von der jeweiligen Himmelsrichtung zu verstehen. In den Grenzfällen (NO, NW, SO, SW) gilt jeweils der kleinere Wert für I_j. Fenster in Dachflächen mit einer Neigung von mehr als 15 Grad sind wie Fenster in senkrechten Flächen zu behandeln. Fenster in Dachflächen mit einer Neigung kleiner als 15 Grad sind wie mit Ost- und Westorientierung zu behandeln.

Erläuterungen: Alle Flächen, deren Orientierung um nicht mehr als 45° von der zugehörigen Hauptrichtung - also von Nord, Ost, Süd oder West - abweichen, werden so eingestuft, als ob sie exakt in Hauptrichtung ausgerichtet wären. Flächen, die genau nach den Richtungen NO, NW, SO oder SW orientiert sind, werden jeweils der Richtung mit dem kleineren I_j-Wert zugeordnet, d.h. bei NO und NW jeweils der Nordorientierung und bei SO bzw. SW jeweils der West-/Ostorientierung.

Fenster in Dachflächen mit einer Neigung größer 15° gegen die Horizontale werden wie Fenster in senkrechten Flächen behandelt und sind entsprechend ihrer Orientierung einzustufen.

Für Fenster in Dachflächen mit einer Neigung kleiner 15° ist die Strahlungsintensität von senkrechten west-/ostorientierten Flächen anzusetzen. Dabei ist es unerheblich, nach welcher Richtung diese schwachgeneigten Fenster orientiert sind. Bedingt durch den niedrigen Sonnenstand während der Heizperiode ergibt sich bei Fenstern mit geringer Neigung eine Einstrahldauer wie bei senkrechten Flächen. Außerdem gelangt aufgrund des großen Winkels zwischen Sonnenstrahlung und Verglasungsfläche und der dadurch hervorgerufenen Reflexion nur ein Teil der anfallenden Strahlung ins Gebäudeinnere.

Achtung: Die Einstufung von geneigten Fenstern gilt nicht nur, wenn Fenster in Dachflächen angeordnet werden, sondern auch bei vollständig verglasten schwachgeneigten Flächen normal beheizter Zonen.

Lichtkuppeln und halbtonnenförmig gewölbte Lichtbänder sind wie Fenster in Dachflächen mit einer Neigung kleiner 15° einzustufen.

Sind Fensterflächen überwiegend verschattet, so ist der Wert I_j für die Nordorientierung anzusetzen.

Erläuterungen: Bei der Untersuchung einer überwiegenden Verschattung sind nach der vorliegenden Wärmeschutzverordnung nur die Monate der Heizzeit zu betrachten. Als maßgebliche Zeitspanne wird dabei die Periode von Anfang Oktober bis Ende April angesehen. Für südorientierte Fenster bedeutet eine überwiegende Verschattung eine Verminderung der Strahlungsintensität um 60%, bei west-/ostorientierten Fenstern eine Reduktion um ca. 40%. Diese Verminderung bezieht sich auf die Globalstrahlung, die sich aus der Direkt- und der Diffusstrahlung zusammensetzt. Angaben über mögliche Verschattungen und deren Nachweis sind Kapitel 4.4.1 zu entnehmen.

1.6.4.2 Ermittlung der nutzbaren solaren Wärmegewinne mittels äquivalenter Wärmedurchgangskoeffizienten $k_{eq,F}$

Erläuterungen: Bei der Berechnung der solaren Wärmegewinne nach Anlage 1 Ziffer 1.6.4.1 wird dieser Anteil der Jahres-Heizwärmebilanz als getrennter Betrag erfaßt. Bei der Berücksichtigung der solaren Wärmegewinne mittels eines äquivalenten Wärmedurchgangskoeffizienten $k_{eq,F}$ werden die Transmissionswärmeverluste eines Fensters und die solaren Wärmegewinne über die Verglasung gegeneinander aufgerechnet, so daß der Wert für $k_{eq,F}$ die Nettoverluste wiedergibt, bei einem negativen Vorzeichen von $k_{eq,F}$ auch reine Gewinne. Da sich der $k_{eq,F}$-Wert auf die solaren Wärmegewinne bezieht, variiert er je nach der Orientierung des Fensters. Er stellt daher keine qualitative Angabe eines Fensters oder einer Verglasung dar, sondern kann immer nur im Zusammenhang mit einer Himmelsrichtung gesehen werden.

Aus den unter Ziffer 1.5.1 ermittelten Wärmedurchgangskoeffizienten k_F werden äquivalente Wärmedurchgangskoeffizienten wie folgt ermittelt:

$$k_{eq,F} = k_F - g \cdot S_F \quad \text{in } W/(m^2 K)$$

Dabei bedeutet

S_F der Koeffizient für solare Energiegewinne mit

S_F = 2,40 W/(m$^2 \cdot$ K) für Südorientierung,

        = 1,65 W/(m$^2 \cdot$ K) für Ost- und Westorientierung sowie für Fenster in flachen oder bis zu 15 Grad geneigten Dachflächen,

        = 0,95 W/(m$^2 \cdot$ K) für Nordorientierung.

Erläuterungen: Da bei der Berücksichtigung der solaren Wärmegewinne mittels des äquivalenten Wärmedurchgangskoeffizienten $k_{eq,F}$ der Anteil des Jahres-Heizwärmebedarfs - gegenüber dem Verfahren nach Anlage 1 Ziffer 1.6.4.1 - nur an einer anderen Stelle eingebracht wird, können die Koeffizienten der solaren Wärmgewinne aus den Strahlungsintensitäten nach Anlage 1 Ziffer 1.6.4.1 abgeleitet werden.
Bei einer Gegenüberstellung der Anteile solarer Wärmegewinne entsprechend den Verfahren nach Anlage 1 Ziffer 1.6.4.1 und Anlage 1 Ziffer 1.6.4.2 in den Gleichungen nach Anlage 1 Ziffer 1.6 und Anlage 1 Ziffer 1.6.1 ergibt sich folgendes Bild:

$$0,46 \cdot I_j \cdot g_i \cdot A_{F,j,i} = 0,9 \cdot 84 \cdot S_F \cdot g_i \cdot A_{F,j,i}$$

Daraus folgt:

$$S_F = \frac{0,46 \cdot I_j}{0,9 \cdot 84}$$

Mit dieser Gleichung lassen sich aus den Strahlungsintensitäten der verschiedenen Orientierungen I_j nach Anlage 1 Ziffer 1.6.4.1 die Koeffizienten der solaren Energiegewinne S_F zur Berechnung der äquivalenten Wärmedurchgangskoeffizienten $k_{eq,F}$ ermitteln.

Die Regelungen zur Orientierung und Verschattung der Fensterflächen in 1.6.4.1 gelten entsprechend.

Erläuterungen: Da die Berechnung der äquivalenten Wärmedurchgangskoeffizienten $k_{eq,F}$ auf dem Berechnungsverfahren nach Anlage 1 Ziffer 1.6.4.1 basiert, gelten auch die Randbedingungen wie unter dieser Ziffer (s.a. Erläuterungen zu Anlage 1 Ziffer 1.6.4.1).

1.6.4.3 Fertighäuser

Für Fertighäuser darf der Nachweis nach Ziffer 1.6.4.1 oder Ziffer 1.6.4.2 unter Annahme einer West-/Ostorientierung für alle Fensterflächen geführt werden.

Erläuterungen: Da bei der Berechnung des Wärmeschutznachweises von Fertighäusern noch nicht abzusehen ist, wie die spätere Ausrichtung des Gebäudes und damit die der Fenster erfolgen wird, wurde ein mittlerer Wert bzw. eine durchschnittliche Richtungsbestimmung vorgenommen. Als solche wurde festgelegt, daß alle Fensterflächen wie west- bzw. ostorientiert anzusehen sind.

Achtung: Die Regelung der Fensterorientierung West/Ost bei Fertighäusern gilt nicht, wenn aufgrund der Konstruktion eindeutig feststeht, daß Fenster oder Fenstertüren überwiegend verschattet sind. In diesem Fall ist für diese Flächen - entsprechend Anlage 1 Ziffer 1.6.4.1 - eine Nordorientierung für die Wahl der Strahlungsintensität anzusetzen; d.h. bei Rücksprüngen der Fassade oder bei auskragenden Decken oder Balkonen ist zunächst zu untersuchen, ob eine überwiegende Verschattung der Fenster vorliegt (s.a. Anlage 1 Ziffer 1.6.4.1).

1.6.5 Nutzbare interne Wärmegewinne Q_I

Erläuterungen: Durch den Betrieb elektrischer Geräte, künstlicher Beleuchtung, durch die Körperwärme von Menschen und Tieren sowie durch Verluste des Heizungssystems - z.B. Verluste durch die Heizungsverteilung - wird im Bereich der beheizten Zone Wärme freigesetzt, die der Erwärmung der Raumluft zugute kommt.

Interne Wärmegewinne dürfen bei Gebäuden nach § 1 berücksichtigt werden, jedoch höchstens bis zu einem Wert von

$$Q_I = 8{,}0 \cdot V \quad \text{in kWh/a}$$

Erläuterungen: Bei allen Gebäuden mit "normalen Innentemperaturen" nach § 1 kann davon ausgegangen werden, daß ein volumenbezogener Wert der internen Gewinne von mindestens $q_{I,V} = 8{,}0$ kWh/(m³a) vorhanden ist. Bei Gebäuden für Sport- und Versammlungszwecke nach § 1 Ziffer 8, bei denen bereits eine Heizzeit von mehr als 3 Monaten genügt, um sie als normalbeheizte Gebäude einzustufen, setzt man voraus, daß aufgrund der intensiveren Nutzung in der Kürze der Zeit ein Betrag an internen Wärmegewinnen anfällt, der mit den internen Wärmegewinnen anderer Nutzungsarten nach § 1 vergleichbar ist.
Als Bezugsgröße zur Berechnung der internen Wärmegewinne Q_I wird das Brutto-Volumen V eines Gebäudes, d.h. das nach Anlage 1 Ziffer 1.2 über die Gebäudeaußenmaße ermittelte Volumen, angesetzt.

Bei Gebäuden nach § 1 Nr. 1 darf dieser Wert in jedem Fall zugrundegelegt werden.

Erläuterungen: Da die volumenbezogenen internen Wärmegewinne $q_{I,V}$ aus einer Nutzung nach § 1 Ziffer 1 - d.h. Wohnnutzung - abgeleitet wurden, kann dieser Wert bei einer solchen Nutzung in Ansatz gebracht werden.

Bei lichten Raumhöhen von nicht mehr als 2,60 m können die nutzbaren, auf die Gebäudenutzfläche A_N bezogenen internen Wärmegewinne höchstens wie folgt angesetzt werden:

$$Q_I = 25 \cdot A_N \quad \text{in kWh/a.}$$

Erläuterungen: Um bei Gebäuden mit einer lichten Raumhöhe $h \leq 2{,}6$ m, bei denen die Berechnung der internen Gewinne Q_I nach Anlage 1 Ziffer 1.4.2 auf die Gebäudenutzfläche A_N bezogen wird, den Flächenbezug zu ermöglichen, sind die volumenbezogenen internen Wärmegewinne auf die Gebäudenutzfläche umzurechnen. Es folgt daher:

$$q_{I,A_N} = \frac{q_{I,V}}{0,32} = \frac{8,0}{0,32} = 25,0 \text{ kWh/(m}^2\text{a)}$$

Für Gebäude und Gebäudeteile nach § 1 Nr. 2 mit vorgesehener ausschließlicher Nutzung als Büro- oder Verwaltungsgebäude dürfen die nutzbaren internen Wärmegewinne höchstens mit

$$Q_I = 10,0 \cdot V \quad \text{in kWh/a}$$

beziehungsweise

$$Q_I = 31,25 \cdot A_N \quad \text{in kWh/a}$$

angesetzt werden.

Erläuterungen: Bedingt durch die höhere Ausstattung mit elektrischen Einrichtungen und die höhere Nutzungsdichte entstehen in Büro- und Verwaltungsgebäuden höhere interne Wärmegewinne, so daß in Gebäuden mit vorgesehener ausschließlicher Nutzung nach § 1 Ziffer 2 - gegenüber Gebäuden mit Wohnnutzung - höhere interne Wärmegewinne in Ansatz gebracht werden können.

Die Berechnung der auf die Nutzfläche bezogenen internen Wärmegewinne erfolgt analog dem Vorgehen bei Gebäuden mit Wohnnutzung.

$$q_{I,A_N} = \frac{q_{I,V}}{0,32} = \frac{10,0}{0,32} = 31,25 \text{ kWh/(m}^2\text{a)}$$

Achtung: Falls in einem Gebäude Nutzungsänderungen möglich oder eingeplant sind, ist dem Wärmeschutznachweis eine Nutzung nach § 1 Ziffer 1 - Wohnnutzung - und damit der kleinere Wert der internen Wärmegewinne zugrundezulegen.

1.6.6 Jahres-Heizwärmebedarf Q'_H je m³ beheiztes Bauwerksvolumen

Der Jahres-Heizwärmebedarf je m³ beheiztes Bauwerksvolumen (Tabelle 1 Spalte 2) wird wie folgt ermittelt:

$$Q'_H = \frac{Q_H}{V} \quad \text{in kWh/(m}^3\text{·a)}$$

Erläuterungen: Bei einem Bezug der Anforderungen an den baulichen Wärmeschutz auf das beheizte Gebäudevolumen V wird der Jahres-Heizwärmebedarf Q_H nach Anlage 1 Ziffer 1.6 durch das beheizte Volumen V nach Anlage 1 Ziffer 1.2 dividiert und mit den Anforderungen nach Anlage 1 Tabelle 1 Spalte 2 verglichen. Die Anforderungen an den baulichen Wärmeschutz nach dieser Verordnung sind erfüllt, wenn der vorhandene volumenbezogene Jahres-Heizwärmebedarf Q'_H kleiner ist als der maximal zulässige volumenbezogene Jahres-Heizwärmebedarf.

1.6.7 Jahres-Heizwärmebedarf Q''_H je m^2 Gebäudenutzfläche A_N

Der Jahres-Heizwärmebedarf je m^2 Gebäudenutzfläche A_N (Tabelle 1 Spalte 3) wird wie folgt ermittelt:

$$Q''_H = \frac{Q_H}{A_N} \quad \text{in } kWh/(m^2a)$$

Erläuterungen: Bei einem Bezug der Anforderungen an den baulichen Wärmeschutz auf die Gebäudenutzfläche A_N wird der Jahres-Heizwärmebedarf Q_H nach Anlage 1 Ziffer 1.6 durch die Gebäudenutzfläche A_N nach Anlage 1 Ziffer 1.4.2 dividiert und mit den Anforderungen nach Anlage 1 Tabelle 1 Spalte 3 verglichen. Die Anforderungen an den baulichen Wärmeschutz nach dieser Verordnung sind erfüllt, wenn der vorhandene auf die Nutzfläche bezogene Jahres-Heizwärmebedarf Q''_H kleiner ist als der maximal zulässige auf die Nutzfläche bezogene Jahres-Heizwärmebedarf.

2.0   Anforderungen an mechanisch betriebene Lüftungsanlagen

Die in Ziffer 1.6.3 genannten Faktoren dürfen nur bei Lüftungsanlagen berücksichtigt werden, wenn die nachstehend in Ziffer 2.1 oder Ziffer 2.2 genannten Anforderungen sowie die in Anlage 4 Ziffer 1.1 genannten Anforderungen an das Gebäude erfüllt werden und in diesen Anlagen die Zuluft nicht unter Einsatz von elektrischer oder aus fossilen Brennstoffen gewonnener Energie gekühlt wird.

Erläuterungen: Nur wenn ein Mindeststandard der technischen Ausrüstung von mechanisch betriebenen Lüftungsanlagen gegeben ist, kann gewährleistet werden, daß der Einsatz dieser Geräte auch die angestrebte Verminderung des Heizwärmebedarfs bewirkt. Die Anforderungen an mechanisch betriebene Lüftungsanlagen ohne Wärmerückgewinnung werden unter Ziffer 2.1 präzisiert, während die Anforderungen an mechanisch betriebene Lüftungsanlagen mit Wärmerückgewinnung unter Ziffer 2.2 erläutert werden.

Außerdem muß sicher sein, daß der Fugendurchlaßkoeffizient von außenliegenden Fenstern, Fenstertüren und Außentüren die in Anlage 4 Ziffer 1.1 und Anlage 4 Tabelle 1 genannten Werte nicht überschreitet. Nur dann führt der Luftwechsel zu keinen größeren Verlusten.

Achtung: Es dürfen nur dann die Reduktionsfaktoren nach Anlage 1 Ziffer 1.6.3 angesetzt werden, wenn alle Anforderungen nach Ziffer 2.1 und Anlage 4 Ziffer 1.1 bzw. alle Anforderungen nach Ziffer 2.2 und Anlage 4 Ziffer 1.1 erfüllt sind.

Das Bundesministerium für Raumordnung, Bauwesen und Städtebau kann im Bundesanzeiger die für die Beurteilung der Lüftungsanlagen nach Ziffer 2 maßgeblichen Kennwerte solcher Produkte veröffentlichen. Diese Werte sind von Prüfstellen zu ermitteln, die im Bundesanzeiger bekannt gemacht worden sind. Die nach Landesrecht für den Vollzug der Wärmeschutzverordnung zuständigen Stellen können verlangen, daß ausschließlich im Bundesanzeiger veröffentlichte Kennwerte zur Beurteilung der Anlageneigenschaften verwendet werden.

Erläuterungen: Da beim Beschluß der vorliegenden Verordnung noch keine allgemein anerkannten Regeln der Technik zur Bestimmung der Kennwerte von mechanisch betriebenen Lüftungsanlagen vorlagen, besteht für die nach Landesrecht für den Vollzug der Wärmeschutzverordnung zuständigen Stellen die Möglichkeit, ausschließlich Kennwerte, die im Bundesanzeiger veröffentlicht sind, zu verwenden. Da diese Kennwerte auf der Basis einheitlicher Prüfverfahren und Prüfanordnungen ermittelt werden, sind diese Angaben miteinander vergleichbar und führen zu korrekten Ergebnissen.

2.1 Anforderungen an mechanisch betriebene Lüftungsanlagen mit Wärmerückgewinnung

2.1.1 Luftwechsel

In den bei der Ermittlung des anrechenbaren Luftvolumens V_L nach Ziffer 1.4.1 zu berücksichtigenden Räumen eines Gebäudes muß ein zeitlicher Mittelwert des Außenluftwechsels von mindestens 0,5 h^{-1} und höchstens 1,0 h^{-1} eingehalten werden können. Unter Außenluftwechsel ist dabei der Volumenanteil der Raumluft zu verstehen, der je Stunde gegen Außenluft ausgetauscht wird.

Erläuterungen: Die Luftwechselrate von mechanisch betriebenen Lüftungsanlagen mit Wärmerückgewinnung kann, nach DIN V 4108-6 [16], entsprechend folgendem Algorithmus ermittelt werden:

$$n = V_{AB} / V_L (1 - \eta_w) + n_z$$

Dabei bedeuten:

n: Luftwechselrate als zeitlicher Mittelwert des Außenluftwechsels in h^{-1}

V: Abluftvolumenstrom der Anlage in m^3/h

V_L: Beheiztes Bauwerksvolumen nach Anlage 1 Ziffer 1.2 in m^3

η_w: Wärmerückgewinnungsgrad des Wärmetauschers

n_z: Zusätzliche Lüftungsrate infolge Wind und Auftrieb bei Betrieb der Lüftungsanlage in h^{-1}. Bei Gebäuden, für die keine besonderen Meßergebnisse vorliegen und die eine mittlere Luftdichtheit aufweisen (Richtwerte siehe auch DIN V 4108-6 Tabelle 3 [16]), kann $n_z = 0{,}2\ h^{-1}$ gesetzt werden.

Da es sich bei der Maßgabe nach dieser Ziffer jedoch um den Mittelwert des Außenluftwechsels in beheizten Räumen und nicht um die der Bestimmung des Jahres-Heizwärmebedarfs zugrundezulegende Luftwechselrate handelt, bedeutet dies für die Geräteregelung, daß der Quotient $\dot{V}_{AB} / V_L$ im Bereich 0,3 bis 0,8 h^{-1} liegen muß, damit die genannten Anforderungen eingehalten werden.

Mit einer unteren Grenze des Außenluftwechsels von 0,5 h^{-1} bleiben die hygienischen und arbeitsmedizinischen Anforderungen unberührt, während die obere Grenze von 1,0 h^{-1} garantiert, daß durch den Betrieb einer solchen Anlage noch eine Verminderung der Heizwärmeverluste erzielt wird.

2.1.2 Anteil der rückgewonnenen Wärme

Die zum Einbau gelangenden Anlagen sind mit Einrichtungen auszustatten, die geeignet sind, im Mittel 60 vom Hundert oder mehr der Wärmedifferenz zwischen Fortluft- und Außenluftvolumenstrom zurückzugewinnen. Die hierfür maßgebenden Anlageneigenschaften sind nach allgemein anerkannten Regeln der Technik zu bestimmen, soweit solche Regeln vorliegen.

Erläuterungen: Als Mindeststandard des Wärmerückgewinnungsgrads η_W wird ein Wert von 60% veranschlagt. Da der Wärmerückgewinnungsgrad einer Anlage auch von der Temperaturdifferenz zwischen Fortluft und Zuluft abhängt, wird ein mittlerer Wert für η_W verlangt. Soweit zur Berechnung einer solchen Größe allgemein anerkannte Regeln der Technik vorliegen, sind die auf diese Weise ermittelten Werte zu verwenden, andernfalls gilt Ziffer 2.0, wonach "die nach Landesrecht für den Vollzug der Wärmeschutzverordnung zuständigen Stellen verlangen können, daß ausschließlich im Bundesanzeiger veröffentlichte Kennwerte zur Beurteilung der Anlageneigenschaften verwendet werden".

2.1.3 Wärmerückgewinnung bei Gebäuden mit mehreren Nutzeinheiten

Die Wärmerückgewinnung soll für jede Nutzeinheit getrennt erfolgen. Unter Nutzeinheit ist hier die Einheit eines oder mehrerer Räume eines Gebäudes zu verstehen, deren Beheizung auf Rechnung desselben Nutzers erfolgt.

Erläuterungen: Da es noch keine Möglichkeit gibt, die Wärme, die ein Nutzer bei einer für mehrere Einheiten verwendeten Anlage in das System einspeist, zu erfassen, um sie später entsprechend verrechnen zu können, wäre mit einer solchen Anlage keine eindeutige Kostenverteilung - und damit keine eindeutige Abrechnung - möglich. Dieses Problem läßt sich nur dann vermeiden, wenn der Verbrauch einzelner Nutzeinheiten erfaßt wird. Gemeinschaftsanlagen für mehrere Nutzeinheiten sind daher nicht zulässig.

2.1.4 Regelbarkeit durch den Nutzer

Die Lüftungsanlagen müssen mit Einrichtungen ausgestattet sein, die eine Beeinflussung der Luftvolumenströme jeder Nutzereinheit durch den Nutzer erlauben.

Erläuterungen: Jeder Nutzer muß in der Lage sein, die Luftvolumenströme, d.h. die Luftwechselzahl, in seiner Einheit entsprechend seinen persönlichen Bedürfnissen zu regeln. Ist dies nicht der Fall, muß bei zu geringer Dimensionierung der Luftwechselrate damit gerechnet werden, daß neben der mechanisch betriebenen Lüftungsanlage auch freie Lüftung über Fenster eingesetzt und damit der Lüftungswärmeverlust vergrößert wird. Überdimensionierte Luftwechselraten führen zu Zugerscheinungen in den Räumen und zu einem unbehaglichen Raumklima.

2.1.5 Nutzung der zurückgewonnenen Wärme

Es muß sichergestellt sein, daß die aus der Fortluft rückgewonnene Wärme im Verhältnis zu der von der Heizungsanlage bereitgestellten Wärme vorrangig genutzt wird.

Erläuterungen: Mit dieser Maßnahme soll erreicht werden, daß der Einsatz mechanisch betriebener Lüftungsanlagen mit Wärmerückgewinnung auch tatsächlich zu einer Verringerung des Heizwärmeverbrauchs führt.
Damit die aus der Fortluft rückgewonnene Wärme im Verhältnis zu der von der Heizungsanlage bereitgestellten Wärme vorrangig genutzt wird, muß die Heizungsanlage bzw. müssen die einzelnen Heizkörper mit Fühlern und Reglern ausgestattet sein, die bei einer gewünschten Raumlufttemperatur die Wärmezufuhr durch die Heizungsanlage drosseln oder unterbrechen.

2.2. Anforderungen an mechanisch betriebene Lüftungsanlagen ohne Wärmerückgewinnung (Zu- und Abluftanlagen)

Mechanisch betriebene Lüftungsanlagen ohne Wärmerückgewinnung müssen so durch den Nutzer beeinflußbar und in Abhängigkeit von einer geeigneten Führungsgröße selbsttätig regelnd sein, daß sich durch ihren Betrieb in den bei der Ermittlung des anrechenbaren Luftvolumens V_L nach Ziffer 1.4.1 zu berücksichtigenden Räumen ein Luftwechsel von mindestens 0,3 h^{-1} und höchstens 0,8 h^{-1} einstellt.

Erläuterungen: Der Reduktionsfaktor für mechanisch betriebene Lüftungsanlagen ohne Wärmerückgewinnung nach Anlage 1 Ziffer 1.6.3 darf nur in Ansatz gebracht werden, wenn alle oben genannten Anforderungen erfüllt sind. Nur dann ist gewährleistet, daß bei dem Einsatz einer solchen Anlage Heizwärme eingespart wird.
Der Nutzer muß einerseits die Möglichkeit besitzen, die Luftwechselrate am Gerät entsprechend seinen individuellen Anforderungen einzustellen, andererseits müssen aber auch technische Einrichtungen vorhanden sein, die den Luftwechsel in der beheizten Zone, von einer geeigneten Führungsgröße - z.B. der Luftfeuchte im Raum - geleitet, selbsttätig regeln. Der Luftwechsel, der von der mechanisch betriebenen Lüftungsanlage erzeugt wird, muß dabei - zur Einhaltung der hygienischen Anforderungen - mindestens 0,3 h^{-1} betragen, darf aber - um die Verminderung der Lüftungswärmeverluste zu gewährleisten - einen Wert von 0,8 h^{-1} nicht überschreiten.

3 Begrenzung des Wärmedurchgangs bei Flächenheizungen

Bei Flächenheizungen darf der Wärmedurchgangskoeffizient der Bauteilschichten zwischen der Heizfläche und der Außenluft, dem Erdreich oder Gebäudeteilen mit wesentlich niedrigeren Innentemperaturen den Wert 0,35 W/(m²K) nicht überschreiten.

Erläuterungen: Da bei Flächenheizungen - wie z.B. Fußbodenheizungen, Wandheizungen o.ä. - das heizende Medium direkt an das gegen die Außenluft, das Erdreich oder einen Bereich mit wesentlich niedrigeren Innentemperaturen abgrenzende Bauteil stößt und damit eine direkte Erwärmung und Wärmeübertragung gegeben ist, müssen an die Bauteilschichten zwischen der Heizfläche und den niedriger temperierten Bereichen höhere Anforderungen gestellt werden als an andere wärmeübertragende Außenbauteile.

4 Anordnung von Heizkörpern vor Fenstern

Bei Anordnung von Heizkörpern vor außenliegenden Fensterflächen darf der Wärmedurchgangskoeffizient k_F dieser Bauteile den Wert

$$1,5 \ W/(m²K)$$

nicht überschreiten.

Erläuterungen: Um die Wärmeverluste von Heizkörpern, die vor transparenten Bauteilen angeordnet werden, weiter zu reduzieren, muß neben den Anforderungen nach § 3 Ziffer 2 Nr. 3 (k-Wert der heizkörperrückseitigen Abdeckung $\leq$ 0,9 W/(m²K)) zusätzlich der Wärmedurchgangskoeffizient k_F der außenliegenden Fensterflächen kleiner oder gleich 1,5 W/(m²K) sein. Hierdurch wird erreicht, daß trotz der gegenüber der Raumtemperatur höheren Oberflächentemperatur der Heizkörperabdeckung im Vergleich zu anderen transparenten Bauteilen nur geringfügig mehr Heizwärme verlorengeht.

Achtung: Die Anforderung $k_F \leq$ 1,5 W/(m²K) bezieht sich auf das gesamte Fenster und nicht nur auf die Verglasung (der k_F-Wert setzt sich zusammen aus dem k-Wert des Rahmens und dem k-Wert der Verglasung).
Werden Heizkörper vor Fenstern angeordnet, die das beheizte Volumen gegen einen unbeheizten Glasvorbau abtrennen, gilt die Anforderung mit $k_F \leq$ 1,5 W/(m²K) auch für diese Fenster.

5   Begrenzung des Energiedurchganges bei großen Fensterflächenanteilen (sommerlicher Wärmeschutz)

5.1   Zur Begrenzung des Energiedurchganges bei Sonneneinstrahlung darf das Produkt $(g_F \cdot f)$ aus Gesamtenergiedurchlaßgrad g_F (einschließlich zusätzlicher Sonnenschutzeinrichtungen) und Fensterflächenanteil f unter Berücksichtigung ausreichender Belichtungsverhältnisse

a) bei Gebäuden mit einer raumlufttechnischen Anlage mit Kühlung und

b) bei anderen Gebäuden nach Abschnitt 1 mit einem Fensterflächenanteil je zugehöriger Fassade von 50 vom Hundert oder mehr

für jede Fassade den Wert 0,25 (bei beweglichem Sonnenschutz in geschlossenem Zustand) nicht überschreiten. Ausgenommen sind nach Norden orientierte oder ganztägig verschattete Fenster.

Erläuterungen: Bedingt durch die längere Einstrahldauer der Sonne in die beheizte Zone am Anfang und Ende der Heizperiode und während der Sommermonate kann es in dieser Zeit zur Überhitzung in den Räumen kommen. Um die überschüssige Wärme abzuführen, ist bei Gebäuden, die mit einer raumlufttechnischen Anlage mit Kühlung ausgestattet sind, Energie erforderlich. Bei Gebäuden ohne Klimaanlagen führt die Ablüftung der überschüssigen Wärme in der Heizperiode zu höheren Wärmeverlusten, da das Durchlüften mit kühler Außenluft einerseits höhere Luftwechselraten nach sich zieht und andererseits die massiven Bauteile durch die Ableitung der warmen Innenraumluft weniger Wärme für die Zeit ohne Einstrahlung (Abend und Nacht) speichern können.

Da die Überhitzung vorrangig über transparente Bauteile erfolgt, muß eine Beschränkung der solaren Einstrahlung hier ansetzen. Die maßgeblichen Größen sind dabei der Gesamtenergiedurchlaßgrad der Fenster g_F - einschließlich zusätzlicher Sonnenschutzeinrichtungen - und die Fensterfläche bzw. das Verhältnis der Fenster zur massiven Außenwandfläche f. Nach DIN 4108 Teil 2 Ziffer 7 Gleichung 4 [12] wird der Gesamtenergiedurchlaßgrad des Fensters g_F in Abhängigkeit vom Gesamtenergiedurchlaßgrad g der Verglasung (nach DIN 67507 [23]) und dem Abminderungsfaktor für Sonnenschutzvorrichtungen z aus dem Produkt $g_F = g \cdot z$ gebildet. Sonnenschutzeinrichtungen müssen nach DIN 4108 Teil 2 Tabelle 5 [12] fest installiert sein (z.B. Lamellenstores). Übliche dekorative Vorhänge gelten nicht als Sonnenschutzeinrichtung. Bei mehreren hintereinandergeschalteten Sonnenschutzeinrichtungen wird z aus dem Produkt der einzelnen Abminderungsfaktoren ($z_1 \cdot z_2 \cdot \ldots\ldots \cdot z_n$) gebildet. Der Fensterflächenanteil f, bezogen auf die Fenster enthaltende Außenwandfläche (nach Anlage 1 Ziffer 1.1 errechnet aus den Außenmaßen bzw. den lichten Rohbaumaßen), wird nach DIN 4108 Teil 2 Ziffer 7 Tabelle 3 [12] aus dem Quotienten der Fensterfläche A_F und der Fläche der nichttransparenten Außenwand A_W wie folgt gebildet:

$$f = \frac{A_F}{A_W + A_F}$$

Ohne zusätzliche Lüftung bzw. ohne den Einsatz von raumlufttechnischen Anlagen mit Kühlung kann nur eine bestimmte Menge an solarer Energie aufgenommen werden, ohne daß es zu einer Überhitzung kommt. Falls der Anteil der Fensterfläche A_F (nach Anlage 1 Ziffer 1.1) je zugehöriger Fassade - für jede Fassade entsprechend ihrer Orientierung - einen Anteil von 50% nicht übersteigt, ist nicht mit einer Überhitzung zu rechnen.

Achtung: **Im Vergleich zur Wärmeschutzverordnung 1984 ist der Nachweis des sommerlichen Wärmeschutzes nicht nur für Gebäude mit raumlufttechnischen Anlagen mit Kühlung zu erbringen, sondern auch bei Gebäuden mit einem Fensterflächenanteil je zugehöriger Fassade von 50% oder mehr.**

Bei Gebäuden mit einer raumlufttechnischen Anlage mit Kühlung ist der Nachweis für alle ost-, süd- und westorientierten Fassaden zu erbringen. Bei anderen Gebäuden nach Abschnitt 1 mit einem Fensterflächenanteil f je zugehöriger Fassade von 50% oder mehr ist der Nachweis nur für die jeweils betroffenen Fassaden zu führen.

Für beide Nachweisfälle ist ein Anforderungswert von $g_F \cdot f \leq 0{,}25$ einzuhalten.

Die Anforderungen an den sommerlichen Wärmeschutz gelten bei nach Norden orientierten oder ganztägig verschatteten Fenstern weder für Gebäude mit einer raumlufttechnischen Anlage mit Kühlung noch für Außenwände in Gebäuden nach Abschnitt 1 mit einem Fensterflächenanteil je zugehöriger Fassade von 50% oder mehr. Man kann in diesem Fall davon ausgehen, daß die solare Direktstrahlung in das Gebäude minimal ist und mit dem diffusen Anteil der Solarstrahlung eine Überhitzung ausgeschlossen werden kann (eine zeichnerische Darstellung für eine ganztägige Verschattung s.a. Kapitel 4.4.2).

Bei der Verwendung zusätzlicher Sonnenschutzmaßnahmen ist darauf zu achten, daß den Anforderungen an eine ausreichende Beleuchtung der

Räume - z.B. nach DIN 5034 [19] Tageslicht in Innenräumen - entsprochen wird.

5.2 Werden zur Erfüllung der Anforderungen Sonnenschutzvorrichtungen verwendet, sind diese mindestens teilweise beweglich anzuordnen. Hierbei muß durch den beweglichen Anteil des Sonnenschutzes ein Abminderungsfaktor z von kleiner oder gleich 0,5 erreicht werden.

Erläuterungen: Um zu gewährleisten, daß durch den Einsatz von Sonnenschutzmaßnahmen die individuelle Regulierung der Beleuchtung in Innenräumen erhalten bleibt, sind diese Vorrichtungen mindestens teilweise beweglich anzuordnen. Ausschließlich fest installierte Sonnenschutzeinrichtungen können dazu führen, daß die Innenraumbeleuchtung als unzureichend empfunden und durch künstliche Beleuchtung ergänzt wird. Der daraus resultierende zusätzliche Energieverbrauch steht nicht in Einklang mit der vorliegenden Verordnung.
Indem man dem Abminderungsfaktor des beweglichen Teils von Sonnenschutzmaßnahmen einen Anforderungswert vorgibt, will man erreichen, daß nur technisch wirksame Einrichtungen berücksichtigt werden. Maßnahmen, die keinen wirksamen Sonnenschutz aufweisen - wie z.B. dekorative Vorhänge vor Fenstern -, werden so ausgeschlossen.
Angaben zum Abminderungsfaktor z von Sonneschutzvorrichtungen können DIN 4108 Teil 2 Tabelle 5 [12] oder DIN V 4108-6 Tabelle 7 [16] entnommen werden.

5.3 Die Berechnung der Werte $(g_F \cdot f)$ erfolgt nach allgemein anerkannten Regeln der Technik.

Erläuterungen: In Anlage 1 Ziffer 5.1 und 5.2 sind die maßgeblichen anerkannten Regeln der Technik für die Belange der Anlage 1 Ziffer 5 genannt.

6 Aneinandergereihte Gebäude

6.1 Nachweis des Jahres-Heizwärmebedarfs Q_H bei aneinandergereihten Gebäuden

Bei aneinandergereihten Gebäuden (z.B. Reihenhäuser, Doppelhäuser) ist der Nachweis der Begrenzung des Jahres-Heizwärmebedarfs Q_H für jedes Gebäude einzeln zu führen.

Erläuterungen: Bei aneinandergereihten Gebäuden - Reihenhäuser, Doppelhäuser, Baulückenbebauungen o.ä. - ist der Nachweis für jedes einzelne
Gebäude zu führen. Als Gebäude gelten dabei selbständig nutzbare Anlagen.

6.2 Gebäudetrennwände

Beim Nachweis nach Ziffer 1.6 werden die Gebäudetrennwände als
nicht wärmedurchlässig angenommen und bei der Ermittlung der Werte
A und A/V nicht berücksichtigt. Werden beheizte Teile eines Gebäudes
(z.B. Anbauten nach § 8 Abs. 1) getrennt berechnet, gilt Satz 1 sinngemäß für die Trennfläche der Gebäudeteile.

Erläuterungen: Bei aneinandergereihten Gebäuden nach § 1 geht man davon
aus, daß beide Zonen auf eine Innentemperatur größer 19°C beheizt werden. Da es in diesem Fall keine Wärmeströme von einem Bereich in den anderen gibt, können die Gebäudetrennwände als nicht wärmedurchlässig
(adiabatisch) angenommen werden. Diese Bauteile treten demnach nicht
bei der Ermittlung der wärmeübertragenden Flächen nach Anlage 1 Ziffer
1.1 bzw. bei der Ermittlung des A/V-Werts nach Anlage 1 Ziffer 1.3 auf. Dieses adiabatische Verhalten gilt ebenso für die trennenden Bauteile von Bereichen gleicher Raumtemperatur, wenn für einen Teil des Gebäudes - z.B.
einen zusätzlichen Anbau - ein getrennter Wärmeschutznachweis geführt
wird.

Achtung: Es muß sich bei der Problemstellung nach dieser Ziffer nicht nur um
Gebäudetrennwände oder abgrenzende Bauteile zu Anbauten handeln.
Diese Regelung gilt auch dann, wenn beispielsweise die beiden Nutzeinheiten eines Einfamiliendoppelhauses nicht selbständig sind, für jede Einheit aber ein getrennter Wärmeschutznachweis zu erstellen ist.
Auch in diesem Fall werden die Wohnungstrennwände als adiabatisch
angesehen und bei der Berechnung der wärmeübertragenden Bauteile
nach Anlage 1 Ziffer 1.1 nicht berücksichtigt.

Bei Gebäuden mit zwei Trennwänden (z.B. Reihenmittelhaus) darf zusätzlich der Wärmedurchgangskoeffizient für die Fassadenfläche (einschließlich Fenster und Fenstertüren)

$$k_{m,W+F} = (k_W \cdot A_W + k_F \cdot A_F) / (A_W + A_F)$$

den Wert

$$1,00 \; W/(m^2 K)$$

nicht überschreiten. Diese Anforderung ist auch bei gegeneinander versetzten Gebäuden einzuhalten, wenn die anteiligen gemeinsamen Trennwände 50 vom Hundert oder mehr der Wandflächen betragen.

Erläuterungen: Die Anforderungen an den Jahres-Heizwärmebedarf nach Anlage 1 Tabelle 1 beziehen sich auf freistehende Gebäude. Wenn bei einem Reihenmittelhaus oder einer Baulückenbebauung jedoch zwei der Wände, die das beheizte Volumen begrenzen, als adiabatisch eingestuft werden, reduzieren sich die Transmissionswärmeverluste nach Anlage 1 Ziffer 1.6.1 deutlich. Dies kann dazu führen, daß der Nachweis des Jahres-Heizwärmebedarfs eines Gebäudes bereits mit k-Werten der einzelnen Bauteile erfüllt werden kann, die deutlich hinter den Zielen der Verordnung zurückbleiben. Da bei Gebäuden mit zwei Trennwänden der überwiegende Anteil der Transmissionswärmeverluste über die Fassaden verlorengeht, ist es erforderlich, für Außenwände (A_W) und Außenfenster sowie Außentüren (A_F) eine Zusatzanforderung an das Wärmedämmverhalten festzulegen.

Achtung: **Die Anforderung an den mittleren Wärmedurchgangskoeffizienten für die Fassadenfläche - $k_{m,W+F}$ - ist zusätzlich zum Nachweis des Jahres-Heizwärmebedarfs Q'_H bzw. Q''_H zu erbringen.**
Der mittlere Wärmedurchgangskoeffizient $k_{m,W+F}$ der Fassadenfläche wird aus der Summe aller wärmeübertragenden Außenwände und Fensterflächen (einschließlich Fenstertüren) des betrachteten Gebäudes mit zwei Trennwänden berechnet.
Als Grenzfall, ab dem der zusätzliche Nachweis des mittleren Wärmedurchgangskoeffizienten für die Fassadenfläche zu führen ist, wird ein Reihenendhaus bzw. ein Gebäude mit drei wärmeübertragenden Außenwänden und einer adiabatischen Trennwand angesehen (z.B. Gebäude A und C in Bild 3.4).

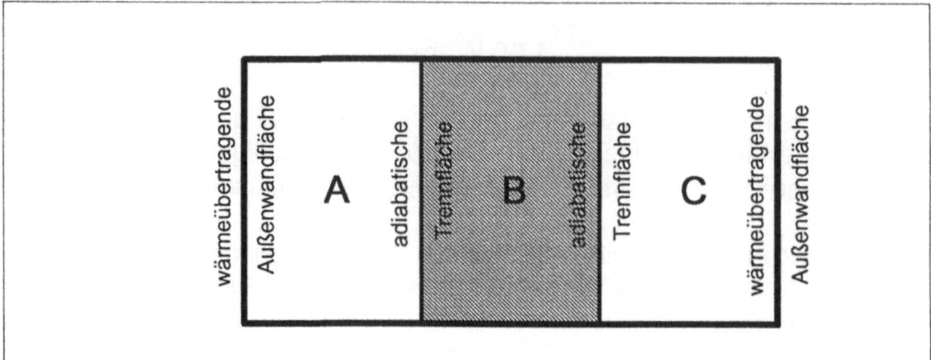

Bild 3.4 Reihenendhaus als Grenzsituation für den zusätzlichen Nachweis $k_{m,W+F}$

Falls bei einem Gebäude keine drei wärmeübertragenden Außenwandflächen mehr vorhanden sind, d.h. wenn die Summe der adiabatischen Flächen mehr als 50% der beiden zu Nachbargebäuden abgrenzenden Wände beträgt - wie bei einem Gebäude mit zwei Trennwänden -, wird der oben genannte Grenzfall überschritten und damit ein zusätzlicher Nachweis erforderlich. Dieser Sachverhalt wird in Bild 3.5 (S. 95) näher erläutert:

Bei einem Gebäude mit zwei Trennwänden (Gebäude B) werden die anteiligen gemeinsamen Trennwände nach Bild 3.5 wie folgt ermittelt:

$$A_{gem.\,Trennwand} = (a_1 \cdot h_I) + (a_2 \cdot h_I)$$

wobei h_I die Höhe der zugehörigen Wandfläche i ist.

Die betrachtete Wandfläche setzt sich zusammen aus:

$$A_{Wand} = (a_1 + b_1) \cdot h_I + (a_2 + b_2) \cdot h_I$$

Falls die gemeinsame Trennwandfläche $A_{gem.Trennwand}$ größer ist als 50% der betrachteten Wandfläche A_{Wand}, sind im Vergleich zu Bild 3.4 nicht mehr drei wärmeübertragende Außenwände vorhanden. In diesem Fall ist der zusätzliche Nachweis für $k_{m,W+F}$ zu führen.

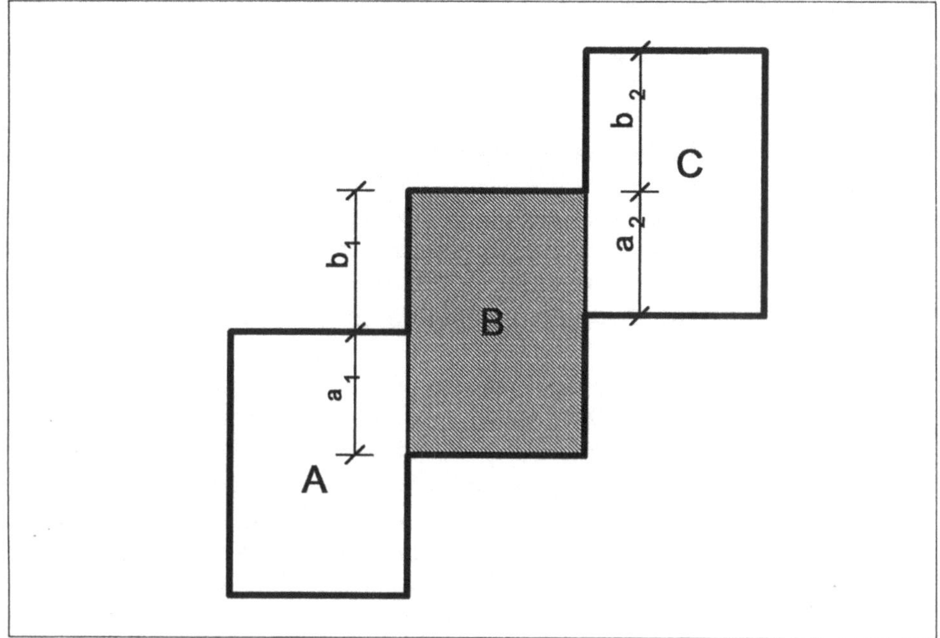

Bild 3.5 Gebäude B als Gebäude mit zwei Trennwänden

6.3   Nachbarbebauung

Ist die Nachbarbebauung nicht gesichert, müssen die Trennwände mindestens den Wärmeschutz nach § 10 Abs. 1 aufweisen.

Erläuterungen: Ob die Nachbarbebauung eines Gebäudes gesichert ist oder nicht, liegt im Ermessen der zuständigen Bauaufsichtsbehörde. Bei der vorliegenden Berechnung wird jedoch davon ausgegangen, daß die vorhandene Baulücke zu einem späteren Zeitpunkt geschlossen wird und daß für das zu planende Gebäude feststeht, welcher Flächenanteil später an das ebenfalls normalbeheizte Gebäude angrenzt. In diesem Fall werden die nach Schließung der Baulücke vorhandenen adiabatischen Trennwandflächen bei der Berechnung der wärmeübertragenden Bauteile nach Anlage 1 Ziffer 1.1 und bei der Ermittlung des A/V-Werts nach Anlage 1 Ziffer 1.3 nicht berücksichtigt. Man geht jedoch davon aus, daß die Baulücke mindestens während einer Heizperiode nicht geschlossen wird, so daß zur Wahrung der gesundheitlichen Aspekte die Mindestanforderungen an den baulichen Wärmeschutz nach DIN 4108 Teil 2 [12] eingehalten sein müssen.

7   Vereinfachtes Nachweisverfahren

Für kleine Wohngebäude mit bis zu zwei Vollgeschossen und nicht mehr als drei Wohneinheiten gelten die Anforderungen der Ziffern 1 und 6 auch dann als erfüllt, wenn die in Tabelle 2 genannten maximalen Wärmedurchgangskoeffizienten k nicht überschritten werden.

Erläuterungen: In mehreren Bundesländern wird bei den oben genannten kleinen Wohngebäuden - entsprechend den jeweiligen Vorschriften - der Wärmeschutznachweis nur auf Antrag geprüft; in Bayern wurde die Bauordnung dahingehend geändert, daß solche Gebäude in Gebieten mit qualifiziertem Bebauungsplan von der Baugenehmigungspflicht freigestellt sind. Um den zeitlichen Aufwand für einen Nachweis der Anforderungen an den baulichen Wärmeschutz - insbesondere bei nicht prüfpflichtigen kleinen Wohngebäuden - zu vermindern, und um den Bauherren und Planern ein Verfahren zu ermöglichen, mit dem die Anforderungen an einzelne Bauteile klar definiert werden können, wurde das "Einzelbauteilverfahren" als zulässige Variante in die Verordnung aufgenommen. In diesem Verfahren ist nachzuweisen, daß bei kleinen Wohngebäuden die vorhandenen Wärmedurchgangskoeffizienten (k-Werte) der wärmeübertragenden Bauteile kleiner sind als die in Tabelle 2 Spalte 2 aufgeführten maximal zulässigen Werte.

Tabelle 2

Anforderungen an den Wärmedurchgangskoeffizienten für einzelne Außenbauteile der wärmeübertragenden Umfassungsfläche A bei zu errichtenden kleinen Wohngebäuden

Zeile	Bauteil	max. Wärmedurchgangskoeffizient k_{max} in W/(m²K)
Spalte	1	2
1	Außenwände	k_W $\leq 0{,}5^{1)}$
2	Außenliegende Fenster und Fenstertüren sowie Dachfenster	$k_{m,Feq.}$ $\leq 0{,}7^{2)}$
3	Decken unter nicht ausgebauten Dachräumen und Decken (einschließlich Dachschrägen), die Räume nach oben und unten gegen die Außenluft abgrenzen	k_D $\leq 0{,}22$
4	Kellerdecken, Wände und Decken gegen unbeheizte Räume sowie Decken und Wände, die an das Erdreich grenzen	k_G $\leq 0{,}35$

[1] Die Anforderung gilt als erfüllt, wenn Mauerwerk in einer Wandstärke von 36,5 cm mit Baustoffen mit einer Wärmeleitfähigkeit von $\lambda \leq 0{,}21$ W/(mK) ausgeführt wird.

[2] Der mittlere äquivalente Wärmedurchgangskoeffizient $k_{m,Feq}$ entspricht einem über alle außenliegenden Fenster und Fenstertüren gemittelten Wärmedurchgangskoeffizienten, wobei solare Wärmegewinne nach Ziffer 1.6.4.2 zu ermitteln sind.

Erläuterungen: Um in einem Grenzbereich - einem monolithischen Mauerwerk der Dicke d = 36,5 cm mit einer Wärmeleitfähigkeit des verwendeten Materials von $\lambda_R = 0{,}21$ W/(mK) - eine einschalige Wand zuzulassen, wurde festgelegt, daß auch mit einer solchen Konstruktion die Anforderungen an Tabelle 2 Zeile 1 Spalte 2 mit $k_W \leq 0{,}50$ W/(m²K) noch eingehalten werden. Bei einer einschaligen Wand würde sich unter Verwendung der vorab beschriebenen Daten und eines 2,5 cm Außen- und 1,5 cm Innenputzes ein k-Wert der Konstruktion von k = 0,51 W/(m²K) ergeben. Zugunsten der Einsatzfähigkeit solcher Bauweisen wurde in diesem Fall die Verfehlung der Anforderungen um 0,01 W/(m²K) akzeptiert.

Achtung: **Die Angabe der Wärmeleitfähigkeit ist unzureichend. Als Wärmeleitfähigkeit muß der mittels Zulassung oder Prüfzeugnis festgelegte Rechenwert λ_R und nicht ein Laborwert λ verwendet werden.**

Dem Nachweis der Anforderungen an außenliegende Fenster und Fenstertüren sowie Dachfenster wird nicht der Wärmedurchgangskoeffizient dieser Bauteile - k_F - zugrundegelegt, sondern der um die solaren Wärmegewinne reduzierte Wert $k_{m,F,eq}$. Dementsprechend erfolgt der rechnerische Nachweis auch nach Anlage 1 Ziffer 1.6.4.2. Zu diesem Zweck sind die Wärmedurchgangskoeffizienten der verschiedenen Fenster k_F, deren Gesamtenergiedurchlaßgrade g und die Flächen entsprechend den einzelnen Orientierungen $A_{F,j,i}$ zu ermitteln. Aus dem Produkt dieser Werte mit den Solargewinnkoeffizienten S_F und der Summe über alle Orientierungen erhält man den mittleren äquivalenten Wärmedurchgangskoeffizienten $k_{m,F,eq}$.

An Außentüren werden beim vereinfachten Nachweisverfahren keine Anforderungen gestellt.

Anlage 2

Anforderungen zur Begrenzung des Jahres-Transmissionswärmebedarfs Q_T bei zu errichtenden Gebäuden mit niedrigen Innentemperaturen

Erläuterungen: Nach § 5 Abschnitt 2 wird der Anwendungsbereich für zu errichtende Gebäude mit niedrigen Innentemperaturen definiert. Dieser Abschnitt und die in Anlage 2 festgelegten Anforderungen beziehen sich demgemäß auf Betriebsgebäude, die nach ihrem üblichen Verwendungszweck auf eine Innentemperatur von mehr als 12°C und weniger als 19°C sowie jährlich mehr als vier Monate beheizt werden. Die Heizdauer von vier Monaten ergibt sich aus der Summe einzelner Heiztage und muß daher nicht als zusammenhängende Periode gegeben sein.

Da Betriebsgebäude nutzungsbedingt einen stark unterschiedlichen Luftwechsel und dementsprechend stark variierende Lüftungswärmeverluste aufweisen und darüberhinaus aufgrund der unterschiedlichen Nutzung keine einheitlichen internen Wärmegewinne definiert werden konnten, wurde das Anforderungsniveau an zu errichtende Gebäude mit niedrigen Innentemperaturen nur in Abhängigkeit des Jahres-Transmissionswärmebedarfs festgelegt.

1 Anforderungen zur Begrenzung des Jahres-Transmissionswärmebedarfs in Abhängigkeit vom Verhältnis A/V

Die in Tabelle 1 in Abhängigkeit vom Wert A/V (Anlage 1, Ziffer 1.3) angegebenen maximalen Werte des spezifischen, auf das beheizte Bauwerksvolumen bezogenen Transmissionswärmebedarfs Q'_T dürfen nicht überschritten werden.

Erläuterungen: Die Anforderungen an den spezifischen, auf das beheizte Bauwerksvolumen bezogenen Transmissionswärmebedarf Q'_T werden in Abhängigkeit des A/V-Wertes festgelegt. Das beheizte Volumen wird nach Anlage 1 Ziffer 1.2, der A/V-Wert nach Anlage 1 Ziffer 1.3 ermittelt. Im Gegensatz zu Gebäuden mit normalen Innentemperaturen ist beim Nachweis des Jahres-Transmissionswärmebedarfs bei zu errichtenden Gebäuden mit niedrigen Innentemperaturen nur der Bezug auf das beheizte Volumen zulässig.

Tabelle 1

Maximale Werte des auf das beheizte Bauwerksvolumen bezogenen Jahres-Transmissionswärmebedarfs Q'_T in Abhängigkeit vom Verhältnis A/V

A/V in m^{-1}	Q'_T [1] in kWh/(m^3·a)
$\leq 0,20$	6,20
0,30	7,80
0,40	9,40
0,50	11,00
0,60	12,60
0,70	14,20
0,80	15,80
0,90	17,40
$\geq 1,00$	19,00

[1] Zwischenwerte sind nach folgender Gleichung zu ermitteln:

$$Q_T' = 3,0 + 16\,(A/V) \quad \text{in kWh/(m}^3\text{a)}.$$

2.0 Der Nachweis des Jahres-Transmissionswärmebedarfs Q_T wird unter Anwendung der Berechnungsgrundlagen nach Anlage 1 geführt. Hierbei werden jedoch die passiven solaren Wärmegewinne nicht berücksichtigt:

$$Q_T = 30\,(k_W{\cdot}A_W + k_F{\cdot}A_F + 0{,}8{\cdot}k_D{\cdot}A_D + f_G{\cdot}k_G{\cdot}A_G + k_{DL}{\cdot}A_{DL} + 0{,}5{\cdot}k_{AB}{\cdot}A_{AB})$$

$$\text{in kWh/a}$$

Erläuterungen: Die Wärmedurchgangskoeffizienten der wärmeübertragenden Bauteile werden nach Anlage 1 Ziffer 1.5.1, die zugehörigen Bauteilflächen nach Anlage 1 Ziffer 1.1 ermittelt.

Die Gradtagzahl setzt sich aus folgenden Angaben zusammen: Eine Heizzeit von vier Monaten (120 Tage), eine Innenlufttemperatur von $t_i = 12°C$ und eine mittlere Außenlufttemperatur während der Heizzeit von $t_a = 1,5°C$. Daraus ergibt sich eine Gradtagzahl Gt von: Gt = (285 - 274,5) · 120 = 1260 Kd (mit den Temperaturen $t = t_x + 273$). Zur Angleichung an die Heizwärmebilanz muß dieser Wert mit 24 (h = Stunden) multipliziert und durch 1000 (Kilo-) dividiert werden, damit man als Einheit kWh erhält. Somit ergibt sich ein Faktor von (1260 · 24) / 1000 = 30.

Der Reduktionsfaktor f_G ist bei gedämmten Fußböden mit $f_G = 0,5$ anzusetzen. Bei ungedämmten Fußböden ist f_G in Abhängigkeit von der Gebäudegrundfläche A_G aus Tabelle 2 zu ermitteln.

Erläuterungen: Die Wärmeabgabe eines Fußbodens an das Erdreich wird sowohl von der wärmetechnischen Qualität des Bauteils als auch von der Größe der Bodenplatte bestimmt. Bei ungedämmten Fußböden gegen Erdreich ist daher die Anwendung der Reduktionsfaktoren nach Tabelle 2 zulässig, für gedämmte Bauteile ist ein Reduktionsfaktor $f_G = 0,5$ zu verwenden. Für genauere Angaben über die Berechnung der Reduktionsfaktoren erdberührter Bauteile s.a. DIN V 4108-6 [16].

Der Wärmedurchgangskoeffizient k_G von Fußböden gegen Erdreich braucht nicht höher als 2,0 W/(m²·K) angesetzt werden.

Erläuterungen: Bei gedämmten Fußböden ist beim Nachweis des Jahres-Transmissionswärmebedarfs der tatsächlich vorhandene Wärmedurchgangskoeffizient anzusetzen, während für ungedämmte Bauteile generell ein Wärmedurchgangskoeffizient von $k_G = 2,0$ W/(m²K) zu verwenden ist.

Achtung: Die Reduktionsfaktoren f_G nach Tabelle 2 wurden auf der Basis eines Wärmedurchgangskoeffizienten des ungedämmten Fußbodens von $k_G = 2,0$ W/(m²K) ermittelt. Bei der Berechnung des Jahres-Transmissionswärmebedarfs ist daher auch nur eine Verwendung dieses k-Werts zulässig.

2.1 Der auf das beheizte Bauwerksvolumen bezogene Jahres-Transmissionswärmebedarf Q'_T wird wie folgt ermittelt:

$$Q'_T = \frac{Q_T}{V} \quad \text{in kWh/(m}^3\text{a)}$$

Erläuterungen: Der nach Anlage 2 Ziffer 2.0 ermittelte Jahres-Transmissionswärmebedarf Q_T wird durch das nach Anlage 1 Ziffer 1.3 ermittelte beheizte Gebäudevolumen V dividiert und mit den Anforderungen nach Anlage 2 Tabelle 1 verglichen. Die Anforderungen an den baulichen Wärmeschutz nach der vorliegenden Verordnung sind erfüllt, wenn der vorhandene volumenbezogene Jahres-Transmissionswärmebedarf vorh. Q'_T kleiner ist als der maximal zulässige volumenbezogene Jahres-Transmissionswärmebedarf zul. Q'_T.

Tabelle 2

Reduktionsfaktoren f_G

Gebäudegrundfläche A_G in m²	Reduktionsfaktor f_G[1]
≤ 100	0,50
500	0,29
1000	0,23
1500	0,20
2000	0,18
2500	0,17
3000	0,16
5000	0,14
≥ 8000	0,12

[1] Zwischenwerte sind nach folgender Gleichung zu ermitteln:
$$f_G = 2,33 \, / \, \sqrt[3]{A_G}\,.$$

Anlage 3

Anforderungen zur Begrenzung des Wärmedurchgangs bei erstmaligem Einbau, Ersatz oder Erneuerung von Außenbauteilen bestehender Gebäude

1 Anforderungen bei erstmaligem Einbau, Ersatz und Erneuerung von Außenbauteilen

Bei erstmaligem Einbau, Ersatz oder Erneuerung von Außenbauteilen bestehender Gebäude dürfen die in Tabelle 1 aufgeführten maximalen Wärmedurchgangskoeffizienten nicht überschritten werden. Dabei darf sich der bestehende Wärmeschutz der Bauteile nicht verringern.

Erläuterungen: Da es bei bestehenden Gebäuden mit einem vergleichsweise hohen Aufwand verbunden wäre, den Nachweis des baulichen Wärmeschutzes durch Anforderungen an eine Heizwärmebilanz zu definieren, wurden die Grenzwerte nach dieser Verordnung bei erstmaligem Einbau, Ersatz und Erneuerung von Außenbauteilen auf deren Wärmedurchgangskoeffizienten bezogen.
Falls bei einem bestehenden Gebäude Bauteile mit Wärmedurchgangskoeffizienten, die besser sind als die in Tabelle 1 genannten Anforderungswerte, ersetzt oder erneuert werden, dürfen die k-Werte der neuen Bauteile - ungeachtet der Werte nach Tabelle 1 - nicht schlechter sein als die der vorhandenen Bauteile.

2 Anforderungen an Außenwände

Werden Außenwände in der Weise erneuert, daß

a) Bekleidungen in Form von Platten oder plattenartigen Bauteilen oder Verschalungen sowie Mauerwerks-Vorsatzschalen angebracht werden,

b) bei beheizten Räumen auf der Innenseite der Außenwände Bekleidungen oder Verschalungen aufgebracht werden oder

c) Dämmschichten eingebaut werden,

gelten die Anforderungen nach Tabelle 1 Zeile 1. In den Fällen a) und b) ist die Ausnahmeregelung nach § 8 Abs. 2 Satz 2 auf jede einzelne Fassadenfläche eines Gebäudes anzuwenden.

Erläuterungen: Bei den Maßnahmen nach Anlage 3 Ziffer 2 Buchstaben a) bis c) zur wärmetechnischen Verbesserung von Außenwänden sind die Anforderungen nach Tabelle 1 Zeile 1 einzuhalten.

An Außenwände, bei denen die Maßnahmen zur Verbesserung der wärmedämmenden Qualität nach den Buchstaben a) und c) auf der Außenseite der Wand angebracht werden und die damit zu keiner Einbuße an nutzbarer Fläche führen, werden bei Gebäuden nach Abschnitt 1 - zu errichtende Gebäude mit normalen Innentemperaturen - nach Tabelle 1 Spalte 2 Zeile 1 b) höhere Anforderungen an den k-Wert der Außenwand gestellt als bei innengedämmten Bauteilen.

Die Begrenzung des Wärmedurchgangs bei erstmaligem Einbau, Ersatz oder Erneuerung von Bauteilen nach Tabelle 1 Zeile 1 - § 8 Absatz 2 Satz 2 - gilt in den Fällen nach Anlage 3 Ziffer 2 a) und b) nicht, wenn die Anforderungen für zu errichtende Gebäude erfüllt werden oder wenn von den Ersatz- oder Erneuerungsmaßnahmen weniger als 20% der Gesamtfläche des jeweiligen Bauteils betroffen sind. Mit dieser Regelung soll verhindert werden, daß kleinere Reparaturarbeiten sich auf das gesamte Bauteil erstrecken müssen und eine Verhältnismäßigkeit nicht mehr gegeben ist. Hieraus folgt, daß Außenwände, bei denen nur ein neuer Putz aufgebracht, jedoch keine wärmetechnische Verbesserung der Fassade vorgenommen wird, nicht unter die Maßgaben dieser Ziffer fallen. Außerdem läßt diese Regelung die raumseitige Dämmung von Außenwänden zu, ohne daß sich die Sanierung auf die gesamte Fläche erstreckt. So können beispielsweise einzelne Wohnungen mit einer innenliegenden Wärmedämmung versehen werden; es müssen jedoch nicht alle Außenwände wärmetechnisch nachgerüstet werden.

Achtung: Im Gegensatz zur Wärmeschutzverordnung 1984 werden nach Anlage 3 Ziffer 2 Buchstabe c) bei der vorliegenden Verordnung erstmals Anforderungen an Außenwände gestellt, wenn beim erstmaligen Einbau, Ersatz oder Erneuerung von Außenbauteilen Dämmschichten aufgebracht werden. Für solche Systeme gilt Tabelle 1 Zeile 1 b).

3   Anforderungen an Decken

Werden Decken unter nicht ausgebauten Dachräumen und Decken (einschließlich Dachschrägen), die Räume nach oben oder unten gegen die Außenluft abgrenzen, sowie Kellerdecken, Wände und Decken gegen unbeheizte Räume sowie Decken und Wände, die an das Erdreich grenzen, in der Weise erneuert, daß

a)   die Dachhaut (einschließlich vorhandener Dachverschalungen unmittelbar unter der Dachhaut) ersetzt wird,

b)   Bekleidungen in Form von Platten oder plattenartigen Bauteilen, wenn diese nicht unmittelbar angemauert, angemörtelt oder geklebt werden, oder Verschalungen angebracht werden oder

c)   Dämmschichten eingebaut werden,

gelten die Anforderungen nach Tabelle 1 Zeile 3 und 4.

Erläuterungen: Die Anforderungen nach Tabelle 1 beziehen sich auf die Fälle von Erneuerungsmaßnahmen, bei denen die Wärmedämmung zugänglich ist (Buchstabe a)), Einbauten vorgenommen werden, die eine zusätzliche Wärmedämmung verdecken können (Buchstabe b)) oder bei denen zusätzliche Dämmstoffe eingebaut werden (Buchstabe c)). Bei Buchstabe a) sind die Anforderungen nach Tabelle 1 Zeile 3 dann zu erfüllen, wenn bei einem Steildach die Dachhaut (Eindeckung) einschließlich vorhandener Dachverschalung ersetzt wird oder wenn bei einem flach geneigten Dach die Dachhaut (Abdichtung) ersetzt wird. In beiden Fällen ist die Wärmedämmschicht oder ein zur Unterbringung möglicher (Sparrenzwischen-) Raum zugänglich.

Tabelle 1

Begrenzung des Wärmedurchgangs bei erstmaligem Einbau, Ersatz und bei Erneuerung von Bauteilen

Zeile	Bauteil	Gebäude nach Abschnitt 1	Gebäude nach Abschnitt 2
		max. Wärmedurchgangskoeffizient k_{max} in W/(m²K)[1]	
Spalte	1	2	3
1 a)	Außenwände	$k_W \leq 0{,}50$[2]	$\leq 0{,}75$
b)	Außenwände bei Erneuerungsmaßnahmen nach Ziffer 2 Buchstabe a) und c) mit Außendämmung	$k_W \leq 0{,}40$	$\leq 0{,}75$
2	Außenliegende Fenster und Fenstertüren sowie Dachfenster	$k_F \leq 1{,}80$	-
3	Decken unter nicht ausgebauten Dachräumen und Decken (einschließlich Dachschrägen), die Räume nach oben und unten gegen die Außenluft abgrenzen	$k_D \leq 0{,}30$	$\leq 0{,}40$
4	Kellerdecken, Wände und Decken gegen unbeheizte Räume sowie Decken und Wände, die an das Erdreich grenzen	$k_G \leq 0{,}50$	-

[1] Der Wärmedurchgangskoeffizient kann unter Berücksichtigung vorhandener Bauteilschichten ermittelt werden.

[2] Die Anforderung gilt als erfüllt, wenn Mauerwerk in einer Wandstärke von 36,5 cm mit Baustoffen mit einer Wärmeleitfähigkeit $\lambda \leq 0{,}21$ W/(mK) ausgeführt wird.

Erläuterungen: An Außentüren werden - analog zu Anlage 1 Tabelle 2 - keine Anforderungen gestellt.

Die Anforderungen gelten - ähnlich wie bei Anlage 1 Tabelle 2 - auch dann als erfüllt, wenn Mauerwerk in einer Wandstärke von 36,5 cm mit Baustoffen einer Wärmeleitfähigkeit von $\lambda_R \leq 0{,}21$ W/(mK) ausgeführt wird. Analog zu Anlage 1 Tabelle 2 soll auch hier - trotz einer geringen Verfehlung der Anforderungswerte - eine einschalige Wandkonstruktion mit den aufgeführten Parametern weiterhin möglich sein.

Achtung: Wie bereits bei den Erläuterungen zu Anlage 1 Tabelle 2 dargelegt, muß bei der Berechnung des Wärmedurchgangskoeffizienten der Rechenwert der Wärmeleitfähigkeit λ_R und nicht ein Laborwert λ zugrundegelegt werden.

Anlage 4

Anforderungen an die Dichtheit zur Begrenzung der Wärmeverluste

1 Anforderungen an außenliegende Fenster und Fenstertüren sowie Außentüren

1.1 Fugendurchlaßkoeffizienten

Die Fugendurchlaßkoeffizienten der außenliegenden Fenster und Fenstertüren bei Gebäuden nach Abschnitt 1 dürfen die in Tabelle 1 genannten Werte, die Fugendurchlaßkoeffizienten von Außentüren bei Gebäuden nach Abschnitt 1 sowie von außenliegenden Fenstern und Fenstertüren bei Gebäuden nach Abschnitt 2 den in Tabelle 1 Zeile 1 genannten Wert nicht überschreiten. Werden Einrichtungen nach Anlage 1 Ziffer 2 eingebaut, dürfen die Werte der Tabelle 1 Zeile 2 nicht überschritten werden.

Erläuterungen: Die Anforderungen an die Fugendurchlaßkoeffizienten beziehen sich sich auf die Fuge zwischen Blend- und Flügelrahmen von Fenstern, Fenstertüren und Außentüren. Bei Gebäuden nach Abschnitt 1 - zu errichtende Gebäude mit normalen Innentemperaturen - gibt es zwei sich ergänzende Einstufungsparameter: Zum einen die Anzahl der Vollgeschosse eines Gebäudes, zum anderen die Beanspruchungsgruppe nach DIN 18055 [20]. Die Definition eines Vollgeschosses kann der Musterbauordnung oder einer Landesbauordnung entnommen werden. Da es nicht bei allen Gebäuden möglich ist, eine klare Einstufung nach Vollgeschossen vorzunehmen (z.B. bei Warenhäusern, Museen oder Theatern) bzw. bereits bei weniger als zwei Vollgeschossen eine Gebäudehöhe von mehr als 8 m erreicht ist, gilt für die Eingruppierung der Fenster - und damit für die Anforderung an den Fugendurchlaßkoeffizienten - die maximale Gebäudehöhe gemäß der Beanspruchungsgruppe nach DIN 18055 [20]. Mit einer Differenzierung der Anforderungen entsprechend der Gebäudehöhe wurde der Tatsache Rechnung getragen, daß mit zunehmender Höhe über Grund auch die Windbeanspruchung von Fassaden zunimmt. Durch den größeren Staudruck bzw. Windsog höherer Gebäude ist auch mit größeren Wärmeverlusten über die Fugen zu rechnen, so daß - um Heizwärmeverluste zu vermeiden - höhere Anforderungen an die Dichtheit gestellt werden müssen.

Mit der Einstufung von Außentüren und außenliegenden Fenstern und Fenstertüren in Gebäuden nach Abschnitt 2 in Tabelle 1 Zeile 1 soll berücksichtigt werden, daß Außentüren meist ebenerdig angeordnet werden und daß Gebäude mit niedrigen Innentemperaturen in der Regel in Höhen über 8 m keine Fenster mehr aufweisen, so daß man in beiden Fällen von einer geringeren Windbelastung ausgehen kann.

Werden mechanisch betriebene Lüftungsanlagen nach Anlage 1 Ziffer 2 in einem Gebäude nach den Abschnitten 1 und 2 eingebaut, gelten - unabhängig von der Anzahl der Vollgeschosse bzw. von der Gebäudehöhe - die Anforderungen nach Anlage 4 Tabelle 1 Zeile 2. Diese verschärften Anforderungen resultieren aus der Funktionsweise der Lüftungsanlagen, die zum Zweck des Luftaustauschs im Gebäude entweder einen Unter- oder einen Überdruck erzeugen. Um zusätzliche Lüftungswärmeverluste über die Fugen zu vermeiden, gelten für die Fugen von Fenstern, Fenstertüren und Außentüren in diesem Fall generell die Anforderungen nach Tabelle 1 Zeile 2.

Achtung: Die Anforderungen an den Fugendurchlaßkoeffizienten beziehen sich nur auf das Bauteil Fenster, nicht aber auf die Dichtheit des Anschlusses des Blendrahmens an andere angrenzende Bauteile. Diese Fugen müssen gemäß § 4 Absatz 3 entsprechend dem Stand der Technik dauerhaft luftundurchlässig abgedichtet sein.

1.2   Prüfzeugnis

Der Nachweis der Fugendurchlaßkoeffizienten der außenliegenden Fenster und Fenstertüren sowie der Außentüren nach Ziffer 1.1 erfolgt durch Prüfzeugnis einer im Bundesanzeiger bekanntgemachten Prüfanstalt.

Erläuterungen: Um zu gewährleisten, daß alle zu prüfenden Bauteile unter gleichen Bedingungen gemessen wurden und die Ergebnisse vergleichbar sind, dürfen nur Prüfzeugnisse verwendet werden, die von einer im Bundesanzeiger bekanntgemachten Prüfanstalt ermittelt wurden.

1.3   Verzicht auf Prüfzeugnis

1.3.1 Auf einen Nachweis nach Ziffer 1.2 und Tabelle 1 Zeile 1 kann verzichtet werden für Holzfenster mit Profilen nach DIN 68 121 - Holzprofile für Fenster und Fenstertüren - Ausgabe Juni 1990. Die Norm ist im Beuth-Verlag GmbH, Berlin und Köln, erschienen und beim Deutschen Patentamt in München archivmäßig gesichert niedergelegt.

1.3.2 Auf einen Nachweis nach Ziffer 1.2 und Tabelle 1 Zeile 1 und 2 kann nur bei Beanspruchungsgruppen A und B (d.h. bis Gebäudehöhen von 20 m) verzichtet werden für alle Fensterkonstruktionen mit umlaufender, alterungsbeständiger, weichfedernder und leicht auswechselbarer Dichtung.

Erläuterungen: Auf einen Nachweis der Fugendurchgangskoeffizienten außenliegender Fenster, Fenstertüren und Türen durch ein Prüfzeugnis kann verzichtet werden, wenn das Bauteil eine umlaufende, alterungsbeständige, weichfedernde und leicht auswechselbare Dichtung aufweist. Mit einer umlaufenden Dichtung soll erreicht werden, daß die Fuge zwischen Blend- und Flügelrahmen vollständig erfaßt wird. Der Anspruch der Alterungsbeständigkeit soll verhindern, daß die Dichtung im Laufe der Zeit versprödet, bricht und ihre Aufgabe nicht mehr erfüllen kann. Weichfedernde Dichtungen tragen durch ihre Komprimierbarkeit dazu bei, daß beim Schließen des Fensters eventuell vorhandene bereichsweise Unebenheiten der Rahmenoberflächen ausgeglichen werden können. Durch leichte Auswechselbarkeit wird sichergestellt, daß beschädigte Dichtungen problemlos erneuert werden können.
Bei Gebäudehöhen über 20 m muß die Fugendurchlässigkeit der Fenster auf jeden Fall durch ein Prüfzeugnis nachgewiesen werden.

1.4 Fenster ohne Öffnungsmöglichkeiten

Fenster ohne Öffnungsmöglichkeiten und feste Verglasungen sind nach dem Stand der Technik dauerhaft und luftundurchlässig abzudichten.

Erläuterungen: Wenn die Anforderung nach dauerhafter und luftundurchlässiger Abdichtung bei Fenstern ohne Öffnungsmöglichkeiten eingehalten wird, kann man davon ausgehen, daß dieses Bauteil - ähnlich wie andere Bauteile - als luftdicht einzustufen ist.
Achtung: Diese Anforderung bezieht sich nur auf das Bauteil Fenster, nicht aber auf die Dichtheit des Blendrahmens an andere angrenzende Bauteile. Diese Fugen müssen gemäß § 4 Absatz 3 entsprechend dem Stand der Technik dauerhaft undurchlässig abgedichtet sein.

1.5 Andere Lüftungsmöglichkeiten

Zum Zwecke einer aus Gründen der Hygiene und Beheizung erforderlichen Lufterneuerung sind stufenlos einstellbare und leicht regulierbare

Lüftungseinrichtungen zulässig. Diese Lüftungseinrichtungen müssen im geschlossenen Zustand der Tabelle 1 genügen. Soweit in anderen Rechtsvorschriften, insbesondere dem Bauordnungsrecht der Länder, Anforderungen an die Lüftung gestellt werden, bleiben diese Vorschriften unberührt.

Erläuterungen: Falls aufgrund baulicher Maßnahmen abzusehen ist, daß der aus Gründen der Hygiene erforderliche Lüftungswechsel durch Undichtheiten in der Gebäudehülle nicht erbracht werden kann oder wenn aufgrund besonderer Gegebenheiten eine Lüftung über Fenster nicht möglich ist - z.B. bei Schallschutzfenstern, bei denen mehrere Dichtungsebenen hintereinander angeordnet werden und die nicht geöffnet werden sollen -, sind stufenlos einstellbare und leicht regulierbare Lüftungseinrichtungen zulässig. Als solche können, beispielsweise Außenwandlüfter, Dachaufsatzlüfter, Lüftungsschlitze bei Fenstern sowie Be- und Entlüftungseinrichtungen in Küchen und Bädern angesehen werden.

Weiterhin können zusätzliche Lüftungsmöglichkeiten erforderlich sein, um einen ausreichenden Außenluftwechsel bei offenen Feuerungsstätten sicherzustellen. Anforderungen an die Lüftung solcher Räume werden in der Feuerstättenverordnung der Länder geregelt.

Alle Lüftungseinrichtungen müssen jedoch in geschlossenem Zustand die Anforderungen nach Tabelle 1 erfüllen.

Achtung: Falls aus anderen Rechtsvorschriften heraus Anforderungen an die Lüftung gestellt werden, die von den in Anlage 1 Ziffer 2.1.1, Anlage 1 Ziffer 2.2 und Anlage 4 genannten Werten abweichen, bleiben diese Vorschriften unberührt. Der Wärmeschutznachweis ist für solche Gebäude mit den Standardwerten nach der vorliegenden Verordnung zu führen.

Tabelle 1

Fugendurchlaßkoeffizienten für außenliegende Fenster und Fenstertüren sowie Außentüren

Zeile	Geschoßzahl	Fugendurchlaßkoeffizient a in $\dfrac{m^3}{h \cdot m \cdot [daPa]^{2/3}}$ Beanspruchungsgruppe nach DIN 18055[1][2]	
		A	B und C
1	Gebäude bis zu 2 Vollgeschossen	2,0	-
2	Gebäude mit mehr als 2 Vollgeschossen	-	1,0

[1] Beanspruchungsgruppe
A: Gebäudehöhe bis   8 m
B: Gebäudehöhe bis 20 m
C: Gebäudehöhe bis 100 m

[2] Das Normblatt DIN 18 055 - Fenster, Fugendurchlässigkeit, Schlagregendichtheit und mechanische Beanspruchung; Anforderungen und Prüfung - Ausgabe Oktober 1981 - ist im Beuth-Verlag GmbH, Berlin und Köln, erschienen und beim Deutschen Patentamt in München archivmäßig gesichert niedergelegt.

2.   Nachweis der Dichtheit des gesamten Gebäudes

Soweit es im Einzelfall erforderlich wird zu überprüfen, ob die Anforderungen des § 4 Abs. 1 bis 3 oder § 7 erfüllt sind, erfolgt diese Überprüfung nach den allgemein anerkannten Regeln der Technik, die nach § 10 Abs. 2 bekanntgemacht werden.

Erläuterungen: Auf Möglichkeiten der Prüfung hinsichtlich der Dichtheit von Gebäuden oder Räumen sowie auf Angaben über Richtwerte für solche Ergebnisse weist das Bundesministerium für Raumordnung, Bauwesen und Städtebau nach § 10 Abs. 2 hin.

4 Sonderprobleme

In der Wärmeschutzverordnung 1995 werden einige Anforderungen gestellt, die mit den üblichen Lösungsmethoden nicht zu klären sind. Dies sind im einzelnen:

- Anforderungen an den Wärmedurchgangskoeffizienten heizkörperrückseitig angeordneter Abdeckungen nach § 3 Absatz 3 Ziffer 3.
- Anforderungen an den Wärmedurchgangskoeffizienten von Rolladenkästen nach Anlage 1 Ziffer 1.6.1.
- Bestimmung des Wärmedurchgangskoeffizienten von Außentüren nach Anlage 1 Ziffer 1.1 und Ziffer 1.5.1.
- Festlegungen, wann Fenster bei der Ermittlung der solaren Wärmegewinne als "überwiegend verschattet" eingestuft werden müssen.
- Darstellung, bei welcher Einbausituation Fenster - im Hinblick auf den sommerlichen Wärmeschutz - als ganztägig verschattet anzusehen sind.

In diesem Kapitel sollen Lösungsmöglichkeiten bzw. Grenzwerte für die oben genannten Sonderprobleme dargelegt werden.

4.1 Heizkörperrückseitige Abdeckungen

Nach § 3 Absatz 3 Ziffer 3 der Wärmeschutzverordnung 1995 gilt folgende Anforderung:

" Werden Heizkörper vor außenliegenden Fensterflächen angeordnet, sind zur Verringerung der Wärmeverluste geeignete, nicht demontierbare oder integrierte Abdeckungen an der Heizkörperrückseite vorzusehen. Der k-Wert der Abdeckung darf 0,9 W/(m²K) nicht überschreiten."

Zur Berechnung des Wärmedurchgangskoeffizienten nach den allgemein anerkannten Regeln der Technik, z.B. nach DIN 4108 Teil 5 [15], müssen der innere Wärmeübergangswiderstand $1/\alpha_i$, der Wärmedurchlaßwiderstand $1/\Lambda$ und der äußere Wärmeübergangswiderstand $1/\alpha_a$ bekannt sein. Die in DIN 4108 Teil 4 Tabelle 5 [14] aufgeführten Wärmeübergangswiderstände gelten jedoch nur für Wände mit üblichen Temperatur- bzw. Strömungsverhältnissen und können daher bei der Ermittlung des Wärmeübergangskoeffizienten einer heizkörperrückseitigen Abdeckung nicht angesetzt werden.

Um übermäßigen Aufwand beim Nachweis der Anforderungen zu vermeiden, wurde festgelegt (Veröffentlichung im Bundesanzeiger vom 31.12.1994 [10]) daß

die Anforderung an den Wärmedurchgangskoeffizienten einer heizkörperrückseitigen Abdeckung als erfüllt gilt, wenn der Wärmedurchlaßwiderstand des Strahlungsschirms den Wert $1/\Lambda = 0,85$ m²K/W nicht unterschreitet.

Mit dieser Festlegung kann auf einen Nachweis des Wärmedurchgangskoeffizienten verzichtet werden.

4.2 Wärmedurchgangskoeffizient von Rolladenkästen

In der Wärmeschutzverordnung 1995 wird in Anlage 1 Ziffer 1.6.1 u.a. verlangt:
"Im Bereich von Rolladenkästen darf der Wärmedurchgangskoeffizient den Wert 0,6 W/(m²K) nicht überschreiten."
Wie beim Nachweis des Wärmedurchgangskoeffizienten von heizkörperrückseitigen Abdeckungen (s.a. Kapitel 4.1) müssen auch bei der Berechnung des Wärmedurchgangskoeffizienten von Rolladenkästen der innere Wärmeübergangswiderstand $1/\alpha_i$, der Wärmedurchlaßwiderstand $1/\Lambda$ und der äußere Wärmeübergangswiderstand $1/\alpha_a$ bekannt sein. Auch in diesem Fall können die Wärmeübergangswiderstände nach DIN 4108 Teil 4 Tabelle 5 [14] aufgrund abweichender Randbedingungen nicht verwendet werden. Um trotzdem einen Nachweis führen zu können, wurden folgende Möglichkeiten festgelegt (Veröffentlichung im Bundesanzeiger vom 31.12.1994 [10]):

1. Möglichkeit: Eindimensionale Rechnung

Die Anforderung nach Wärmeschutzverordnung gilt als erfüllt, wenn die Wärmedurchlaßwiderstände $1/\Lambda$ die für die einzelnen Ebenen angegebenen Werte nicht unterschreiten.

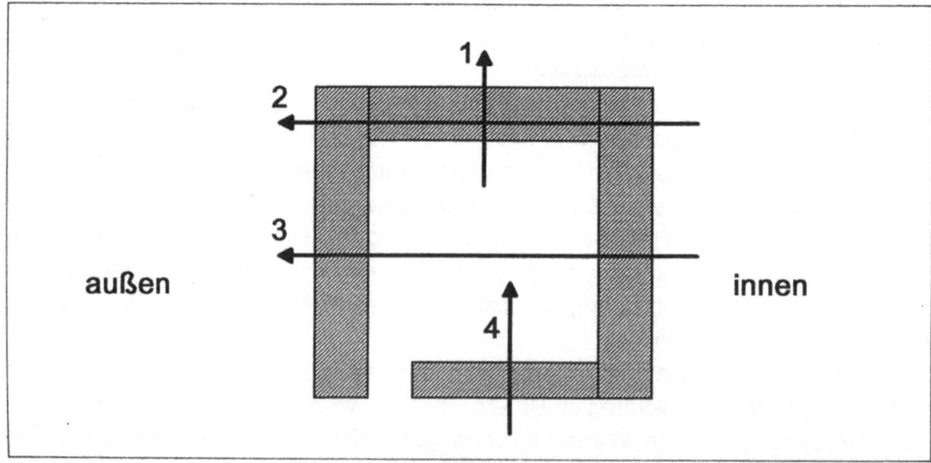

Bild 4.1 Darstellung der Wege zum Nachweis der Wärmedurchlaßwiderstände von Rolladenkästen

Bei den einzelnen Ebenen dürfen folgende Wärmedurchlaßwiderstände nicht unterschritten werden:

Ebene 1:   Wärmedurchlaßwiderstand $1/\Lambda \geq 0,55$ m²K/W (Mindestanforderung an jeder Stelle).

Ebene 2:   Wärmedurchlaßwiderstand $1/\Lambda \geq 0,55$ m²K/W (Mindestanforderung an jeder Stelle).

Ebene 3:   Wärmedurchlaßwiderstand $1/\Lambda \geq 1,40$ m²K/W, wobei für die Innenwandung $1/\Lambda \geq 0,8$ m²K/W gefordert ist und die Luftschicht nicht berücksichtigt wird.

Ebene 4:   Wärmedurchlaßwiderstand $1/\Lambda \geq 0,55$ m²K/W (Mindestanforderung an jeder Stelle).

Die angegebenen Werte beziehen sich nur auf die Bauteilschichten; die innere Luftschicht und die Wärmeübergangswiderstände sind bei den geforderten Werten bereits berücksichtigt.

Für eingebrachte Dämmschichten aus PU-Schaum ist als Rechenwert der Wärmeleitfähigkeit ohne Nachweis $\lambda_R = 0,035$ W/(m·K) anzusetzen. Des weiteren ist folgende Bedingung einzuhalten:
Breite des Panzerauslaßschlitzes $\leq$ max Panzerdicke + 10 mm

2. Möglichkeit: Zweidimensionale Rechnung

Bei dieser Rechnung sind für den Wärmedurchlaßwiderstand der Luftschicht folgende Werte einzusetzen:
- bei offenem Schlitz $1/\Lambda = 0,11$ m²K/W
- bei geschlossenem Schlitz $1/\Lambda = 0,17$ m²K/W (z.B. Bürstendichtung)

Für den Fall mit Schlitzverschluß ist eine 10 mm dicke Holzplatte ($\lambda_R = 0,13$ W/(mK)) anzunehmen. Für den Fensterrahmen gilt eine Dicke d = 60 mm mit $\lambda_R = 0,13$ W/(mK).

3. Möglichkeit: Prüfung

Eine Prüfung ist nach DIN 52619 Teil 1 [22] durchzuführen. Dabei ist der Panzerauslaßschlitz praxisgerecht zu schließen.
Als Prüfstellen kommem in Frage:
      Forschungsinstitut für Wärmeschutz (FIW)
      Fraunhofer-Institut für Bauphysik (IBP)
      Institut für Fenstertechnik (ift).

4.3 Wärmedurchgangskoeffizienten von Außentüren

Nach Wärmeschutzverordnung 1995 Anlage 1 Ziffer 1.5.1 sind die Wärmedurchgangskoeffizienten von Außentüren bei der Berechnung des Wärmeschutzes zu berücksichtigen.

Es wurde hierzu folgendes vereinbart (Veröffentlichung im Bundesanzeiger vom 31.12.1994 [10]):

Für Außentüren aus Holz, Holzwerkstoffen und Kunststoff darf ohne Nachweis ein Wärmedurchgangskoeffizient von 3,0 W/(m²K) angenommen werden.

Für Außentüren aus Metall-Rahmen und metallenen Bekleidungen darf ohne Nachweis ein Wärmedurchgangskoeffizient von 4,0 W/(m²K) angenommen werden.

Für Außentüren aus Rahmen und Verglasungen wird in Anlehnung an DIN 4108 Teil 4 Tabelle 3 [14] folgendes festgelegt:

Für Haustüren aus Rahmen der Rahmenmaterialgruppe 1, 2.1 und 2.2 nach DIN 4108 Teil 4 Tabelle 3 [14] mit einem Rahmenanteil $\leq$ 30% und Verglasungen ist der Nachweis nach dem genannten Normblatt zu führen.

In allen anderen Fällen ist der Wärmedurchgangskoeffizient nach DIN 4108 Teil 5 Abschnitt 5 [15] oder durch Prüfung nach DIN 52619 Teil 1 [22] nachzuweisen.

4.4 Maßnahmen zur Verschattung bzw. zur Verminderung der solaren Einstrahlung

In der Wärmeschutzverordnung werden zwei unterschiedliche Aspekte solarer Einstrahlung angesprochen:

- Unter dem Aspekt der nutzbaren solaren Wärmegewinne wurde in Anlage 1 Ziffer 1.6.4.1 letzter Absatz folgende Ausnahme festgelegt: "Sind Fensterflächen überwiegend verschattet, so ist der Wert I_j für die Nordorientierung anzusetzen."
- Zur Problematik eines Nachweises des sommerlichen Wärmeschutzes wurde in Anlage 1 Ziffer 5.1 letzter Absatz folgende Einschränkung verfügt: "Ausgenommen sind nach Norden orientierte oder ganztägig verschattete Fenster."

Beide Festlegungen zielen auf grundsätzlich unterschiedliche Problemstellungen ab. Während es sich bei Anlage 1 Ziffer 1.6.4.1 um eine Einschränkung der solaren Wärmegewinne während der Heizzeit durch überwiegend verschatteten Verglasungsflächen handelt, zielt die Ausnahme nach Anlage 1 Ziffer 5.1 auf eine Einschränkung des Nachweises beim sommerlichen Wärmeschutz ab, d.h. auf die Berücksichtigung der solarer Einstrahlung in ein Gebäude außerhalb der Heizzeit. Dementsprechend sind auch beiden Betrachtungen unterschiedliche Sonnenstände zugrundezulegen. So ist nach Anlage 1 Ziffer 1.6.4.1 zu beurteilen, ab welchen Sonnenständen - bei vorgelagerten Verschattungen - die Fensterflächen überwiegend verdeckt sind; d.h. hier werden die niedrigen Sonnenstände während der

Heizzeit betrachtet. Bei Anlage 1 Ziffer 5.1 geht es dagegen um die Ausgrenzung zu hoher Gewinne außerhalb der Heizzeit, d.h. den Untersuchungen müssen die hohen Sonnenstände zugrundegelegt werden.

Da die Sonnenstände - der Winkel zwischen der Sonne und dem Horizont - nicht nur jahreszeitlichen Schwankungen unterworfen sind, sondern auch entsprechend des nördlichen Breitengrades differieren, wurde für die Betrachtungen ein Standort ausgewählt, mit dem alle anderen Regionen ebenfalls erfaßt werden, d.h. es wurden die jeweils ungünstigsten Randbedingungen angesetzt. Den Untersuchungen zu Anlage 1 Ziffer 1.6.4.1 wurde ein Standort bei 48° nördlicher Breite, den Betrachtungen zu Anlage 1 Ziffer 5.1 ein Standort bei 54° nördlicher Breite zugrundegelegt.

Tabelle 1 Sonnenstände verschiedener Standorte

Standort	Sonnenstand am	
	21. Dezember	21. Juni
48° nördliche Breite	19°	65°
54° nördliche Breite	13°	59°

4.4.1 Verminderung der solaren Einstrahlung in der Heizzeit

Gemäß Wärmeschutzverordnung Anlage 1 Ziffer 1.6.4.1 werden die nutzbaren solaren Wärmegewinne Q_S unter Verwendung der himmelsrichtungsabhängigen Werte des Strahlungsangebotes I_j ermittelt. Von dieser Vorgehensweise muß nach folgender Maßgabe abgewichen werden: "Sind die Fensterflächen überwiegend verschattet, so ist der Wert I_j für die Nordorientierung anzusetzen."

Hieraus folgt, daß bei einer verschatteten süd- bzw. ost-/west-orientierten Fassade statt eines Wertes von 400 kWh/(m²a) bzw. 275 kWh/(m²a) nur 160 kWh/(m²a) für das Strahlungsangebot angesetzt werden dürfen. Die Verminderung durch Horizontal-, Überkopf- oder Seitenverschattung muß bei Südfassaden mindestens 60% und bei Ost-/Westfassaden mindestens 30% betragen.

Die Globalstrahlung, die über verglaste Flächen in ein Gebäude einfällt, setzt sich aus der Diffusstrahlung und der Direktstrahlung zusammen. Durch Verschattungseinrichtungen werden beide Strahlungsarten vermindert, so daß nicht nur die Reduktion der direkten Strahlung in ein Gebäude betrachtet werden muß, sondern darüberhinaus auch die Verringerung der diffusen Strahlung zu berücksichtigen ist. Für eine südorientierte Fassade wird die Reduktion der solaren Einstrahlung bei einer Überkopfverschattung von $\alpha = 5°$, einer Seitenverschattung von $\beta = 0°$ und einer Horizontalverschattung von $\gamma = 30°$ erreicht [5]. Eine prinzipielle Darstellung dieser Situation kann Bild 4.2 entnommen werden.

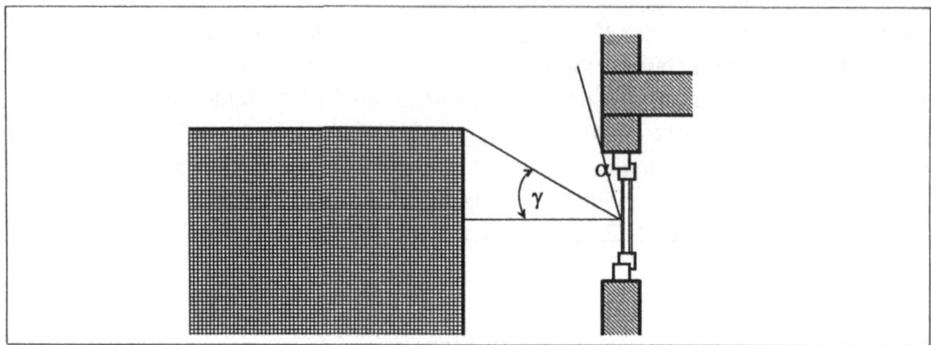

Bild 4.2 Vertikalschnitt durch eine Fassade mit der Darstellung des Winkels der Überkopfverschattung α und der Horizontalverschattung γ

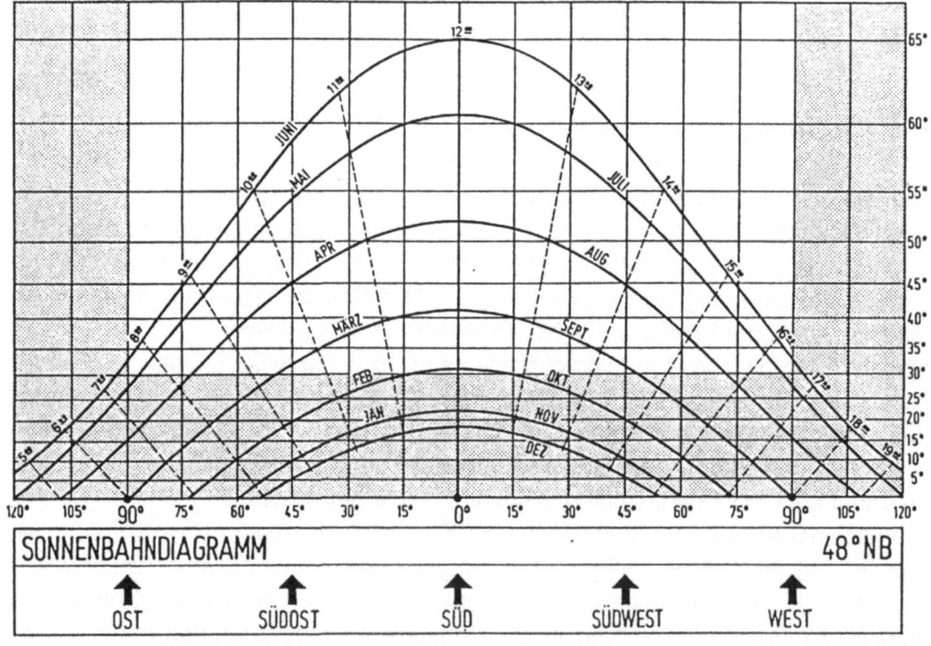

Bild 4.3 Sonnenbahndiagramm für eine südorientierte Fassade mit dem Abdeckwinkel der Überkopfverschattung $\alpha = 5°$, der Horizontalverschattung $\gamma = 30°$ und der Darstellung des verschatteten Bereichs (dunkle Fläche)

4.4.2 Ganztägig verschattete Fenster

Nach Wärmeschutzverordnung Anlage 1 Ziffer 5 ist zur "Begrenzung des Energiedurchgangs bei großen Fensterflächenanteilen (sommerlicher Wärmeschutz)"
- bei Gebäuden mit einer raumlufttechnischen Anlage mit Kühlung und
- bei anderen Gebäuden nach Abschnitt 1 mit einem Fensterflächenanteil je zugehöriger Fassade von 50% oder mehr

nachzuweisen, daß das Produkt ($g_F \cdot f$) aus Gesamtenergiedurchlaßgrad g_F (einschließlich zusätzlicher Sonnenschutzeinrichtungen) und Fensterflächenanteil f für jede Fassade den Wert 0,25 nicht überschreitet. Auf diesen Nachweis kann nur bei nach Norden orientierten oder ganztägig verschatteten Fenstern verzichtet werden. Dabei ist - nach Anlage 1 Ziffer 1.6.4.1 - unter "Orientierung" eine Abweichung der Senkrechten auf die Fensterfläche von nicht mehr als 45° von der jeweiligen Himmelsrichtung zu verstehen.

Bei Fensterflächen, die nicht nach Norden orientiert sind, kann auf den Nachweis des sommerlichen Wärmeschutzes nur dann verzichtet werden, wenn es sich bei den Verschattungseinrichtungen um nicht bewegliche Sonnenschutzmaßnahmen handelt. Als solche können beispielsweise Vordächer, Loggien oder andere bauliche Gegebenheiten eingestuft werden.

Im Gegensatz zu festen Verschattungen ist bei beweglichen Sonnenschutzeinrichtungen nicht gewährleistet, daß die zur Verfügung stehende Technik im Bedarfsfall auch wirklich zum Einsatz gelangt, so daß von der vorab aufgeführten Sonderregelung kein Gebrauch gemacht werden darf.

In DIN 4108 Teil 2 Tabelle 5 [12] wird ein Verfahren dargestellt, mit dem graphisch näherungsweise sichergestellt werden kann, ob eine ganztägige Verschattung von Fenstern vorliegt. Dies ist der Fall, wenn
- bei einer Südorientierung der Fassade die Überkopfverschattung $\alpha \geq 50°$ ist,
- bei einer Ost- oder Westorientierung der Fassade entweder die Überkopfverschattung $\alpha \geq 85°$ oder der Abdeckwinkel der Seitenverschattung $\beta \geq 115°$ ist.

Bei den Zwischenorientierungen - SO und SW - ist eine Überkopfverschattung von $\alpha \geq 80°$ erforderlich, wenn keine direkte Besonnung des Fensters vorliegen soll.

Zwei beispielhafte Möglichkeiten von Verschattungen sind in Bild 4.4 dargestellt. Es handelt sich dabei um Überkopfverschattungen, die im linken Bild aus einer vorspringenden Dachdecke bzw. einer auskragenden Balkonplatte entstehen können oder, wie im rechten Bild, aus einem auskragenden Steildach oder einer Wetterschutzkonstruktion resultieren. Die gleiche Wirkung zeigen jedoch auch feststehende Verschattungseinrichtungen. Da die Vielfalt dieser Technologien sehr groß ist und häufig von der Gesamtgestaltung geprägt wird, wurde auf eine detaillierte Darstellung dieser Möglichkeiten verzichtet.

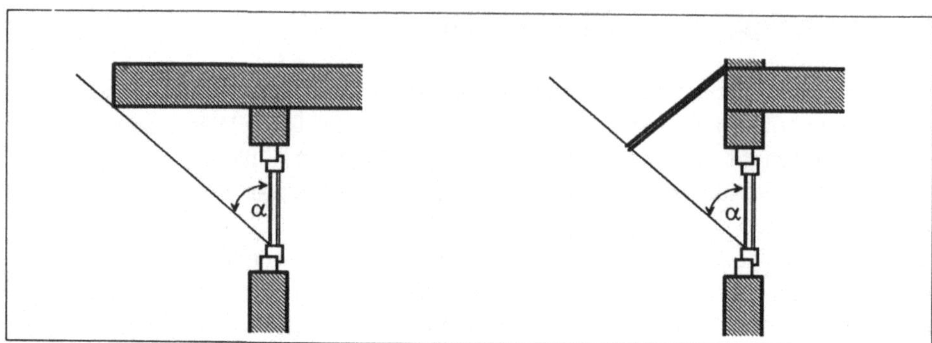

Bild 4.4 Vertikalschnitt durch eine Fassade

Wie sich Verschattungsmaßnahmen bei einer südorientierten Fassade und einer Überkopfverschattung $\alpha \geq 50°$ auswirken, kann der Darstellung in Bild 4.5 entnommen werden. Die dunkle Fläche bildet den verschatteten Anteil der Sonnenbahn während der verschiedenen Monate des Jahres. Es ist ersichtlich, daß während der Sommermonate (Mai bis September), d.h. während der Zeit des Jahres, in der eine zusätzliche Raumheizung nicht erforderlich ist, eine direkte Besonnung von Fenstern mit solchen Verschattungseinrichtungen ausgeschlossen werden kann.

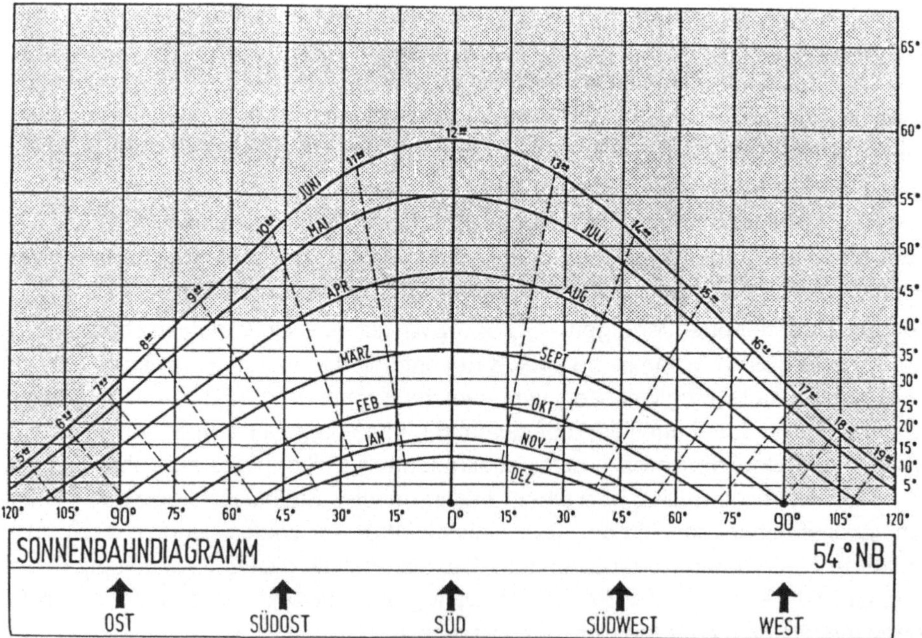

Bild 4.5 Sonnenbahndiagramm für eine südorientierte Fassade mit dem Abdeckwinkel der Überkopfverschattung $\alpha = 50°$ und der Darstellung des verschatteten Bereichs (dunkle Fläche)

Für eine Seitenverschattung mit einem Abdeckwinkel β = 115° wird der überdeckte Bereich für eine westorientierte Fassade in Bild 4.6 und für eine ostorientierte Fassade in Bild 4.8 dargestellt. Den daraus resultierenden Verschattungseffekt verdeutlicht das jeweils zugehörige Sonnenbahndiagramm in Bild 4.7 bzw. Bild 4.9. Für eine westorientierte Fassade beginnt die Periode der solaren Bestrahlung frühestens, wenn die Sonne im Süden steht, für eine ostorientierte Fassade endet der Bereich der solaren Bestrahlung spätestens, wenn die Sonne im Süden steht.

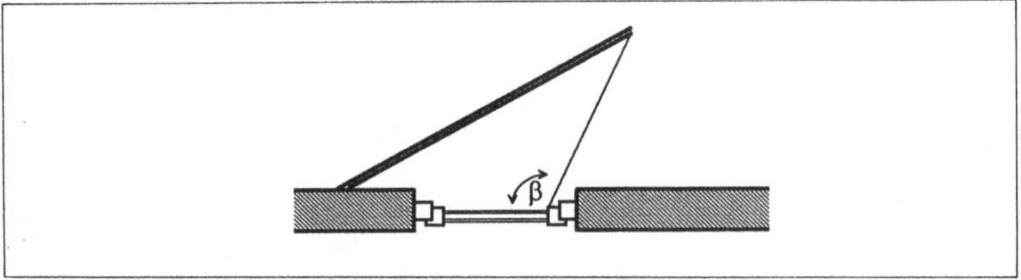

Bild 4.6 Horizontalschnitt durch eine westorientierte Fassade

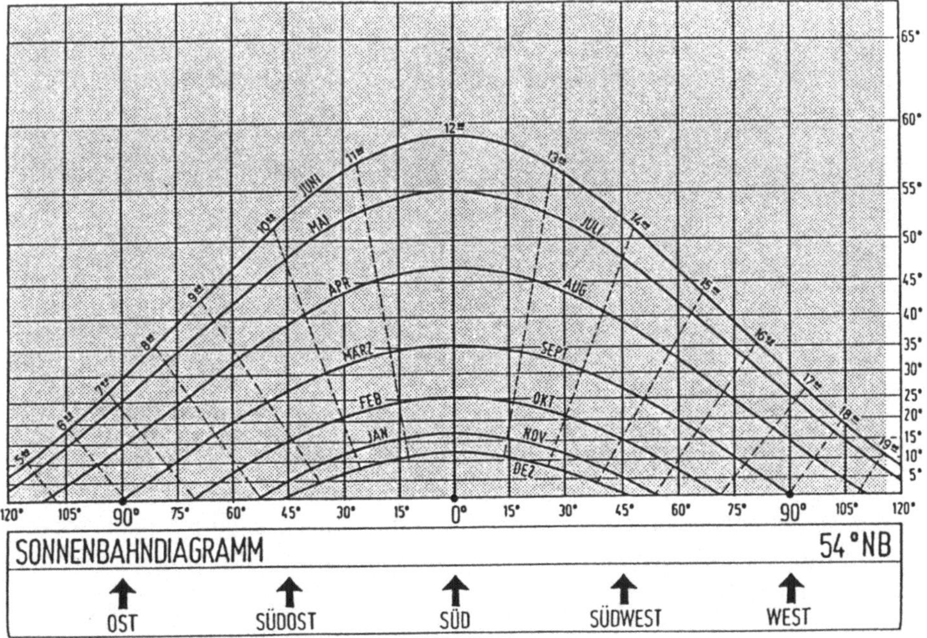

Bild 4.7 Sonnenbahndiagramm für eine westorientierte Fassade mit dem Abdeckwinkel der Seitenverschattung β = 115° und der Darstellung des verschatteten Bereichs (dunkle Fläche)

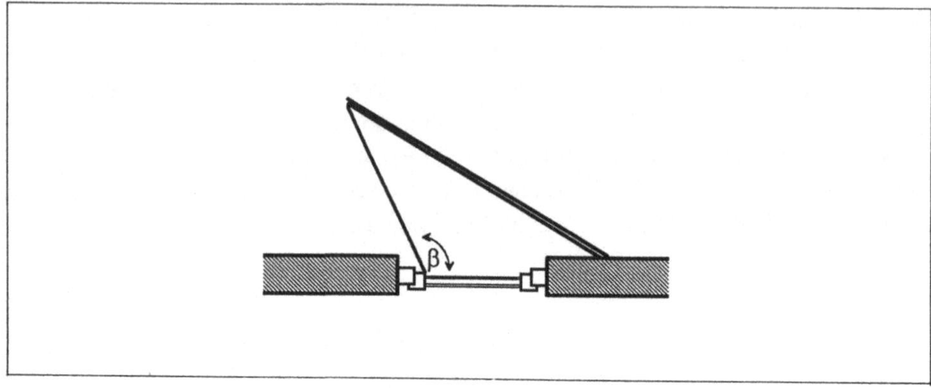

Bild 4.8 Horizontalschnitt durch eine ostorientierte Fassade

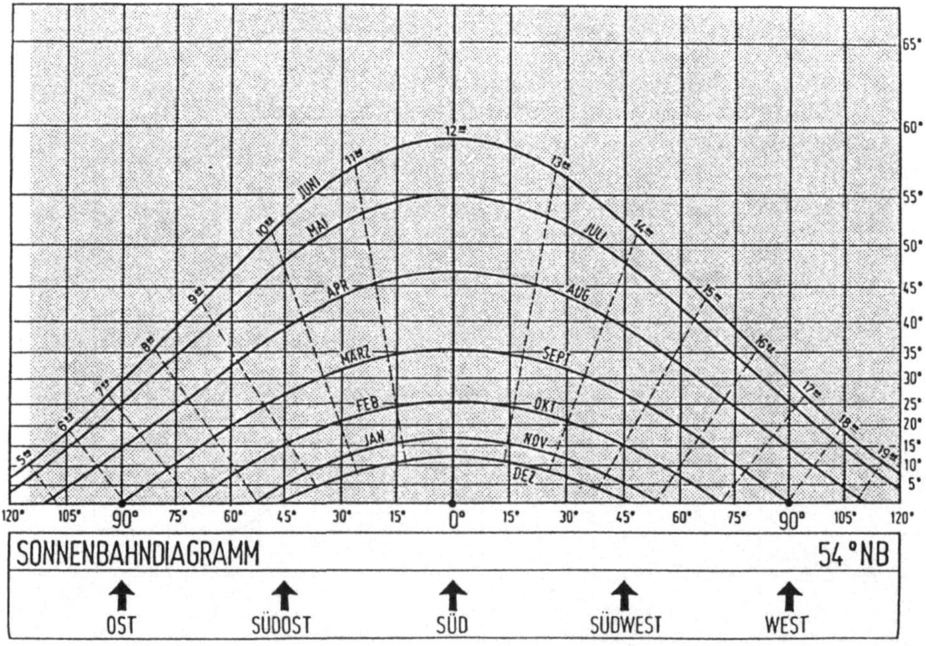

Bild 4.9 Sonnenbahndiagramm für eine ostorientierte Fassade mit dem Abdeck-
         winkel der Seitenverschattung β = 115° und der Darstellung des verschatte-
         ten Bereichs (dunkle Fläche)

5 Formblätter zum Nachweis der Anforderungen an den baulichen Wärmeschutz nach der Wärmeschutzverordnung 1995

Nach der von der Bundesregierung und dem Bundesrat beschlossenen Novellierung der Wärmeschutzverordnung 1984 kommt mit dem Inkrafttreten der neuen Verordnung ab 01.01.1995 auf alle Beteiligten ein gänzlich neues Nachweisverfahren zu.
Wie bereits bei allen Vorgängerversionen dieser neuen Fassung der Wärmeschutzverordnung werden auch diesmal zahlreiche Nachweismethoden zur Verfügung stehen. Neben rechnergesteuerten EDV-Programmen gibt es Formblätter, die den Nachweis der Anforderungen an den baulichen Wärmeschutz unterstützen sollen. Im folgenden werden anhand solcher Formblätter Rechengang und Zusammenhänge beim Nachweis nach Wärmeschutzverordnung erläutert.
Entsprechend der Einteilung der Gebäude nach ihren unterschiedlichen Nutzungsarten "Zu errichtende Gebäuden mit normalen Innentemperaturen" und "Zu errichtende Gebäude mit niedrigen Innentemperaturen" bzw. nach den auszuführenden Maßnahmen "Erstmaliger Einbau, Ersatz oder Erneuerung von Außenbauteilen bestehender Gebäude" wurde für jeden Anwendungstyp ein eigenes Formblatt entwickelt sowie für den Nachweis bei kleinen Wohngebäuden ein zusätzliches Formblatt erstellt.

5.1 Formblatt zum Nachweis der Anforderungen an den baulichen Wärmeschutz nach Wärmeschutzverordnung 1995, Anlage 1
(Gebäude mit normalen Innentemperaturen)

Während in die bisherigen Berechnungen nur die Wärmeverluste über die Gebäudehülle (Transmissionswärmeverluste) eingingen, wird dem künftigen Nachweis eine Wärmebilanz des gesamten beheizten Gebäudes zugrundegelegt; d.h. neben den Transmissionswärmeverlusten gehen auch Lüftungswärmeverluste und solare sowie interne Wärmegewinne in die Berechnung ein.
Die Transmissionswärmeverluste geben Auskunft über den Anteil der Wärme, die über die Außenbauteile abgegeben wird; die Lüftungswärmeverluste lassen eine Aussage darüber zu, welcher Wärmebetrag durch den Austausch warmer Innenraumluft gegen kalte Außenluft verlorengeht; die solaren Wärmegewinne drücken Gewinne aus, die durch die Sonneneinstrahlung ins Gebäudeinnere zu verzeichnen sind, während die internen Wärmegewinne aus Prozessen im Gebäudeinneren resultieren, wie beispielsweise Personenaufenthalt, elektrische Installationen und Tätigkeiten wie Kochen, Baden o.ä..

Der so berechnete Wert stellt eine Energiekenngröße des betrachteten Gebäudes dar, die in der Einheit kWh/(m³a) angegeben wird.

Das Nachweisblatt gliedert sich in 5 Abschnitte:

1. <u>Gebäuderanddaten</u> (Zeile 1 und 2): Hier sind allgemeine Angaben zum Gebäude wie Volumen und das Verhältnis von Fläche zu Volumen (A/V) einzutragen.

2. <u>Wärmeverluste</u> (Zeile 3 bis 40): Im ersten Teil des Abschnitts Wärmeverluste (Zeile 3 bis 32) werden die Transmissionswärmeverluste über die Gebäudehülle betrachtet.
   Der zweite Teil dieses Abschnitts (Zeile 33 bis 40) gibt Auskunft darüber, wie hoch die Lüftungswärmeverluste sind und welche Art von Be- und Entlüftungssystem verwendet wird.

3. <u>Wärmegewinne</u> (Zeile 41 bis 55): Im ersten Teil dieses Abschnitts (Zeile 41 bis 50) werden die solaren Wärmegewinne des Gebäudes ermittelt. Von Interesse ist hierbei der Anteil der nach den verschiedenen Himmelsrichtungen orientierten Fassadenflächen und die Qualität der Verglasung hinsichtlich ihrer Energiedurchlässigkeit (Gesamtenergiedurchlaßgrad).
   Im zweiten Teil (Zeile 51 bis 55) werden, entsprechend der jeweiligen Nutzung, die internen Wärmegewinne ermittelt. Dabei muß zwischen Gebäuden mit büroähnlicher Nutzung und allen anderen Nutzungsarten unterschieden werden.

4. <u>Jahres-Heizwärmebedarf</u> (Zeile 56 bis 59): In diesem Abschnitt werden die in den beiden vorhergehenden Abschnitten ermittelten Größen in die Formel zur Ermittlung des vorhandenen Jahres-Heizwärmebedarfs (vorh. Q'_H) eingesetzt. Entsprechend dem vorhandenen A/V-Wert kann dann der zulässige Wert des Jahres-Heizwärmebedarfs (zul. Q'_H) ermittelt werden. Falls der vorhandene Jahres-Heizwärmebedarf kleiner ist als der zulässige Jahres-Heizwärmebedarf, sind die Anforderungen an den baulichen Wärmeschutz nach Wärmeschutzverordnung erfüllt.

5. <u>Zusatzanforderungen</u> (Zeile 60 bis 69): In diesem Abschnitt werden zusätzliche Anforderungen an den baulichen Wärmeschutz beschrieben.
   Im ersten Abschnitt (Zeile 61 bis 63) werden aneinandergereihte Gebäude mit zwei Trennwänden betrachtet. In diesem Fall muß neben der Einhaltung der Anforderun-

gen nach Zeile 58 auch gewährleistet sein, daß der mittlere vorhandene Wärmedurchgangskoeffizient der Fassadenflächen vorh. $k_{m,W+F}$, bestehend aus Wand und Fenster, den zulässigen Wert zul. $k_{m,W+F}$ nicht überschreitet.

Im zweiten Abschnitt (Zeile 64 bis 69) ist zu überprüfen, ob die Anforderungen an den sommerlichen Wärmeschutz eingehalten werden. Diese Anforderungen sind von Bedeutung, wenn im Gebäude entweder raumlufttechnische Anlagen zur Kühlung verwendet werden, oder wenn Fassadenflächen vorhanden sind, die einen Fensterflächenanteil von mehr als 50% aufweisen.

Nach dieser Vorstellung der einzelnen Abschnitte sollen im folgenden verschiedene Teile genauer beschrieben und auf ihre Besonderheiten hingewiesen werden:

Zeile 2: Das Volumen V wird über die Gebäudeaußenmaße ermittelt.

Das Verhältnis A/V wird gebildet, indem die Summe der wärmeübertragenden Flächen A nach Zeile 31 durch das vorab ermittelte Gebäudevolumen V dividiert wird.

Zeile 5 bis 31: Zur Ermittlung der Transmissionswärmeverluste Q_T ist es notwendig, den Wärmedurchgangskoeffizienten (k-Wert) der Bauteile und die zugehörige Fläche zu berechnen. Außerdem gilt es zu untersuchen, ob gemäß der entsprechenden Einbausituation ein Reduktionsfaktor angesetzt werden kann. In der letzten Spalte ist dann das Produkt aus allen drei Faktoren einzutragen.

Besonders zu berücksichtigen sind dabei folgende Neuerungen:

1. Erstmals werden Abseitenwände oder Drempel als eigenständiges Bauteil in die Aufzählung aufgenommen und mit einem Reduktionsfaktor r = 0,8 versehen (Zeile 9).

2. Neu in den Bauteilkatalog aufgenommen wurden außerdem Wände, die beheizte Innenräume gegen unbeheizten Glasvorbau abtrennen (Zeile 10 bis 12). Aufgrund der Pufferwirkung des vorgesetzten Glasvorbaus wurde für diese Wände auch ein kleinerer Reduktionsfaktor als 1,0 in Ansatz gebracht. Da dieser Faktor jedoch von der Qualität der Wintergartenverglasung abhängt, muß vorab untersucht werden, ob der Wintergarten mit einer Einfach-, einer Isolier- oder einer Wärmeschutzverglasung [$k_v \leq 2,0$ W/(m²K)] ausgestattet wird. Der zugehörige Reduktionsfaktor ist der Fußnote 1 des Formblatts zu entnehmen.

3. Beim Einbau von Rolläden in Außenfenster nach Zeile 13 bis 15 werden erstmals Anforderungen an Rolladenkästen gestellt; es muß gewährleistet sein,

daß im Bereich von Rolladenkästen ein Wärmedurchgangskoeffizient (nach Bundesanzeiger) von $k \leq 0{,}6$ W/(m²K) vorliegt.

Darüberhinaus gelten auch für Fenster, die das beheizte Volumen gegen unbeheizten Glasvorbau abtrennen, die Reduktionsfaktoren gemäß Fußnote 1.

4. Zur Ermittlung des spezifischen Transmissionswärmeverlusts H_T sind die Ergebnisse der Multiplikation der Wärmedurchgangskoeffizienten k_i mit den zugehörigen Flächen A_i und den jeweiligen Reduktionsfaktoren r_i der Zeilen 6 bis 30 in Zeile 31 zu addieren. Durch Multiplikation des spezifischen Transmissionswärmeverlusts H_T mit dem Faktor 84 (darin enthalten ist die mittlere Gradtagzahl der Bundesrepublik, d.h. die Zeit des Jahres, während der geheizt werden muß) erhält man die Transmissionswärmeverluste Q_T des Gebäudes.

Zeile 33 bis 40: Zur Ermittlung der Lüftungswärmeverluste Q_L muß zunächst die Lüftungsart des betrachteten Gebäudes bestimmt werden. Entsprechend diesem Lüftungsmechanismus ist der Reduktionsfaktor η nach Zeile 35 bis 38 zu verwenden. Dabei muß man jedoch beachten, daß gemäß Fußnote 3 des Formblatts bei der Verwendung der erhöhten internen Wärmegewinne für Gebäude mit nachgewiesener büroähnlicher Nutzung kein Reduktionsfaktor für Lüftungssysteme gemäß Zeile 36 bis 38 in Ansatz gebracht werden darf. Außerdem ist beim Einsatz von haustechnischen Anlagen nach Zeile 37 bis 38 nachzuweisen, daß bei diesen Anlagen das Verhältnis von eingesetzter Arbeit zu zurückgewonnener Wärme (gemäß Fußnote 4 und 5) eingehalten wird. Zur Berechnung des spezifischen Lüftungswärmeverlusts L ist der gewählte Reduktionsfaktor η mit den Faktoren 0,34 und 0,8 und dem Netto-Volumen nach Zeile 2 zu multiplizieren. Die Lüftungswärmeverluste Q_L des Gebäudes errechnen sich dann in Zeile 40 aus dem Produkt des spezifischen Lüftungswärmeverlusts L und dem Faktor 84.

Zeile 41 bis 55: Bei der Ermittlung der Wärmegewinne muß zwischen den solaren und den internen Gewinnen unterschieden werden.

Die solaren Wärmegewinne nach Zeile 42 bis 50 werden wie folgt ermittelt: Zunächst sind die Flächen der Fenster mit Ost-, Süd- oder Westorientierung zu bestimmen. Danach ist der Gesamtenergiedurchlaßgrad g der Verglasung festzulegen. Der Gesamtenergiedurchlaßgrad ist dem Bundesanzeiger oder einer Herstellerangabe mit dem Querverweis auf den Bundesanzeiger zu entnehmen. Wenn es sich bei dem betrachteten Fenster um das trennende Bauteil zwischen beheiztem Volumen und einem unbeheizten Glasvorbau handelt, sind die solaren Wärmegewinne mit einem Reduktionsfaktor nach Fußnote 8 des

Formblatts abzumindern. Der Wert des entsprechenden Abminderungsfaktors wird von der Qualität der Verglasung des Wintergartens bestimmt; je hochwertiger die Verglasung für Sonnenschutzzwecke ist, um so geringer ist der Anteil der solaren Wärmegewinne und um so kleiner ist der zugehörige Reduktionsfaktor. Anschließend werden die Angaben entsprechend der Himmelsrichtung in die Zeilen 44 bis 49 eingetragen und das Produkt der Einzelfaktoren in der letzten Spalte mit dem Faktor 0,46 multipliziert. Die solaren Wärmegewinne Q_S nach Zeile 50 werden aus der Summe der Einzelanteile der vorherigen Zeilen bestimmt.

Für die Ermittlung der internen Wärmegewinne ist zu klären, ob es sich bei dem betrachteten Gebäude hinsichtlich der Nutzungsart um ein Gebäude mit nachgewiesener büroähnlicher Nutzung handelt oder nicht. Dementsprechend wird nach Zeile 53 oder 54 der Betrag der durchschnittlichen internen Gewinne q_I pro m³ Volumen festgelegt. Die internen Wärmegewinne werden dann in Zeile 55 ermittelt, indem der Betrag der durchschnittlichen internen Gewinne q_I mit dem Gebäudevolumen V nach Zeile 2 multipliziert wird.

Zeile 56 bis 59: Die Anforderungen an den baulichen Wärmeschutz eines Gebäudes sind dann erfüllt, wenn der vorhandene Jahres-Heizwärmebedarf (vorh. Q'_H) kleiner ist als der zulässige Jahres-Heizwärmebedarf (zul. Q'_H).

Der vorhandene Jahres-Heizwärmebedarf nach Zeile 57 wird ermittelt, indem man die Transmissionswärmeverluste Q_T nach Zeile 32 und die Lüftungswärmeverluste nach Zeile 40 addiert und die Summe mit dem Faktor 0,9 multipliziert. Davon ist dann die Summe der solaren Wärmegewinne Q_S nach Zeile 50 und der internen Wärmegewinne nach Zeile 55 zu subtrahieren. Diese Wärmebilanz des Gebäudes wird anschließend durch das Gebäudevolumen V nach Zeile 2 dividiert.

Der zulässige Jahres-Heizwärmebedarf wird berechnet, in dem der Wert für A/V nach Zeile 2 in den Algorithmus in Zeile 58 eingesetzt wird.

Ob die Anforderungen an den baulichen Wärmeschutz eingehalten sind, kann durch den direkten Vergleich von vorh. Q'_H mit zul. Q'_H in Zeile 59 festgestellt werden.

Zeile 60 bis 69: Weiterhin müssen <u>zusätzlich</u> zu dem vorab beschrieben Nachweis über die Energiebilanz des Gebäudes noch folgende Anforderungen an den Wärmeschutz erfüllt werden:

1. Bei aneinandergereihten Gebäuden mit zwei Trennwänden nach Zeile 61 bis 63 muß zusätzlich zum Nachweis nach Zeile 59 noch überprüft werden, ob der vorhandene mittlere Wärmedurchgangskoeffizient aus Außenwänden

und Fenstern vorh. $k_{m,W+F}$ kleiner ist als 1,0 W/(m²K), der zulässige mittlere Wärmedurchgangskoeffizient zul. $k_{m,W+F}$.

Vorh. $k_{m,W+F}$ wird ermittelt, indem die Wärmedurchgangskoeffizienten $k_{W,i}$ der Außenwände nach Zeile 6 bis 8 mit den zugehörigen Flächen $A_{W,i}$ multipliziert werden; hierzu addiert man das Produkt aus den Wärmedurchgangskoeffizienten $k_{F,i}$ der Fenster nach Zeile 13 bis 15 und den zugehörigen Flächen $A_{F,i}$ und dividiert dies durch die Summe der Wand- und Fensterflächen. In Zeile 63 ist dann der direkte Nachweis möglich, ob die zusätzliche Anforderung für aneinandergereihte Gebäude mit vorh. $k_{m,W+F} \leq 1{,}0$ W/(m²K) erfüllt wird.

2. Außerdem kann es notwendig werden, die Anforderungen an den sommerlichen Wärmeschutz nach Zeile 64 bis 69 zu erfüllen. Diese Anforderungen sind dann nachzuweisen, wenn entweder im Gebäude eine raumlufttechnische Anlage mit Kühlung vorhanden ist, oder wenn der Fensterflächenanteil f einer Fassadenfläche größer als 50% ist. Von dieser Anforderung sind nur nach Norden orientierte oder ganztägig verschattete Fassaden ausgenommen. Der Nachweis ist erfüllt, wenn das Produkt aus dem Fensterflächenanteil f der jeweiligen Fassade, dem Gesamtenergiedurchlaßgrad g der Verglasung nach Zeile 44 bis 49 und dem Abminderungsfaktor z für Sonnenschutzmaßnahmen kleiner als 0,25 ist. Der Wert z für die verschiedenen Sonnenschutzmaßnahmen ist DIN 4108 Teil 2 [12] zu entnehmen.

Nachweis der Anforderungen nach Wärmeschutzverordnung 1995 Anlage 1
(Gebäude mit normalen Innentemperaturen)

Objekt:						
1	**1. Gebäuderanddaten**					
2	Volumen: V = Netto-Volumen: V_N = 0.8 * V = 0.8 * _______ = A/V =						
3	**2. Wärmeverluste**					
4	**2.1 Transmissionswärmeverluste Q_T**					
5	Bauteil	Kurzbe- zeichnung	Fläche A_i $[m^2]$	Wärmedurchgangs- koeffizient k_i $[W/(m^2 K)]$	$k_i * A_i$ $[W/K]$	Reduktions- faktor r_i [ ]	$k_i * A_i * r_i$ $[W/K]$
6	Außenwand	W1.1				1.0	
7		W1.2				1.0	
8		W1.3				1.0	
9	Wand gegen Abseitenraum	W2.1				0.8	
10	Wand gegen unbeheizten Glasvorbau	W3.1				[1]	
11		W3.2				[1]	
12		W3.3				[1]	
13	Außenfenster	F1.1				1.0[2]	
14		F1.2				1.0[2]	
15		F1.3				1.0[2]	
16	Fenster gegen unbeheizten Glasvorbau	F2.1				[1][2]	
17		F2.2				[1][2]	
18		F2.3				[1][2]	
19	Dach, Decke zum nicht ausgebauten DG	D1				0.8	
20		D2				0.8	
21		D3				0.8	
22	Kellerdecke, Grundfläche und Wände gegen Erdreich bei beheizten Räumen	G1				0.5	
23		G2				0.5	
24		G3				0.5	
25	Decke gegen Außenluft nach unten	DL1				1.0	
26		DL2				1.0	
27		DL3				1.0	
28	Angrenzende Bauteile (unbeheizte Räume)	AB1				0.5	
29		AB2				0.5	
30		AB3				0.5	
31	**Summe A =**			Spezifischer Transmissionswärmeverlust **Summe H_T =**		
32	Transmissionswärmeverluste: Q_T = 84 * H_T = 84 * _______					Q_T =	
33	**2.2 Lüftungswärmeverluste Q_L**					
34	Haustechnische Einrichtungen			Reduktionsfaktor η		
35	ohne Lüftungsanlage			1.00		
36	mit kontrollierter Be- und Entlüftung			0.95[3]		
37	mit kontrollierter Be- und Entlüftung und Wärmerückgewinnungsanlage			0.80[3][4]		
38	mit kontrollierter Be- und Entlüftung und Wärmerückgewinnungsanlage mit Wärmetauscher in der Fortluft			0.80[3][5]		
39	Spezifischer Lüftungswärmeverlust: L = η * 0,34 * 0,8 * V_N = ___ * 0,34 * 0,8 * _______					L =	
40	Lüftungswärmeverluste: Q_L = 84 * L = 84 * _______					Q_L =	

[1] Reduktionsfaktor bei unbeheizten Glasvorbauten mit Einfachverglasung: r = 0.7
mit Isolierverglasung: r = 0.6
mit Wärmeschutzverglasung: r = 0.5
$[k_v \leq 2.0\ W/(m^2 K)]$

[2] Im Bereich von Rolladenkästen darf der Wärmedurchgangskoeffizient den Wert von 0,6 W/(m²K) nicht überschreiten.

[3] Die Abminderungsfaktoren gelten nicht für Gebäude, für die die erhöhten internen Gewinne nach Zeile 54 dieses Formblatts angesetzt werden.

[4] Die Abminderung ist nur gültig, wenn je kWh aufgewendeter Arbeit mindestens 5,0 kWh nutzbare Wärme abgegeben wird.

[5] Die Abminderung ist nur gültig, wenn je kWh aufgewendeter Arbeit mindestens 4,0 kWh nutzbare Wärme abgegeben wird.

41	**3. Wärmegewinne**					
42	**3.1 Solare Wärmegewinne Q_S**					
43	Orientierung [6]	Strahlungs-intensität I_i [kWh/m²a]	Gesamtenergie-durchlaßgrad g_i [ ]	Fenster-Teilfläche [7] A_i [m²]	Reduktionsfaktor bei un-beheiztem Wintergarten [8] r_i [ ]	$0{,}46 * r_i * I_i * g_i * A_i$ [kWh/a]
44	Süd	400				
45						
46	West + Ost	275				
47						
48	Nord	160				
49						
50	Solare Wärmegewinne: $Q_S = \Sigma\ (0{,}46 * r_i * I_i * g_i * A_i)$			Summe $Q_S =$		
51	**3.2 Interne Wärmegewinne Q_I**					
52	Nutzungsart			Durchschnittliche interne Gewinne q_I pro m³ Volumen		
53	Gebäude allgemein, außer Gebäude mit nachgewiesener büroähnlicher Nutzung			8.00		
54	Gebäude mit nachgewiesener büroähnlicher Nutzung			10.00		
55	Interne Wärmegewinne: $Q_I = q_I * V =$ ____ * ________			$Q_I =$		

56	**4. Jahres-Heizwärmebedarf**
57	Vorhandener volumenbezogener Jahres-Heizwärmebedarf: vorh. $Q'_H = [0{,}9 * (Q_T + Q_L) - (Q_S + Q_I)] / V$ vorh. $Q'_H = [0{,}9 * ($ ____ $+$ ____ $) - ($ ____ $+$ ____ $)] /$ ____ vorh. $Q'_H =$
58	Zulässiger volumenbezogener Jahres-Heizwärmebedarf: zul. $Q'_H = 17{,}3$ bei $A/V \le 0{,}2$ zul. $Q'_H = 13{,}82 + 17{,}32\ (A/V)$ bei $0{,}2 < A/V < 1{,}05$ zul. $Q'_H = 32{,}0$ bei $A/V \ge 1{,}05$ zul. $Q'_H =$
59	**Der Nachweis nach Wärmeschutz-Verordnung ist erbracht wenn gilt:** **vorh. $Q'_H =$ kWh/m³a $\le$ kWh/m³a $=$ zul. Q'_H**
60	**5. Zusatzanforderungen**
61	**5.1 Aneinandergereihte Gebäude mit zwei Trennwänden**
62	Bei Gebäuden mit zwei Trennwänden gilt zusätzlich folgende Anforderung: vorh. $k_{m,W+F} \le$ zul. $k_{m,W+F}$ Dabei wird vorh. $k_{m,W+F}$ der verschiedenen Wand- und Fensterflächen wie folgt ermittelt: vorh. $k_{m,W+F} = (k_{W,i} * A_{W,i} + k_{F,i} * A_{F,i}) / (A_{W,i} + A_{F,i})$ vorh. $k_{m,W+F} = ($ ____ * ____ $+$ ____ * ____ $) / ($ ____ $+$ ____ $) =$ vorh. $k_{m,W+F} =$
63	**Der Nachweis für aneinandergereihte Gebäude mit zwei Trennwänden ist nach Wärmeschutz-Verordnung erbracht, wenn zusätzlich zu Zeile 56 gilt:** **vorh. $k_{m,W+F} =$ W/(m²K) $\le$ zul. $k_{m,W+F} = 1{,}00$ W/(m²K)**
64	**5.2 Nachweis für den Wärmeschutz im Sommer**
65	Bei Gebäuden - mit einer raumlufttechnischen Anlage mit Kühlung - mit einem Fensterflächenanteil f je Fassade mit f $\ge$ 50%, gilt zusätzlich folgende Anforderung: $(g_F * f) = (g * z * f) \le 0.25$ [9]

66	Orientierung [6]	Fensterflächenanteil f [10]	Gesamtenergiedurchlaß-grad g	Abminderungsfaktor z [10][11] für Sonnenschutzmaßnahmen	f * g * z	Anforderung [12]
67	Ost-Fassade					≤ 0.25
68	Süd-Fassade					≤ 0.25
69	West-Fassade					≤ 0.25

[6] Als maßgebende Orientierung gilt diejenige Himmelsrichtung, deren Abweichung gegenüber der Senkrechten auf die Fensterfläche kleiner 45 Grad ist. In den Grenzfällen NO, NW, SO und SW gilt jeweils der ungünstigere Wert. Fensterflächen mit einer Neigung kleiner 15° sind wie west/ost-orientiert einzustufen.

[7] Bei einem Fensterflächenanteil von mehr als 2/3 der jeweiligen Wandfläche darf der solare Gewinn nur bis zu dieser Größe berücksichtigt werden.

[8] Reduktionsfaktor der solaren Gewinne bei Fenstern gegen unbeheizten Glasvorbau bei Wintergartenverglasung mit: - Einfachverglasung: $r = 0.7$ - Isolierverglasung: $r = 0.6$ - Wärmeschutzverglasung: $r = 0.5$ $(k_v \le 2.0$ W/(m²K))

[9] Ausgenommen sind nach Norden orientierte oder ganztägig verschattete Fenster.

[10] Berechnung des Fensterflächenanteils f und Abminderungsfaktoren z für Sonnenschutzmaßnahmen s.a. DIN 4108 Teil 2

[11] Werden zur Erfüllung der Anforderungen Sonnenschutzvorrichtungen verwendet, sind diese mindestens teilweise beweglich anzuordnen. Hierbei muß durch den beweglichen Anteil des Sonnenschutzes ein Abminderungsfaktor z kleiner oder gleich 0.5 erreicht werden.

[12] Die Anforderungen gelten bei beweglichem Sonnenschutz in geschlossenem Zustand

5.2 Formblatt zum Nachweis der Anforderungen an den baulichen Wärmeschutz nach Wärmeschutzverordnung 1995, Anlage 1 Ziffer 7

(Kleine Wohngebäude)

Bei kleinen Wohngebäuden (Wohngebäuden mit bis zu zwei Vollgeschossen und nicht mehr als drei Wohneinheiten) kann der Nachweis über die Einhaltung der Anforderungen an den baulichen Wärmeschutz alternativ auf zwei Arten geführt werden:

- Nachweis der Anforderungen an den Jahres-Heizwärmebedarf Q'_H (oder Q''_H) des Gebäudes (s.a. Gebäude mit normalen Innentemperaturen).

- Nachweis, ob die Anforderungen an die Wärmedurchgangskoeffizienten (k-Werte) der einzelnen Außenbauteile eingehalten werden (Zeile 2 bis 13).

Mit dem Nachweis der Wärmedurchgangskoeffizienten der einzelnen Außenbauteile soll dem Planer die Möglichkeit gegeben werden, bei kleinen (Wohn-) Gebäuden den erforderlichen Zeitaufwand zur Bestätigung der Anforderungen nach Wärmeschutzverordnung (WSchV) zu reduzieren.

Zeile 2 bis 4: Bei Außenwänden gelten die Anforderungen nach WSchV mit $k \leq 0{,}50$ W/(m²K) auch dann als erfüllt, wenn bei einem monolithischen Mauerwerk der Dicke d = 36,5 cm ein Baustoff mit einer Wärmeleitfähigkeit $\lambda_R \leq 0{,}21$ W/(mK) verwendet wird.

Zeile 5 bis 7: Zum Nachweis über die Einhaltung der Anforderungen bei Fenstern muß der mittlere äquivalente Wärmedurchgangskoeffizient aller Außenfenster $k_{m,F,eq}$ gebildet werden. Der $k_{m,F,eq}$-Wert beinhaltet dabei neben den Transmissionswärmeverlusten auch die solaren Gewinne über transparente Bauteile.
Zur Berechnung des $k_{m,F,eq}$-Werts ist notwendig, die Flächen der Fenster entsprechend ihrer Himmelsrichtungsorientierung zu ermitteln. Außerdem muß der Gesamtenergiedurchlaßgrad der betreffenden Verglasung bekannt sein. Der mittlere äquivalente Wärmedurchgangskoeffizient des Gebäudes kann dann nach dem Algorithmus der Fußnote 3 ermittelt werden.

Zeile 14: Die Anforderungen an den baulichen Wärmeschutz sind bei kleinen Wohngebäuden erfüllt, wenn die in der Tabelle aufgeführten Wärmedurchgangskoeffizienten der Außenbauteile kleiner oder gleich den zulässigen Werten sind.

Nachweis der Anforderungen nach Wärmeschutzverordnung 1995 Anlage 1 Ziffer 7
(Kleine Wohngebäude[1])

Objekt:				
1	Bauteil	Kurzbe-zeichnung	vorhandener Wärmedurchgangs-koeffizient vorh. k_i [W/(m²K)]	maximal zulässiger Wärmedurchgangs-koeffizient zul. k_i [W/(m²K)]
2		W1		
3	Außenwände	W2		$k_W \leq 0{,}5$ [2]
4		W3		
5		F1		
6	Außenliegende Fenster und Fenstertüren sowie Dachfenster	F2		$k_{m,F,eq} \leq 0{,}7$ [3]
7		F3		
8	Decken unter nicht ausgebauten Dachräumen und Decken (einschließlich Dachschrägen),	D1		
9	die Räume nach oben und unten gegen die Außenluft abgrenzen	D2		$k_D \leq 0{,}22$
10		D3		
11		G1		
12	Kellerdecken, Wände und Decken gegen unbeheizte Räume sowie Decken und Wände,	G2		$k_G \leq 0{,}35$
13	die an das Erdreich grenzen	G3		
14	**Der Nachweis nach Wärmeschutz-Verordnung ist für kleine Wohngebäude erbracht wenn gilt:** **vorhanden k $\leq$ zulässig k**			

[1] Die Anforderungen an den Wärmedurchgangskoeffizienten für einzelne Außenbauteile der wärmeübertragenden Umfassungsfläche gelten bei zu errichtenden kleinen Wohngebäuden mit bis zu zwei Vollgeschossen und nicht mehr als drei Wohneinheiten.

[2] Die Anforderung gilt als erfüllt, wenn Mauerwerk in einer Wandstärke von 36,5 cm mit Baustoffen mit einer Wärmeleitfähigkeit von $\lambda_R \leq 0{,}21$ W/(mK) ausgeführt wird.

[3] Der mittlere äquivalente Wärmedurchgangskoeffizient $k_{m,F,eq}$ entspricht einem über alle außenliegenden Fenster und Fenstertüren gemittelten Wärmedurchgangskoeffizienten, wobei solare Wärmegewinne wie folgt zu berücksichtigen sind:

$$k_{m,F,eq} = \frac{\Sigma (k_{F,eq,i} * A_i)}{\Sigma A_i}$$

dabei gilt $k_{F,eq,i} = k_F - g * S_{F,i}$

mit $S_F = 2{,}40$ für Südorientierung
$= 1{,}65$ für Ost- / Westorientierung
$= 0{,}95$ für Nordorientierung

5.3 Formblatt zum Nachweis der Anforderungen an den baulichen Wärmeschutz nach Wärmeschutzverordnung 1995, Anlage 2
(Gebäude mit niedrigen Innentemperaturen)

Ähnlich wie bei Gebäuden mit normalen Innentemperaturen wird mit dem Inkrafttreten der novellierten Wärmeschutzverordnung auch für den Nachweis an den Wärmeschutz von Gebäuden mit niedrigen Innentemperaturen ein neuer Berechnungsmodus festgelegt. Während bei Gebäuden mit normalen Innentemperaturen eine Energiebilanz des gesamten Gebäudes mit allen Gewinn- und Verlustanteilen zu erstellen ist, erstreckt sich der Nachweis bei Gebäuden mit niedrigen Innentemperaturen nur auf die Bilanzierung der Transmissionswärmeverluste.

Entsprechend dem Jahres-Heizwärmebedarf für Gebäude mit normalen Innentemperaturen stellt auch der Jahres-Transmissionswärmebedarf bei Gebäuden mit niedrigen Innentemperaturen eine Energiekenngröße des betrachteten Gebäudes dar, die in der Einheit $kWh/(m^3a)$ angegeben wird.

Das Nachweisblatt gliedert sich in 3 Abschnitte:

1. Gebäuderanddaten (Zeile 1 und 2): Hier sind allgemeine Angaben zum Gebäude wie Volumen und das Verhältnis der wärmeübertragenden Fläche zum beheizten Volumen (A/V) einzutragen.

2. Transmissionswärmeverluste (Zeile 3 bis 31): In den Zeilen 4 bis 29 werden die Transmissionswärmeverluste der verschiedenen Bauteile ermittelt, die das beheizte Volumen gegen die Außenluft oder Bereiche mit niedrigen Innentemperaturen abgrenzen. Aus der Summe der einzelnen Anteile ergibt sich in Zeile 30 der spezifische Transmissionswärmeverlust. Durch die Multiplikation des spezifischen Transmissionswärmeverlusts mit der Gradtagszahl erhält man in Zeile 31 den Jahres-Transmissionswärmebedarf des betrachteten Gebäudes.

3. Jahres-Transmissionswärmebedarf (Zeile 32 bis 35): In diesem Abschnitt wird der vorab ermittelte Jahres-Transmissionswärmebedarf Q_T durch das Volumen des Gebäudes dividiert und somit der volumenbezogene vorhandene Jahres-Transmissionswärmebedarf vorh. Q'_T festgestellt. Dieser Wert wird mit dem zulässi-

gen volumenbezogenen Jahres-Transmissionswärmebedarf zul. Q'_T verglichen. Der Wert des zulässigen Jahres-Transmissionswärmebedarfs wird in Abhängigkeit vom vorhandenen A/V-Wert berechnet. Falls der vorhandene Jahres-Transmissionswärmebedarf kleiner ist als der zulässige Jahres-Transmissionswärmebedarf, sind die Anforderungen an den baulichen Wärmeschutz nach Wärmeschutzverordnung erfüllt.

Nach dieser Vorstellung der einzelnen Abschnitte sollen im folgenden verschiedene Teile genauer beschrieben und auf ihre Besonderheiten hingewiesen werden:

Zeile 2: Das Volumen V wird über die Gebäudeaußenmaße ermittelt.

Das Verhältnis A/V wird gebildet, indem die Summe der wärmeübertragenden Flächen A nach Zeile 31 durch das beheizte Gebäudevolumen V dividiert wird.

Zeile 5 bis 30: Zur Ermittlung der Transmissionswärmeverluste Q_T ist es notwendig, den Wärmedurchgangskoeffizienten (k-Wert) der einzelnen Bauteile und die zugehörigen Flächen zu berechnen. Außerdem gilt es zu untersuchen, ob gemäß der entsprechenden Einbausituation ein Reduktionsfaktor angesetzt werden kann. In der letzten Spalte ist dann das Produkt aus allen drei Faktoren einzutragen.

Besonders zu berücksichtigen sind dabei folgende Neuerungen:

1. Erstmals werden Abseitenwände oder Drempel als eigenständiges Bauteil in die Aufzählung aufgenommen und mit einem Reduktionsfaktor r = 0,8 versehen (Zeile 8).

2. Neu in den Bauteilkatalog aufgenommen wurden außerdem Wände, die beheizte Innenräume gegen unbeheizten Glasvorbau abtrennen (Zeile 9 bis 11). Aufgrund der Pufferwirkung des vorgesetzten Glasvorbaus wurde für diese Wände auch ein kleinerer Reduktionsfaktor als 1,0 in Ansatz gebracht. Da dieser Faktor jedoch von der Qualität der Wintergartenverglasung abhängig ist, muß vorab untersucht werden, ob der Wintergarten mit einer Einfach-, einer Isolier- oder einer Wärmeschutzverglasung [$k_v \leq 2{,}0$ W/(m²K)] ausgestattet wird. Der zugehörige Reduktionsfaktor ist Fußnote 1 des Formblatts zu entnehmen.

3. Beim Einbau von Rolläden in Außenfenster nach Zeile 12 bis 14 werden erstmals Anforderungen an Rolladenkästen gestellt; es muß gewährleistet werden, daß im Bereich von Rolladenkästen ein Wärmedurchgangskoeffizient von $k \leq 0{,}6$ W/(m²K) gegeben ist.

Darüberhinaus gelten auch für Fenster, die das beheizte Volumen gegen unbeheizten Glasvorbau abtrennen, die Reduktionsfaktoren gemäß Fußnote 1.

4. Zur Ermittlung des spezifischen Transmissionswärmeverlusts H_T sind die Ergebnisse der Multiplikation der Wärmedurchgangskoeffizienten k_i mit den zugehörigen Flächen A_i und den jeweiligen Reduktionsfaktoren r_i der Zeilen 5 bis 29 in Zeile 30 zu addieren. Durch Multiplikation des spezifischen Transmissionswärmeverlusts H_T mit dem Faktor 30 (darin enthalten ist die mittlere Gradtagzahl der Bundesrepublik, d.h. die Zeit des Jahres, während der geheizt werden muß) wird der Jahres-Transmissionswärmebedarf Q_T des Gebäudes ermittelt.

Außerdem muß beachtet werden, daß bei Fußböden, die direkt an das Erdreich grenzen (Zeile 21 bis 23), ein Reduktionsfaktor $r = 0{,}5$ nur dann angesetzt werden kann, wenn die betrachtete Bodenplatte wärmegedämmt wird. Falls die betreffende Bodenplatte nicht wärmegedämmt wird, ist der zugehörige Reduktionsfaktor in Abhängigkeit von der Größe der Grundfläche nach dem in Fußnote 3 angegebenen Algorithmus zu ermitteln. Dabei darf bei der Berechnung der Transmissionswärmeverluste nicht der tatsächlich vorhandene Wärmedurchgangskoeffizient der Konstruktion verwendet werden; es ist vielmehr ein Wärmedurchgangskoeffizient von $k = 2{,}0$ W/(m²K) anzusetzen.

Zeile 32 bis 35: Die Anforderungen an den baulichen Wärmeschutz eines Gebäudes mit niedrigen Innentemperaturen sind dann erfüllt, wenn der vorhandene volumenbezogene Jahres-Transmissionswärmebedarf (vorh. Q'_T) kleiner ist als der zulässige volumenbezogene Jahres-Transmissionswärmebedarf (zul. Q'_T).

Der vorhandene volumenbezogene Jahres-Transmissionswärmebedarf nach Zeile 33 wird ermittelt, indem man den Jahres-Transmissionswärmebedarf Q_T nach Zeile 32 durch das Gebäudevolumen V nach Zeile 2 dividiert .

Der zulässige volumenbezogene Jahres-Transmissionswärmebedarf (zul. Q'_T) wird berechnet, indem der Wert für A/V nach Zeile 2 in den Algorithmus in Zeile 34 eingesetzt wird.

Ob die Anforderungen an den baulichen Wärmeschutz eingehalten sind, kann durch den direkten Vergleich von vorh. Q'_T mit zul. Q'_T in Zeile 35 festgestellt werden.

Nachweis der Anforderungen nach Wärmeschutzverordnung 1995 Anlage 2
(Gebäude mit niedrigen Innentemperaturen)

Objekt:						
1	**1. Gebäuderanddaten**					
2	Volumen: V = A/V =					
3	**2. Transmissionswärmeverluste**					
4	Bauteil	Kurzbe-zeichnung	Fläche A_i $[m^2]$	Wärmedurchgangs-koeffizient k_i $[W/(m^2K)]$	$k_i * A_i$ $[W/K]$	Reduktions-faktor r_i [ ]	$k_i * A_i * r_i$ $[W/K]$
5		W1.1				1.0	
6	Außenwand	W1.2				1.0	
7		W1.3				1.0	
8	Wand gegen Abseitenraum	W2.1				0.8	
9		W3.1				[1]	
10	Wand gegen unbeheizten Glasvorbau	W3.2				[1]	
11		W3.3				[1]	
12		F1.1				1.0 [2]	
13	Außenfenster	F1.2				1.0 [2]	
14		F1.3				1.0 [2]	
15		F2.1				[1][2]	
16	Fenster gegen unbeheizten Glasvorbau	F2.2				[1][2]	
17		F2.3				[1][2]	
18		D1				0.8	
19	Dach, Decke zum nicht ausgebauten DG	D2				0.8	
20		D3				0.8	
21		G1				0.5 [3]	
22	Kellerdecke, Grundfläche und Wände gegen Erdreich bei beheizten Räumen	G2				0.5 [3]	
23		G3				0.5 [3]	
24		DL1				1.0	
25	Decke gegen Außenluft nach unten	DL2				1.0	
26		DL3				1.0	
27		AB1				0.5	
28	Angrenzende Bauteile (unbeheizte Räume)	AB2				0.5	
29		AB3				0.5	
30	**Summe A** =			Spezifischer Transmissionswärmeverlust **Summe H_T** =		
31	Jahres-Transmissionswärmebedarf: $Q_T = 30 * H_T = 30 *$ _______				Q_T =		
32	**3. Jahres-Transmissionswärmebedarf**					
33	Vorhandener volumenbezogener Jahres-Transmissionswärmebedarf : vorh. $Q'_T = Q_T / V$ vorh. $Q'_T =$ _______ / _______				vorh. Q'_T =		
34	Zulässiger volumenbezogener Jahres-Transmissionswärmebedarf : zul. $Q'_T = 6{,}20$ bei A/V $\leq 0{,}2$ zul. $Q'_T = 3{,}0 + 16{,}0$ (A/V) bei $0{,}2 <$ A/V $< 1{,}00$ zul. $Q'_T = 19{,}0$ bei A/V $\geq 1{,}00$				zul. Q'_T =		
35	**Der Nachweis nach Wärmeschutz-Verordnung ist erbracht wenn gilt:** **vorh. Q'_T = kWh/m³a $\leq$ kWh/m³a = zul. Q'_T**					

[1] Reduktionsfaktor bei unbeheizten Glasvorbauten mit Einfachverglasung: $r = 0.7$
  mit Isolierverglasung: $r = 0.6$
  mit Wärmeschutzverglasung: $r = 0.5$
  $[k_v \leq 2.0$ W/(m²K)]

[2] Im Bereich von Rolladenkästen darf der Wärmedurchgangskoeffizient den Wert von 0,6 W/(m²K) nicht überschreiten.

[3] Der Reduktionsfaktor 0,5 ist nur bei gedämmten Fußböden anzusetzen. Bei ungedämmten Fußböden ist der Reduktionsfaktor in Abhängigkeit von der Größe der Gebäudegrundfläche nach der Formel:

$r_a = 2{,}33 / (A_a)^{1/3}$

5.4 Formblatt zum Nachweis der Anforderungen an den baulichen Wärmeschutz nach Wärmeschutzverordnung 1995, Anlage 3
(Bei erstmaligem Einbau, Ersatz oder Erneuerung von Außenbauteilen bestehender Gebäude)

Wie beim Nachweis der Anforderungen nach Wärmeschutzverordnung 1984 erfolgt auch der Nachweis gemäß der Wärmeschutzverordnung (WSchV) 1995 durch den direkten Vergleich der vorhandenen Wärmedurchgangskoeffizienten der Außenbauteile (k-Werte) mit den dafür zulässigen Werten.

Hinsichtlich des Anforderungsprofils ist zwischen Gebäuden mit normalen Innentemperaturen und Gebäuden mit niedrigen Innentemperaturen zu unterscheiden.

Der zulässige Wärmedurchgangskoeffizient des betrachteten Bauteils bezieht sich auf die Gesamtheit der sanierten Konstruktion. In die Berechnung des vorhandenen Wärmedurchgangskoeffizienten gehen daher auch die bereits vorhandenen Bauteile und Bauteilschichten ein.

Zeile 2 bis 4: Bei normal beheizten Gebäuden gelten die Anforderungen an Außenwände nach WSchV mit $k \leq 0{,}50$ W/(m²K) auch dann als erfüllt, wenn bei einem monolithischen Mauerwerk der Dicke $d = 36{,}5$ cm ein Baustoff mit einer Wärmeleitfähigkeit $\lambda_R \leq 0{,}21$ W/(mK) verwendet wird.

Zeile 5 bis 7: Diese Anforderungen sind einzuhalten, wenn die Erneuerungsmaßnahmen bei Außenwänden mit einer Außendämmung verbunden sind, d.h. wenn
- Bekleidungen in Form von Platten oder plattenartigen Bauteilen oder Verschalungen sowie Mauerwerks-Vorsatzschalen angebracht oder
- Dämmschichten eingebaut werden.

Zeile 8 bis 10: Der vorhandene Wärmedurchgangskoeffizient der Fenster wird, wie bisher üblich, aus dem Wärmedurchgangskoeffizienten der vorhandenen Verglasung k_V und der entsprechenden Rahmenmaterialgruppe gebildet.
Anforderungen an Fenster sind nur bei Gebäuden mit normalen Innentemperaturen gegeben. Bei Gebäuden mit niedrigen Innentemperaturen werden keine Anforderungen an Fenster gestellt.

Zeile 17: Die Anforderungen an den baulichen Wärmeschutz sind bei erstmaligem Einbau, Ersatz oder Erneuerung von Außenbauteilen bestehender Gebäude erfüllt, wenn die in der Tabelle aufgeführten Wärmedurchgangskoeffizienten der Außenbauteile kleiner oder gleich den zulässigen Werten sind.

Nachweis der Anforderungen nach Wärmeschutzverordnung 1995 Anlage 3

(Bei erstmaligem Einbau, Ersatz oder Erneuerung von Außenbauteilen bestehender Gebäude)

Objekt:					
				Gebäude mit normalen Innentemperaturen	Gebäude mit niedrigen Innentemperaturen
1	Bauteil	Kurzbezeichnung	vorhandener Wärmedurchgangskoeffizient vorh. k_i [W/(m²K)]	maximal zulässiger Wärmedurchgangskoeffizient zul. k_i [2] [W/(m²K)]	maximal zulässiger Wärmedurchgangskoeffizient zul. k_i [2] [W/(m²K)]
2		W1			
3	Außenwände	W2		$k_W \leq 0{,}50$ [3]	$k_W \leq 0{,}75$
4		W3			
5		W4			
6	Außenwände bei Erneuerungsmaßnahmen [1] mit Außendämmung	W5		$k_W \leq 0{,}40$	$k_W \leq 0{,}75$
7		W6			
8		F1			
9	Außenliegende Fenster und Fenstertüren sowie Dachfenster	F2		$k_F \leq 1{,}80$	-
10		F3			
11	Decken unter nicht ausgebauten Dachräumen und Decken (einschließlich Dachschrägen), die Räume nach oben und unten gegen die Außenluft abgrenzen	D1			
12		D2		$k_D \leq 0{,}30$	$k_D \leq 0{,}40$
13		D3			
14		G1			
15	Kellerdecken, Wände und Decken gegen unbeheizte Räume sowie Decken und Wände, die an das Erdreich grenzen	G2		$k_G \leq 0{,}50$	-
16		G3			
17	**Der Nachweis nach Wärmeschutz-Verordnung ist erbracht wenn gilt:** **vorhanden k $\leq$ zulässig k**				

[1] Die Anforderung gilt, wenn Außenwände in der Weise erneuert werden, daß
- Bekleidungen in Form von Platten oder plattenartigen Bauteilen oder Verschalungen sowie Mauerwerks-Vorsatzschalen angebracht werden oder
- Dämmschichten eingebaut werden.

[2] Der Wärmedurchgangskoeffizient kann unter Berücksichtigung vorhandener Bauteilschichten ermittelt werden.

[3] Die Anforderung gilt als erfüllt, wenn Mauerwerk in einer Wandstärke von 36,5 cm mit Baustoffen mit einer Wärmeleitfähigkeit von $\lambda_R \leq 0{,}21$ W/(mK) ausgeführt wird.

6 Berechnungsbeispiele

Anhand der folgenden Beispiele soll der Rechengang zum Nachweis der Anforderungen nach WSchV 1995 dargestellt und noch einmal auf einige in den vorherigen Kapiteln beschriebene Besonderheiten hingewiesen werden.

Im einzelnen werden folgende Gebäudetypen untersucht:

6.1   Zweifamilienwohngebäude

6.2   Mehrfamilienwohngebäude

6.3   Reihenhaus
6.3.1   Reihenendhaus
6.3.2   Reihenmittelhaus
6.3.2.1 Reihenmittelhaus ohne Zusatznachweis
6.3.2.2 Reihenmittelhaus mit Zusatznachweis

6.4   Bürogebäude und Lagerhalle
6.4.1   Büro- und Verwaltungsgebäude ohne Lagerhalle
6.4.2   Büro- und Verwaltungsgebäude mit Lagerhalle
6.4.3   Lagerhalle

Für die verwendeten Wärmedurchgangskoeffizienten der einzelnen Bauteile gilt, daß diese unter Verwendung verschiedener Baustoffe und Baustoffkombinationen ermittelt werden können. Es ist jeweils im Einzelfall abzuschätzen, welche Bauweise bei einem gewählten Objekt zu einem optimalen Ergebnis führt. Neben wirtschaftlichen Betrachtungen sollte dabei auch berücksichtigt werden, welche Bauweise am Ort handwerklich bekannt ist. Bei weniger geläufigen Bauweisen ist mit einem vermehrten Aufwand an Überwachungen oder einem größeren Schadensrisiko zu rechnen.

Eine Ausnahme bei der Wahl der Rechenwerte von Baustoffen bilden die Fenster. Um die Berechnung des Jahres-Heizwärmebedarfs nicht durch falsch gewählte Kombinationen des Wärmedurchgangskoeffizienten der Fenster k_F und des Gesamtenergiedurchlaßgrades g zu verfälschen, wurden bei den Beispielen Werte aus der Veröffentlichung im Bundesanzeiger gewählt (vgl. Bundesanzeiger vom 31.12.1994).

Alle Berechnungen wurden ohne die Verwendung lüftungstechnischer Einrichtungen durchgeführt. Da sich bei der Verwendung solcher Geräte die Lüftungswärmeverluste und damit der vorhandene Jahres-Heizwärmebedarf vermindern, wurde der ungünstigere Fall - ohne Geräte - untersucht. Der Einsatz solcher Geräte führt zu einer Entlastung der Anforderungen an die Transmissionswärmeverluste.

6.1 Zweifamilienwohngebäude

Eine Zusammenstellung der verschiedenen Bauteile, ihrer Flächenanteile und Orientierungen kann Tabelle 6.1 entnommen werden:

Tabelle 6.1 Bauteile und Flächen

Bauteil	Fläche insgesamt [m²]	Flächen mit Orientierung [m²]			
		Nord	Ost	Süd	West
Außenwand	196,9	56,9	47,8	22,5	69,7
Außenwand gegen unbeheizten Glasvorbau	19,2	-	-	19,2	-
Fenster	60,0	18,0	13,6	5,0	23,4
Fenster gegen unbeheizten Glasvorbau	16,4	-	-	16,4	-
Dach	159,7	-	-	-	-
Kellerdecke	107,9	-	-	-	-
Decke gegen Außenluft nach unten	2,7	-	-	-	-

Tabelle 6.2 Fensterflächenanteil f

Orientierung	Außenwandfläche A_W [m²]	Fensterfläche A_F [m²]	Fensterflächenanteil f [ ]
Ost	47,8	13,6	0,22
Süd	41,7	21,4	0,34
West	69,7	23,4	0,25

Besonderheiten:

- Auf der Südseite des Gebäudes ist den EG- und OG-Außenwänden und -Fenstern in Teilbereichen ein unbeheizter Glasvorbau vorgelagert.
- Durch die überwiegende Nutzung als Wohn- und Hobbyraum wird das Kellergeschoß in seiner Gesamtheit als normal beheizt ($t_i \geq 19°C$) eingestuft.
- Da das Treppenhaus stark in die Gebäudehülle eingebunden ist und in seiner gesamten Anbindung an das beheizte Volumen grenzt, wird es dem Bereich mit normalen Innentemperaturen zugeordnet.

Nachweis der Anforderungen nach Wärmeschutzverordnung 1995 Anlage 1
(Gebäude mit normalen Innentemperaturen)

Objekt:	Zweifamilienwohngebäude					
1	**1. Gebäuderanddaten**					
2	Volumen: $\quad$ V $= 929,4$ Netto-Volumen: $\quad V_N = 0.8 * V = 0.8 * \underline{\quad 929,4 \quad} = 743,5$ A/V $\quad = 0,61$					
3	**2. Wärmeverluste**					
4	**2.1 Transmissionswärmeverluste Q_T**					
5	Bauteil	Kurzbe-zeichnung	Fläche A_i [m²]	Wärmedurchgangs-koeffizient k_i [W/(m²K)]	$k_i * A_i$ [W/K]	Reduktions-faktor r_i [ ]	$k_i * A_i * r_i$ [W/K]
6		W1.1	$196,9$	$0,5$	$98,5$	1.0	$98,5$
7	Außenwand	W1.2				1.0	
8		W1.3				1.0	
9	Wand gegen Abseitenraum	W2.1				0.8	
10		W3.1	$19,2$	$0,5$	$9,6$	$0,6$ [1]	$5,8$
11	Wand gegen unbeheizten Glasvorbau	W3.2				[1]	
12		W3.3				[1]	
13		F1.1	$60,0$	$1,6$	$96,0$	1.0 [2]	$96,0$
14	Außenfenster	F1.2				1.0 [2]	
15		F1.3				1.0 [2]	
16		F2.1	$16,4$	$1,6$	$26,2$	$0,6$ [1,2]	$15,7$
17	Fenster gegen unbeheizten Glasvorbau	F2.2				[1,2]	
18		F2.3				[1,2]	
19		D1	$159,7$	$0,25$	$39,9$	0.8	$31,9$
20	Dach, Decke zum nicht ausgebauten DG	D2				0.8	
21		D3				0.8	
22		G1	$107,9$	$0,35$	$37,7$	0.5	$18,8$
23	Kellerdecke, Grundfläche und Wände gegen Erdreich bei beheizten Räumen	G2				0.5	
24		G3				0.5	
25		DL1	$2,7$	$0,35$	$1,0$	1.0	$1,0$
26	Decke gegen Außenluft nach unten	DL2				1.0	
27		DL3				1.0	
28		AB1				0.5	
29	Angrenzende Bauteile (unbeheizte Räume)	AB2				0.5	
30		AB3				0.5	
31	**Summe A =** $\quad 562,8$			Spezifischer Transmissionswärmeverlust **Summe H_T =**		$267,7$
32	Transmissionswärmeverluste: $\quad Q_T = 84 * H_T = 84 * \underline{\quad 267,7 \quad}$				$Q_T =$	$22486,8$
33	**2.2 Lüftungswärmeverluste Q_L**					
34	Haustechnische Einrichtungen			Reduktionsfaktor η		
35	ohne Lüftungsanlage			1.00		
36	mit kontrollierter Be- und Entlüftung			0.95 [3]		
37	mit kontrollierter Be- und Entlüftung und Wärmerückgewinnungsanlage			0.80 [3,4]		
38	mit kontrollierter Be- und Entlüftung und Wärmerückgewinnungsanlage mit Wärmetauscher in der Fortluft			0.80 [3,5]		
39	Spezifischer Lüftungswärmeverlust: $L = \eta * 0,34 * 0,8 * V_N = 1,0 * 0,34 * 0,8 * \underline{743,5}$				$L =$	$202,2$
40	Lüftungswärmeverluste: $\quad Q_L = 84 * L = 84 * \underline{\quad 202,2 \quad}$				$Q_L =$	$16984,8$

[1] Reduktionsfaktor bei unbeheizten Glasvorbauten mit Einfachverglasung: $\quad$ r = 0.7 $\quad$ mit Isolierverglasung: $\quad$ r = 0.6 $\quad$ mit Wärmeschutzverglasung: r = 0.5 $\quad$ [$k_v \leq 2.0$ W/(m²K)]

[2] Im Bereich von Rolladenkästen darf der Wärmedurchgangskoeffizient den Wert von 0,6 W/(m²K) nicht überschreiten.

[3] Die Abminderungsfaktoren gelten nicht für Gebäude, für die die erhöhten internen Gewinne nach Zeile 54 dieses Formblatts angesetzt werden.

[4] Die Abminderung ist nur gültig, wenn je kWh aufgewendeter Arbeit mindestens 5,0 kWh nutzbare Wärme abgegeben wird.

[5] Die Abminderung ist nur gültig, wenn je kWh aufgewendeter Arbeit mindestens 4,0 kWh nutzbare Wärme abgegeben wird.

41	**3. Wärmegewinne**					
42	**3.1 Solare Wärmegewinne Q_S**					
43	Orientierung [6]	Strahlungs-intensität I_i [kWh/m²a]	Gesamtenergie-durchlaßgrad g_i [ ]	Fenster-Teilfläche [7] A_i [m²]	Reduktionsfaktor bei un-beheiztem Wintergarten [8] r_i [ ]	$0,46 * r_i * I_i * g_i * A_i$ [kWh/a]
44	Süd	400	0,62	5,0	1,0	570,4
45			0,62	16,4	0,6	1122,5
46	West + Ost	275	0,62	37,0	1,0	2901,9
47						
48	Nord	160	0,62	18,0	1,0	821,4
49						
50	Solare Wärmegewinne: $Q_S = \Sigma (0,46 * r_i * I_i * g_i * A_i)$　　　　Summe Q_S =					5416,2

51	**3.2 Interne Wärmegewinne Q_I**	
52	Nutzungsart	Durchschnittliche interne Gewinne q_I pro m³ Volumen
53	Gebäude allgemein, außer Gebäude mit nachgewiesener büroähnlicher Nutzung	8.00
54	Gebäude mit nachgewiesener büroähnlicher Nutzung	10.00
55	Interne Wärmegewinne: $Q_I = q_I * V =$ <u>8,0</u> * <u>929,4</u>　　　　Q_I =	7435,2

56	**4. Jahres-Heizwärmebedarf**	
57	Vorhandener volumenbezogener Jahres-Heizwärmebedarf: vorh. $Q'_H = [0,9 * (Q_T + Q_I) - (Q_S + Q_I)] / V$ vorh. $Q'_H = [0,9 * (22486,8 + 16984,8) - (5416,2 + 7435,2)] / 929,4$　　vorh. Q'_H =	24,39
58	Zulässiger volumenbezogener Jahres-Heizwärmebedarf: zul. $Q'_H = 17,3$　　　　　　bei $A/V \leq 0,2$ zul. $Q'_H = 13,82 + 17,32 (A/V)$ bei $0,2 < A/V < 1,05$ zul. $Q'_H = 32,0$　　　　　　bei $A/V \geq 1,05$　　　　zul. Q'_H =	24,39

59	**Der Nachweis nach Wärmeschutz-Verordnung ist erbracht wenn gilt:** vorh. $Q'_H = 24,39$ kWh/m³a $\leq 24,39$ kWh/m³a = zul. Q'_H

60	**5. Zusatzanforderungen**
61	**5.1 Aneinandergereihte Gebäude mit zwei Trennwänden**
62	Bei Gebäuden mit zwei Trennwänden gilt zusätzlich folgende Anforderung: vorh. $k_{m,W+F} \leq$ zul. $k_{m,W+F}$ Dabei wird vorh. $k_{m,W+F}$ der verschiedenen Wand- und Fensterflächen wie folgt ermittelt: vorh. $k_{m,W+F} = (k_{W,i} * A_{W,i} + k_{F,i} * A_{F,i}) / (A_{W,i} + A_{F,i})$ vorh. $k_{m,W+F} = ($ ___ * ______ + ___ * ______ $) / ($ ______ + ______ $) =$ vorh. $k_{m,W+F} =$
63	**Der Nachweis für aneinandergereihte Gebäude mit zwei Trennwänden ist nach Wärmeschutz-Verordnung erbracht, wenn zusätzlich zu Zeile 56 gilt:** vorh. $k_{m,W+F} =$　　W/(m²K) $\leq$ zul. $k_{m,W+F} = 1,00$ W/(m²K)
64	**5.2 Nachweis für den Wärmeschutz im Sommer**
65	Bei Gebäuden - mit einer raumlufttechnischen Anlage mit Kühlung 　　　　　　- mit einem Fensterflächenanteil f je Fassade mit $f \geq$ 50%, gilt zusätzlich folgende Anforderung: $(g_F * f) = (g * z * f) \leq 0.25$ [9]

66	Orientierung [6]	Fensterflächenanteil f [10]	Gesamtenergiedurchlaß-grad g	Abminderungsfaktor z [10][11] für Sonnenschutzmaßnahmen	f * g * z	Anforderung [12]
67	Ost-Fassade	0,22				≤ 0.25
68	Süd-Fassade	0,34				≤ 0.25
69	West-Fassade	0,15				≤ 0.25

[6] Als maßgebende Orientierung gilt diejenige Himmelsrichtung, deren Abweichung gegenüber der Senkrechten auf die Fensterfläche kleiner 45 Grad ist. In den Grenzfällen NO, NW, SO und SW gilt jeweils der ungünstigere Wert. Fensterflächen mit einer Neigung kleiner 15° sind wie west/ost-orientiert einzustufen.
[7] Bei einem Fensterflächenanteil von mehr als 2/3 der jeweiligen Wandfläche darf der solare Gewinn nur bis zu dieser Größe berücksichtigt werden.
[8] Reduktionsfaktor der solaren Gewinne bei Fenstern gegen unbeheizten Glasvorbau bei Wintergartenverglasung mit: - Einfachverglasung: r = 0.7 - Isolierverglasung: r = 0.6 - Wärmeschutzverglasung: r = 0.5 ($k_v \leq 2.0$ W/(m²K))
[9] Ausgenommen sind nach Norden orientierte oder ganztägig verschattete Fenster.
[10] Berechnung des Fensterflächenanteils f und Abminderungsfaktoren z für Sonnenschutzmaßnahmen s.a. DIN 4108 Teil 2
[11] Werden zur Erfüllung der Anforderungen Sonnenschutzvorrichtungen verwendet, sind diese mindestens teilweise beweglich anzuordnen. Hierbei muß durch den beweglichen Anteil des Sonnenschutzes ein Abminderungsfaktor z kleiner oder gleich 0.5 erreicht werden.
[12] Die Anforderungen gelten bei beweglichem Sonnenschutz in geschlossenem Zustand

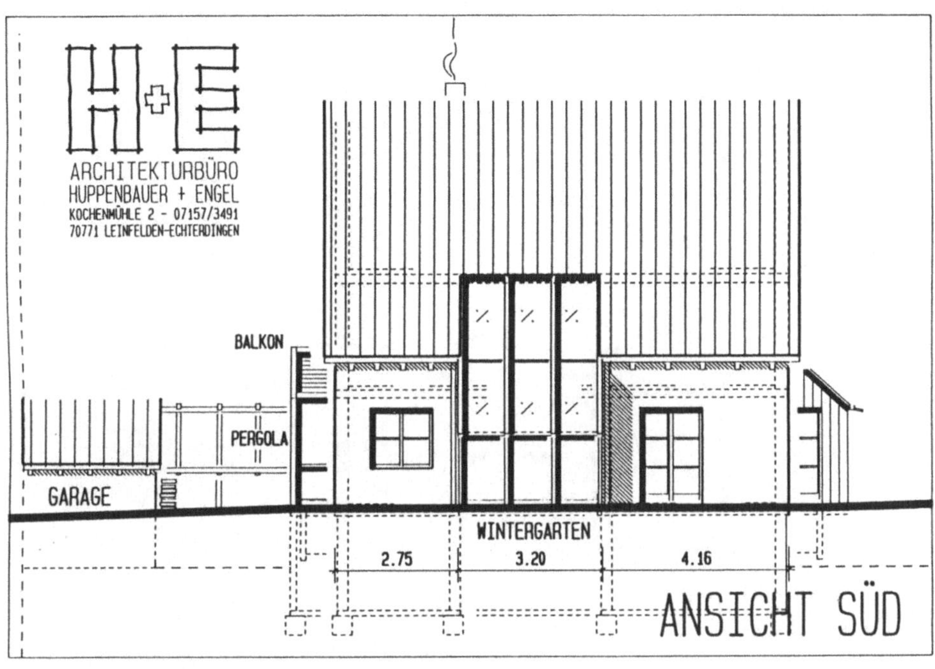
H+E
ARCHITEKTURBÜRO
HUPPENBAUER + ENGEL
KOCHENMÜHLE 2 - 07157/3491
70771 LEINFELDEN-ECHTERDINGEN
BALKON
PERGOLA
GARAGE
WINTERGARTEN
2.75
3.20
4.16
ANSICHT SÜD

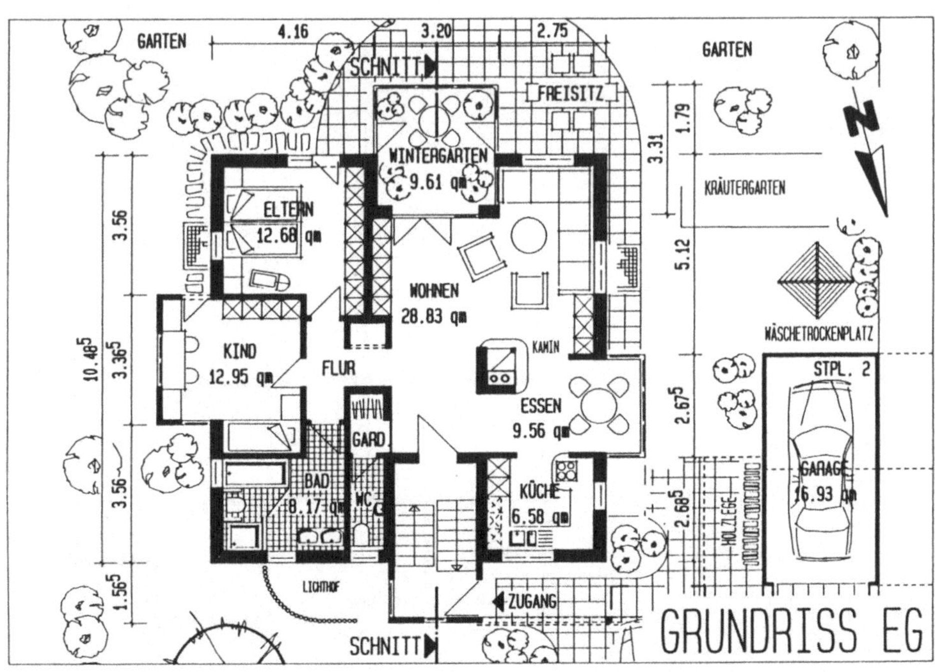
GARTEN
4.16
3.20
2.75
GARTEN
SCHNITT
FREISITZ
3.31
1.79
KRÄUTERGARTEN
WINTERGARTEN
9.61 qm
3.56
ELTERN
12.68 qm
5.12
WÄSCHETROCKENPLATZ
WOHNEN
28.83 qm
STPL. 2
KIND
12.95 qm
FLUR
KAMIN
10.48
3.36
GARAGE
16.93 qm
ESSEN
9.56 qm
2.67
GARD
3.56
BAD
8.17 qm
WC
KÜCHE
6.58 qm
2.68
HOLZLEGE
LICHTHOF
ZUGANG
1.56
SCHNITT
GRUNDRISS EG

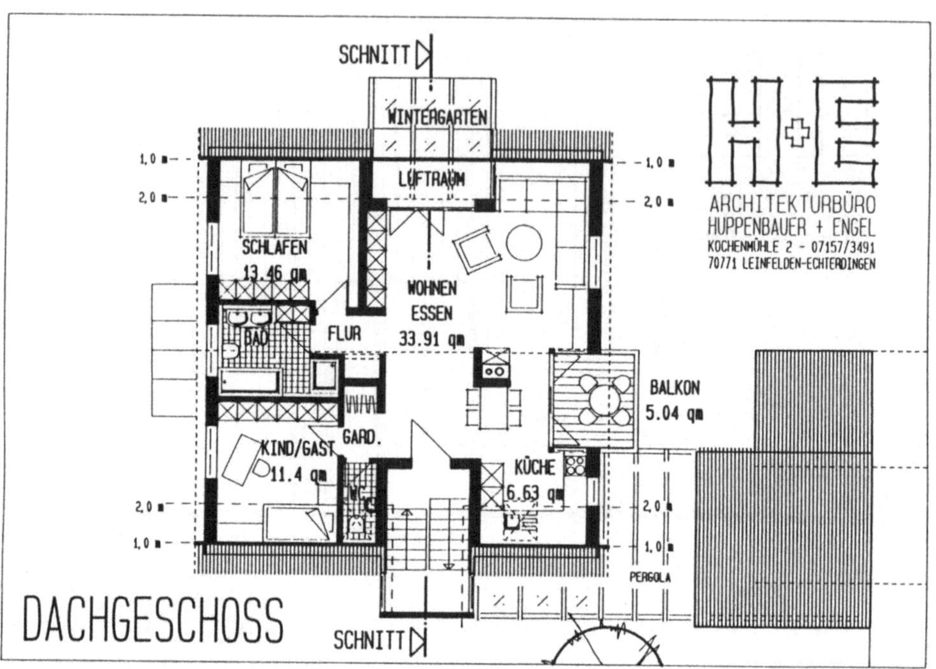

SCHNITT
WINTERGARTEN
LUFTRAUM
1,0 m
2,0 m
1,0 m
2,0 m
SCHLAFEN
13.46 qm
WOHNEN
ESSEN
33.91 qm
BAD
FLUR
KIND/GAST
11.4 qm
GARD.
KÜCHE
6.63 qm
BALKON
5.04 qm
2,0 m
1,0 m
2,0 m
1,0 m
PERGOLA
DACHGESCHOSS
SCHNITT
H+E
ARCHITEKTURBÜRO
HUPPENBAUER + ENGEL
KOCHENMÜHLE 2 - 07157/3491
70771 LEINFELDEN-ECHTERDINGEN

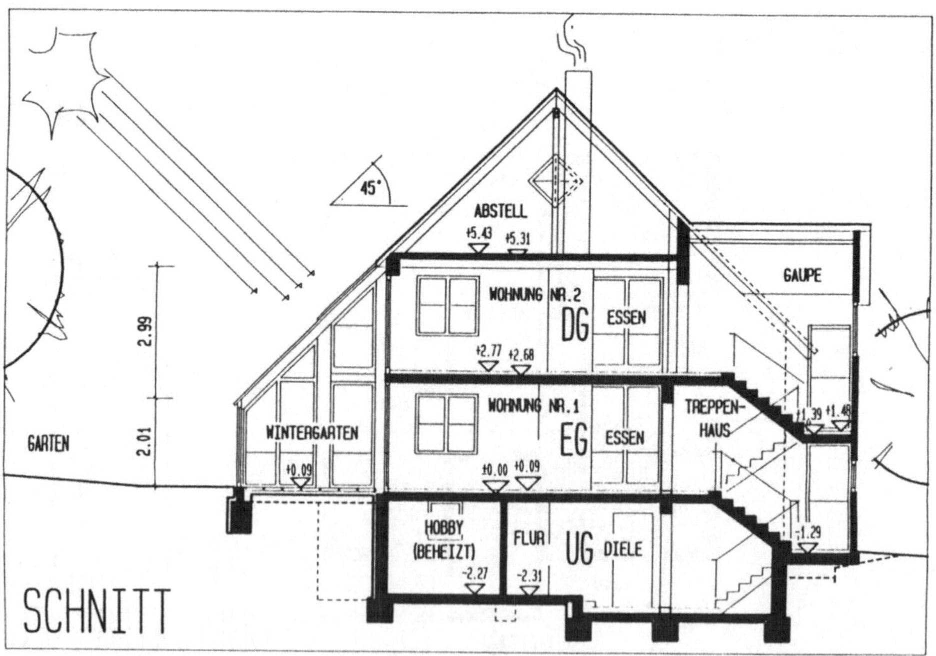

45°
ABSTELL
+5.43 +5.31
WOHNUNG NR.2
DG
ESSEN
GAUPE
+2.77 +2.68
WOHNUNG NR.1
EG
ESSEN
TREPPEN-
HAUS
+1.39 +1.48
WINTERGARTEN
+0.09
±0.00 +0.09
2.99
2.01
GARTEN
HOBBY
(BEHEIZT)
FLUR
UG
DIELE
-2.27
-2.31
-1.29
SCHNITT

6.2 Mehrfamilienwohngebäude

Eine Zusammenstellung der verschiedenen Bauteile, ihrer Flächenanteile und Orientierungen kann Tabelle 6.3 entnommen werden:

Tabelle 6.3 Bauteile und Flächen

Bauteil	Fläche insgesamt [m²]	Flächen mit Orientierung [m²]			
		Nord	Ost	Süd	West
Außenwand	321,2	121,8	64,1	68,2	67,1
Außenwand gegen unbeheizten Glasvorbau	6,2	2,5	-	2,5	1,2
Fenster	193,2	60,1	38,4	70,4	24,3
Fenster gegen unbeheizten Glasvorbau	23,8	4,9	-	4,9	14,0
Dach	236,0	-	-	-	-
Decke nach oben zum unbeheizten Glasvorbau	3,0	-	-	-	-
Kellerdecke	50,2	-	-	-	-
Decke gegen Außenluft nach unten	201,6	-	-	-	-
Decke nach unten gegen unbeheizten Glasvorbau	4,4	-	-	-	-

Tabelle 6.4 Fensterflächenanteil f

Orientierung	Außenwandfläche A_W [m²]	Fensterfläche A_F [m²]	Fensterflächenanteil f [ ]
Ost	64,1	38,4	0,38
Süd	70,7	75,3	0,52
West	68,3	38,3	0,36

Besonderheiten:

- Den Außenwänden und Fenstern auf der Südseite des Gebäudes ist im 1. OG und 2. OG teilweise ein unbeheizter Glasvorbau vorgelagert. Außerdem grenzt die Decke im EG das beheizte Volumen nach oben gegen den Wintergarten ab; im 1. DG trennt die Geschoßdecke das beheizte Volumen nach unten gegen den unbeheizten Glasvorbau; entsprechend den Erläuterungen zu WSchV 1995 Anlage 1 Ziffer 1.5.3 (Kapitel 3, S. 65) müssen für die Bauteile, die das beheizte Volumen zum unbeheizten Glasvorbau abtrennen, Reduktionsfaktoren in Abhängigkeit von der Qualität der Wintergartenverglasung angesetzt werden.

- Nach DIN 4108 Teil 2 Tabelle 1 Zeile 8.1 Fußnote 12 [12] werden Decken gegen Tiefgaragen (auch beheizte) wie Decken gegen Außenluft nach unten eingestuft.
- Da das Treppenhaus in die Gebäudehülle eingebunden ist, wird es dem Bereich mit normalen Innentemperaturen zugeordnet.
- Zum Nachweis des sommerlichen Wärmeschutzes nach WSchV 1995 Anlage 1 Ziffer 5 wird davon ausgegangen, daß alle Fenster und Fenstertüren mit außenliegenden Rolläden ausgestattet sind. Hierfür kann nach DIN 4108 Teil 2 Tabelle 5 [12] ein Abminderungsfaktor $z = 0,3$ angesetzt werden.

Nachweis der Anforderungen nach Wärmeschutzverordnung 1995 Anlage 1
(Gebäude mit normalen Innentemperaturen)

Objekt:	Mehr familienwohngebäude					
1	**1. Gebäuderanddaten**					
2	Volumen: $V = 1868,1$ Netto-Volumen: $V_N = 0.8 * V = 0.8 * \underline{1868,1} = 1494,5$ A/V $= 0,56$					
3	**2. Wärmeverluste**					
4	**2.1 Transmissionswärmeverluste Q_T**					
5	Bauteil	Kurzbe-zeichnung	Fläche A_i [m²]	Wärmedurchgangs-koeffizient k_i [W/(m²K)]	$k_i * A_i$ [W/K]	Reduktions-faktor r_i [ ]	$k_i * A_i * r_i$ [W/K]
6		W1.1	321,2	0,4	128,5	1.0	128,5
7	Außenwand	W1.2				1.0	
8		W1.3				1.0	
9	Wand gegen Abseitenraum	W2.1				0.8	
10		W3.1	6,2	0,4	2,5	0,6 [1]	1,5
11	Wand gegen unbeheizten Glasvorbau	W3.2				[1]	
12		W3.3				[1]	
13		F1.1	193,2	1,6	309,1	1.0 [2]	309,1
14	Außenfenster	F1.2				1.0 [2]	
15		F1.3				1.0 [2]	
16		F2.1	23,8	1,6	38,1	0,6 [1][2]	22,8
17	Fenster gegen unbeheizten Glasvorbau	F2.2				[1][2]	
18		F2.3				[1][2]	
19		D1	236,0	0,25	59,0	0.8	47,2
20	Dach, Decke zum nicht ausgebauten DG	D2	3,0	0,25	0,8	0,60,8	0,5
21		D3				0.8	
22		G1	50,2	0,4	20,1	0.5	10,0
23	Kellerdecke, Grundfläche und Wände gegen Erdreich bei beheizten Räumen	G2				0.5	
24		G3				0.5	
25		DL1	201,6	0,35	70,6	1.0	70,6
26	Decke gegen Außenluft nach unten	DL2	4,4	0,35	1,5	0,61,0	0,9
27		DL3				1.0	
28		AB1				0.5	
29	Angrenzende Bauteile (unbeheizte Räume)	AB2				0.5	
30		AB3				0.5	
31	**Summe A =** 1039,6			Spezifischer Transmissionswärmeverlust **Summe H_T =** 591,1			
32	Transmissionswärmeverluste: $Q_T = 84 * H_T = 84 * \underline{591,1}$				$Q_T =$ 49652,4		
33	**2.2 Lüftungswärmeverluste Q_L**						
34	Haustechnische Einrichtungen			Reduktionsfaktor η			
35	ohne Lüftungsanlage			1.00			
36	mit kontrollierter Be- und Entlüftung			0.95 [3]			
37	mit kontrollierter Be- und Entlüftung und Wärmerückgewinnungsanlage			0.80 [3][4]			
38	mit kontrollierter Be- und Entlüftung und Wärmerückgewinnungsanlage mit Wärmetauscher in der Fortluft			0.80 [3][5]			
39	Spezifischer Lüftungswärmeverlust: $L = \eta * 0,34 * 0,8 * V_N = \underline{1,0} * 0,34 * 0,8 * \underline{1494,5}$				$L =$ 406,5		
40	Lüftungswärmeverluste: $Q_L = 84 * L = 84 * \underline{406,5}$				$Q_L =$ 34146,3		

[1] Reduktionsfaktor bei unbeheizten Glasvorbauten mit Einfachverglasung: $r = 0.7$; mit Isolierverglasung: $r = 0.6$; mit Wärmeschutzverglasung: $r = 0.5$ $[k_v \leq 2.0$ W/(m²K)]

[2] Im Bereich von Rolladenkästen darf der Wärmedurchgangskoeffizient den Wert von 0,6 W/(m²K) nicht überschreiten.

[3] Die Abminderungsfaktoren gelten nicht für Gebäude, für die die erhöhten internen Gewinne nach Zeile 54 dieses Formblatts angesetzt werden.

[4] Die Abminderung ist nur gültig, wenn je kWh aufgewendeter Arbeit mindestens 5,0 kWh nutzbare Wärme abgegeben wird.

[5] Die Abminderung ist nur gültig, wenn je kWh aufgewendeter Arbeit mindestens 4,0 kWh nutzbare Wärme abgegeben wird.

41	3. Wärmegewinne					
42	3.1 Solare Wärmegewinne Q_s					
43	Orientierung [6]	Strahlungs-intensität I_i [kWh/m²a]	Gesamtenergie-durchlaßgrad g_i [ ]	Fenster-Teilfläche [7] A_i [m²]	Reduktionsfaktor bei un-beheiztem Wintergarten [8] r_i [ ]	$0,46 * r_i * I_i * g_i * A_i$ [kWh/a]
44	Süd	400	0,62	70,4	1,0	8031,2
45			0,62	4,9	0,6	335,4
46	West + Ost	275	0,62	62,7	1,0	4917,6
47			0,62	14,0	0,6	658,8
48	Nord	160	0,62	60,1	1,0	2742,5
49			0,62	4,9	0,6	134,2
50	Solare Wärmegewinne: $Q_s = \Sigma (0,46 * r_i * I_i * g_i * A_i)$				Summe Q_s =	16819,7
51	3.2 Interne Wärmegewinne Q_I					
52	Nutzungsart			Durchschnittliche interne Gewinne q_I pro m³ Volumen		
53	Gebäude allgemein, außer Gebäude mit nachgewiesener büroähnlicher Nutzung			8.00		
54	Gebäude mit nachgewiesener büroähnlicher Nutzung			10.00		
55	Interne Wärmegewinne: $Q_I = q_I * V = $ 8,0 $ * $ 1868,1				Q_I =	14944,8

56	4. Jahres-Heizwärmebedarf
57	Vorhandener volumenbezogener Jahres-Heizwärmebedarf: vorh. $Q'_H = [0,9 * (Q_T + Q_L) - (Q_S + Q_I)] / V$ vorh. $Q'_H = [0,9 * (49652,4 + 34146,3) - (16819,7 + 14944,8)] / 1868,1$　　vorh. Q'_H =　　**23,37**
58	Zulässiger volumenbezogener Jahres-Heizwärmebedarf: zul.　$Q'_H = 17,3$　　　　　　　bei A/V $\leq$ 0,2 zul.　$Q'_H = 13,82 + 17,32 (A/V)$ bei 0,2 < A/V < 1,05 zul.　$Q'_H = 32,0$　　　　　　　bei A/V $\geq$ 1,05　　　　zul. Q'_H =　　**23,52**
59	**Der Nachweis nach Wärmeschutz-Verordnung ist erbracht wenn gilt:** vorh. Q'_H = 23,37　kWh/m³a　$\leq$　23,52　kWh/m³a　= zul. Q'_H
60	**5. Zusatzanforderungen**
61	**5.1 Aneinandergereihte Gebäude mit zwei Trennwänden**
62	Bei Gebäuden mit zwei Trennwänden gilt zusätzlich folgende Anforderung: vorh. $k_{m,W+F}$　$\leq$　zul. $k_{m,W+F}$ Dabei wird vorh. $k_{m,W+F}$ der verschiedenen Wand- und Fensterflächen wie folgt ermittelt: vorh. $k_{m,W+F} = (k_{W,i} * A_{W,i} + k_{F,i} * A_{F,i}) / (A_{W,i} + A_{F,i})$ vorh. $k_{m,W+F}$ = (____ * ______ + ____ * ______) / (______ + ______) = vorh. $k_{m,W+F}$ =
63	**Der Nachweis für aneinandergereihte Gebäude mit zwei Trennwänden ist nach Wärmeschutz-Verordnung erbracht, wenn zusätzlich zu Zeile 56 gilt:** vorh. $k_{m,W+F}$ =　　W/(m²K)　$\leq$　zul. $k_{m,W+F}$ = 1,00 W/(m²K)
64	**5.2 Nachweis für den Wärmeschutz im Sommer**
65	Bei Gebäuden - mit einer raumlufttechnischen Anlage mit Kühlung 　　　　　　- mit einem Fensterflächenanteil f je Fassade mit f $\geq$ 50%, gilt zusätzlich folgende Anforderung: $(g_F * f) = (g * z * f) \leq 0.25$ [9]

66	Orientierung [6]	Fensterflächenanteil f [10]	Gesamtenergiedurchlaß-grad g	Abminderungsfaktor z [10][11] für Sonnenschutzmaßnahmen	f * g * z	Anforderung [12]
67	Ost-Fassade	0,38				$\leq$ 0.25
68	Süd-Fassade	0,52	0,62	0,30	0,10	$\leq$ 0.25
69	West-Fassade	0,36				$\leq$ 0.25

[6] Als maßgebende Orientierung gilt diejenige Himmelsrichtung, deren Abweichung gegenüber der Senkrechten auf die Fensterfläche kleiner 45 Grad ist. In den Grenzfällen NO, NW, SO und SW gilt jeweils der ungünstigere Wert. Fensterflächen mit einer Neigung kleiner 15° sind wie west/ost-orientiert einzustufen.
[7] Bei einem Fensterflächenanteil von mehr als 2/3 der jeweiligen Wandfläche darf der solare Gewinn nur bis zu dieser Größe berücksichtigt werden.
[8] Reduktionsfaktor der solaren Gewinne bei Fenstern gegen unbeheizten Glasvorbau bei Wintergartenverglasung mit: - Einfachverglasung:　　r = 0.7
　　- Isolierverglasung:　　r = 0.6
　　- Wärmeschutzverglasung: r = 0.5
　　($k_V \leq 2.0$ W/(m²K))
[9] Ausgenommen sind nach Norden orientierte oder ganztägig verschattete Fenster.
[10] Berechnung des Fensterflächenanteils f und Abminderungsfaktoren z für Sonnenschutzmaßnahmen s.a. DIN 4108 Teil 2
[11] Werden zur Erfüllung der Anforderungen Sonnenschutzvorrichtungen verwendet, sind diese mindestens teilweise beweglich anzuordnen. Hierbei muß durch den beweglichen Anteil des Sonnenschutzes ein Abminderungsfaktor z kleiner oder gleich 0.5 erreicht werden.
[12] Die Anforderungen gelten bei beweglichem Sonnenschutz in geschlossenem Zustand

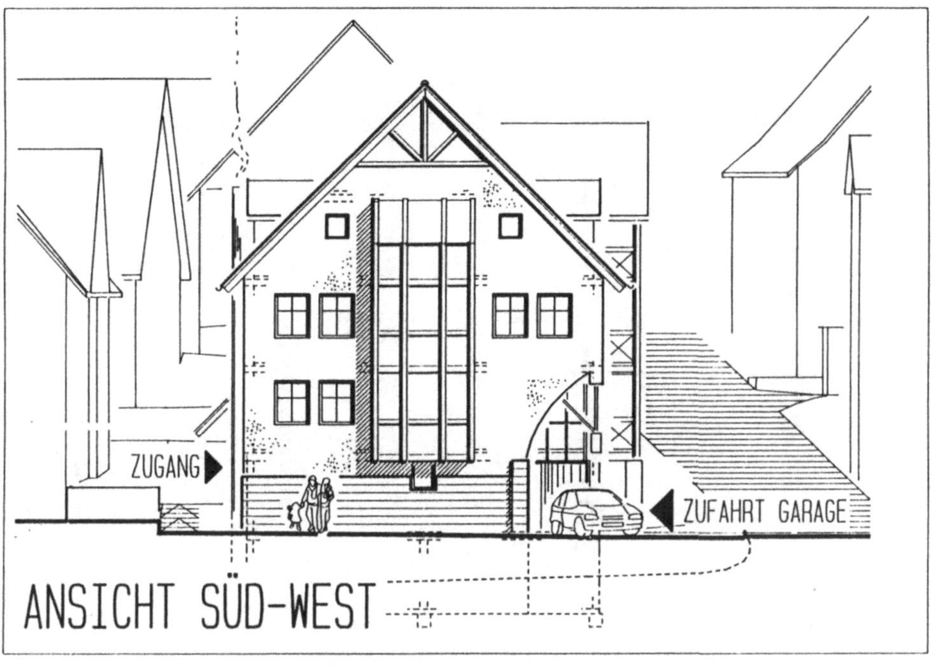

ZUGANG
ZUFAHRT GARAGE
ANSICHT SÜD-WEST

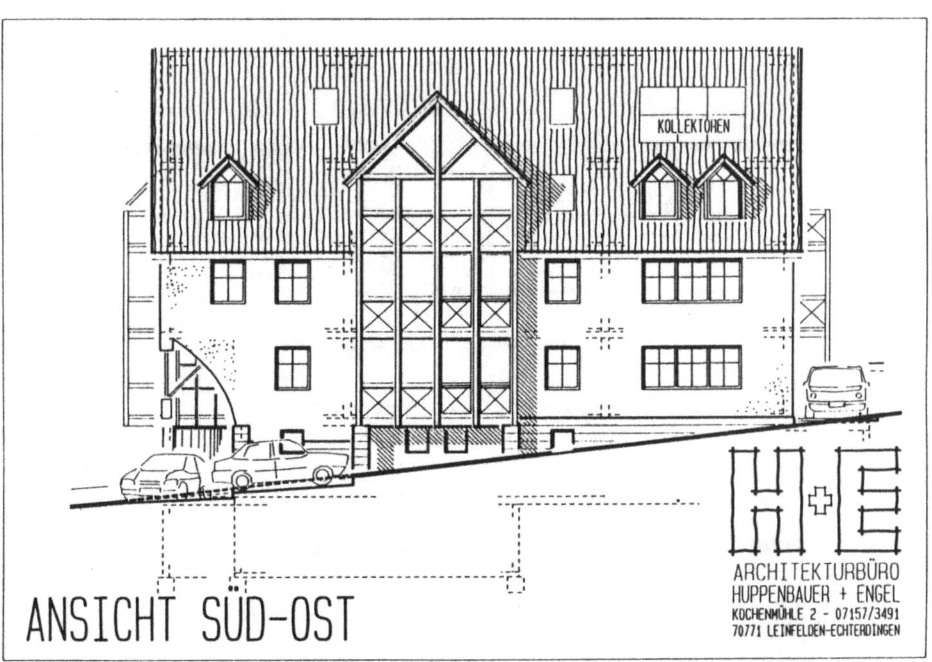

KOLLEKTOREN
ANSICHT SÜD-OST
H+E
ARCHITEKTURBÜRO
HUPPENBAUER + ENGEL
KOCHENMÜHLE 2 - 07157/3491
70771 LEINFELDEN-ECHTERDINGEN

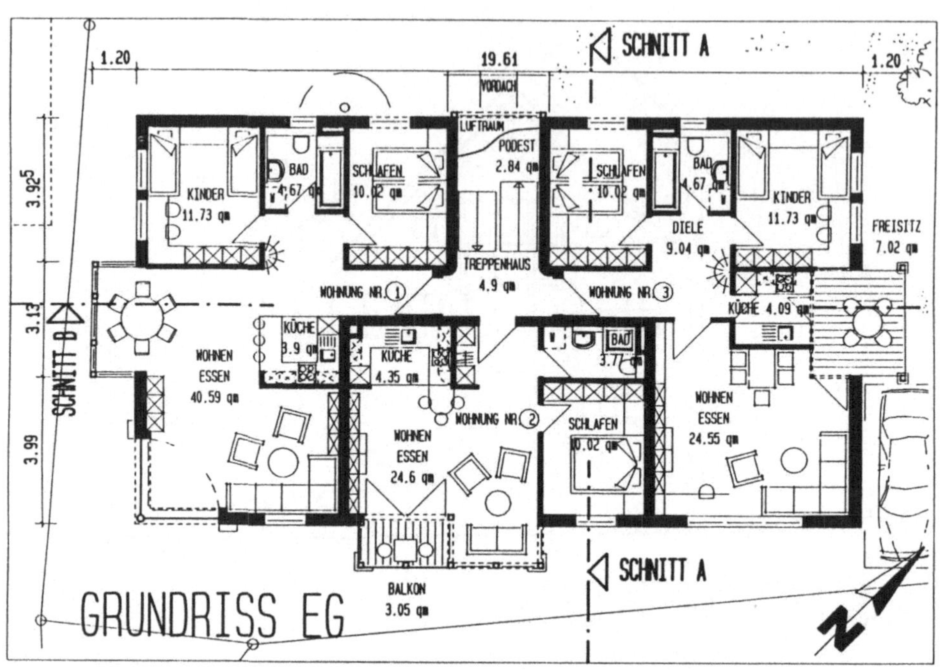
SCHNITT A
1.20
19.61
1.20
VORDACH
LUFTRAUM
PODEST
2.84 qm
3.925
KINDER
11.73 qm
BAD
4.67 qm
SCHLAFEN
10.02 qm
SCHLAFEN
10.02 qm
BAD
4.67 qm
KINDER
11.73 qm
DIELE
9.04 qm
FREISITZ
7.02 qm
TREPPENHAUS
4.9 qm
SCHNITT B
3.13
WOHNUNG NR. 1
WOHNUNG NR. 3
KÜCHE 4.09 qm
KÜCHE
8.9 qm
WOHNEN
ESSEN
40.59 qm
KÜCHE
4.35 qm
BAD
3.77 qm
WOHNUNG NR. 2
SCHLAFEN
10.02 qm
WOHNEN
ESSEN
24.55 qm
3.99
WOHNEN
ESSEN
24.6 qm
SCHNITT A
BALKON
3.05 qm
GRUNDRISS EG
N

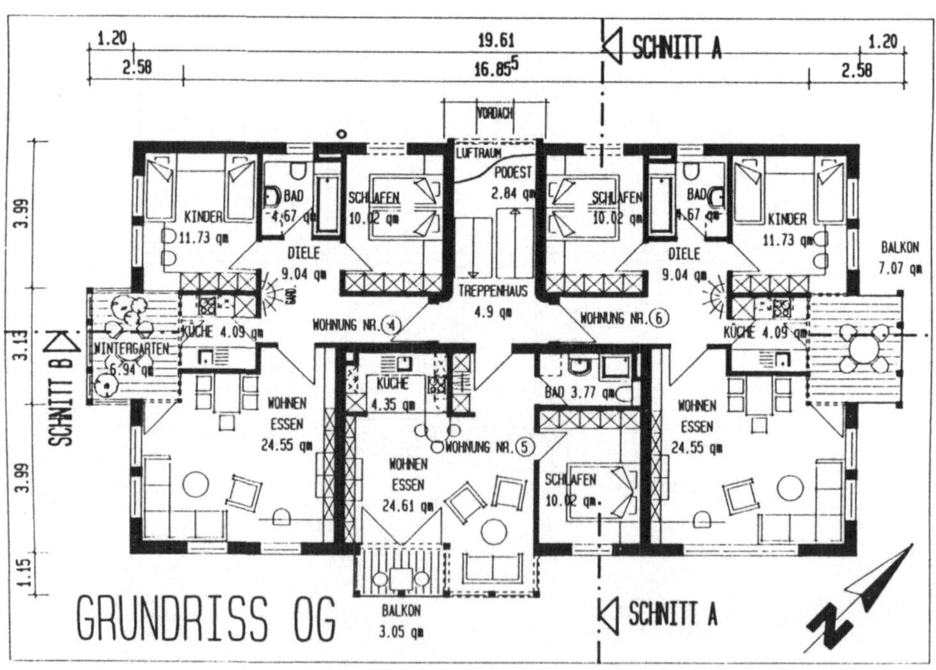
1.20
19.61
SCHNITT A
1.20
2.58
16.855
2.58
VORDACH
LUFTRAUM
PODEST
2.84 qm
3.99
KINDER
11.73 qm
BAD
4.67 qm
SCHLAFEN
10.02 qm
SCHLAFEN
10.02 qm
BAD
4.67 qm
KINDER
11.73 qm
BALKON
7.07 qm
DIELE
9.04 qm
DIELE
9.04 qm
TREPPENHAUS
4.9 qm
SCHNITT B
3.13
WINTERGARTEN
6.94 qm
KÜCHE 4.09 qm
WOHNUNG NR. 4
WOHNUNG NR. 6
KÜCHE 4.09 qm
WOHNEN
ESSEN
24.55 qm
KÜCHE
4.35 qm
BAD 3.77 qm
WOHNUNG NR. 5
WOHNEN
ESSEN
24.55 qm
3.99
WOHNEN
ESSEN
24.61 qm
SCHLAFEN
10.02 qm
1.15
GRUNDRISS OG
BALKON
3.05 qm
SCHNITT A
N

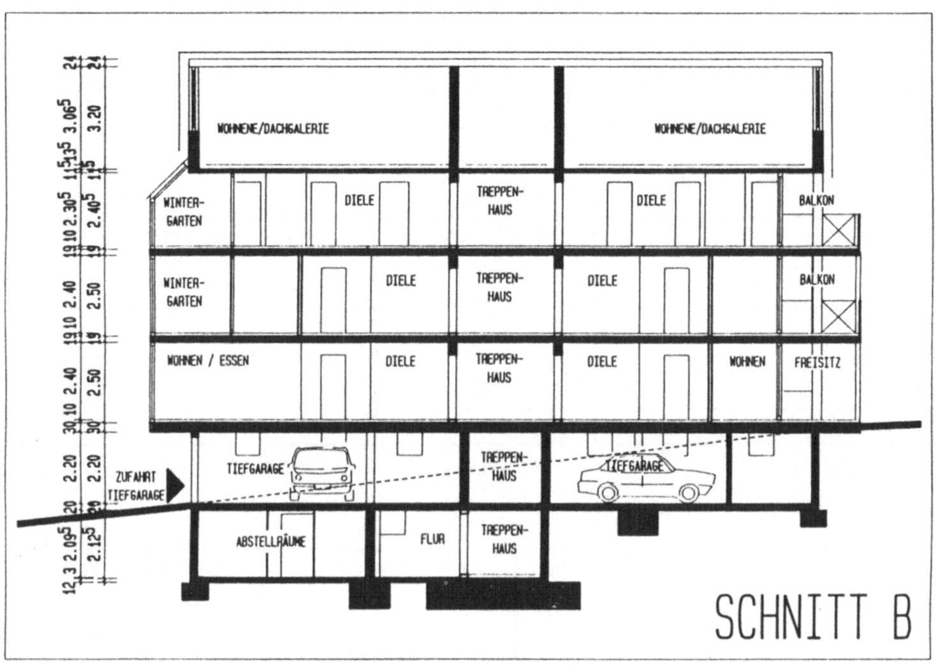

WOHNENE/DACHGALERIE
WOHNENE/DACHGALERIE
WINTER-GARTEN
DIELE
TREPPEN-HAUS
DIELE
BALKON
WINTER-GARTEN
DIELE
TREPPEN-HAUS
DIELE
BALKON
WOHNEN / ESSEN
DIELE
TREPPEN-HAUS
DIELE
WOHNEN
FREISITZ
ZUFAHRT TIEFGARAGE
TIEFGARAGE
TREPPEN-HAUS
TIEFGARAGE
ABSTELLRÄUME
FLUR
TREPPEN-HAUS
SCHNITT B

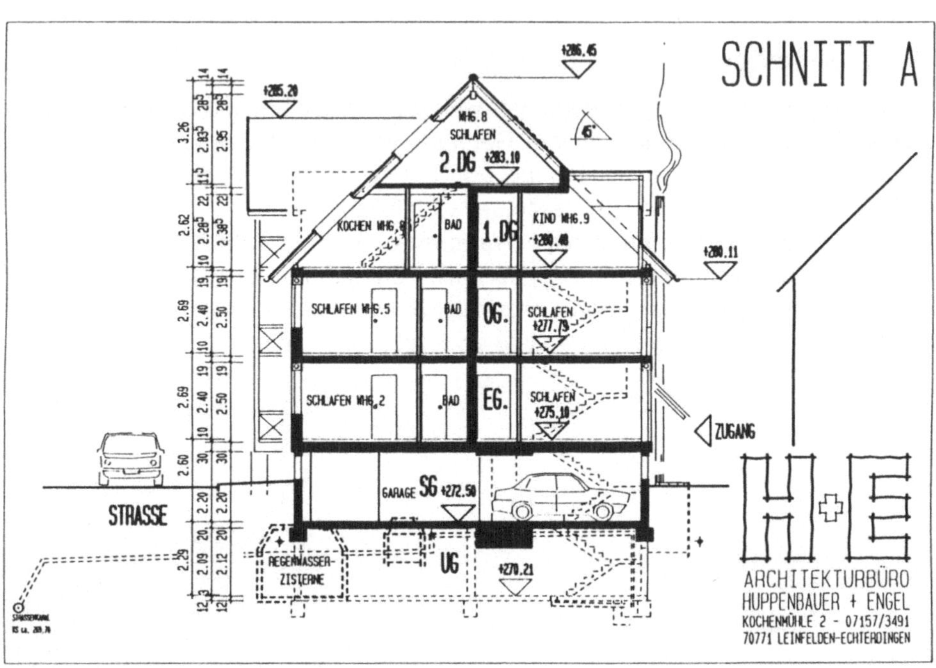

SCHNITT A
+286.45
+285.20
WHG.8
SCHLAFEN
2.DG   +283.10
6°
KOCHEN WHG.8
BAD
1.DG   +280.40
KIND WHG.9
+280.11
SCHLAFEN WHG.5
BAD
OG.
SCHLAFEN
+277.79
SCHLAFEN WHG.2
BAD
EG.
SCHLAFEN
+275.10
ZUGANG
GARAGE   SG +272.50
STRASSE
REGENWASSER-ZISTERNE
UG
+270.21
STRASSENACHSE
H+E
ARCHITEKTURBÜRO
HUPPENBAUER + ENGEL
KOCHENMÜHLE 2 - 07157/3491
70771 LEINFELDEN-ECHTERDINGEN

6.3.1 Reihenendhaus mit 6,18 m Versatz

Eine Zusammenstellung der verschiedenen Bauteile und ihrer Flächenanteile kann Tabelle 6.5 entnommen werden:

Tabelle 6.5 Bauteile und Flächen

Bauteil	Fläche insgesamt [m²]	Flächen mit Orientierung [m²]			
		Nord	Ost	Süd	West
Außenwand	181,3	54,9	25,3	80,5	20,6
Fenster	55,3	-	15,0	18,7	21,6
Dach	66,2	-	-	-	-
Kellerdecke	64,4	-	-	-	-

Tabelle 6.6 Fensterflächenanteil f

Orientierung	Außenwandfläche A_W [m²]	Fensterfläche A_F [m²]	Fensterflächenanteil f [ ]
Ost	25,3	15,0	0,37
Süd	80,5	18,7	0,19
West	20,6	21,6	0,51

Besonderheiten:

- Beim vorliegenden Beispiel wurde der wärmetechnisch ungünstigere Fall, d.h. ein Versatz der beiden angrenzenden Gebäude von 6,18 m gewählt. Daraus ergibt sich, im Vergleich zu einem Versatz von 3,0 m, ein deutlich größerer Anteil der Außenwandfläche auf der Nordseite des Gebäudes.
- Zum Nachweis des sommerlichen Wärmeschutzes nach WSchV 1995 Anlage 1 Ziffer 5 wird davon ausgegangen, daß alle Fenster und Fenstertüren mit außenliegenden Rolläden ausgestattet sind. Hierfür kann nach DIN 4108 Teil 2 Tabelle 5 [12] ein Abminderungsfaktor z = 0,3 angesetzt werden.

Nachweis der Anforderungen nach Wärmeschutzverordnung 1995 Anlage 1
(Gebäude mit normalen Innentemperaturen)

Objekt: Reihenendhaus mit 6,18 m Versatz

1	**1. Gebäuderanddaten**
2	Volumen: V = 507,4 Netto-Volumen: V_N = 0.8 * V = 0.8 * 507,4 = 405,9 A/V = 0,72
3	**2. Wärmeverluste**
4	**2.1 Transmissionswärmeverluste Q_T**

	Bauteil	Kurzbezeichnung	Fläche A_i [m²]	Wärmedurchgangskoeffizient k_i [W/(m²K)]	$k_i * A_i$ [W/K]	Reduktionsfaktor r_i [ ]	$k_i * A_i * r_i$ [W/K]
6	Außenwand	W1.1	181,3	0,4	72,5	1.0	72,5
7		W1.2				1.0	
8		W1.3				1.0	
9	Wand gegen Abseitenraum	W2.1				0.8	
10		W3.1				1)	
11	Wand gegen unbeheizten Glasvorbau	W3.2				1)	
12		W3.3				1)	
13	Außenfenster	F1.1	55,3	1,6	88,5	1.0 2)	88,5
14		F1.2				1.0 2)	
15		F1.3				1.0 2)	
16	Fenster gegen unbeheizten Glasvorbau	F2.1				1)2)	
17		F2.2				1)2)	
18		F2.3				1)2)	
19	Dach, Decke zum nicht ausgebauten DG	D1	66,2	0,25	16,6	0.8	13,2
20		D2				0.8	
21		D3				0.8	
22	Kellerdecke, Grundfläche und Wände gegen Erdreich bei beheizten Räumen	G1	64,4	0,35	22,5	0.5	11,3
23		G2				0.5	
24		G3				0.5	
25	Decke gegen Außenluft nach unten	DL1				1.0	
26		DL2				1.0	
27		DL3				1.0	
28	Angrenzende Bauteile (unbeheizte Räume)	AB1				0.5	
29		AB2				0.5	
30		AB3				0.5	
31	Summe A = 367,2			Spezifischer Transmissionswärmeverlust Summe H_T =			185,5
32	Transmissionswärmeverluste: Q_T = 84 * H_T = 84 * 185,5					Q_T =	15582,0

33	**2.2 Lüftungswärmeverluste Q_L**

	Haustechnische Einrichtungen	Reduktionsfaktor η
34		
35	ohne Lüftungsanlage	1.00
36	mit kontrollierter Be- und Entlüftung	0.95 3)
37	mit kontrollierter Be- und Entlüftung und Wärmerückgewinnungsanlage	0.80 1)4)
38	mit kontrollierter Be- und Entlüftung und Wärmerückgewinnungsanlage mit Wärmetauscher in der Fortluft	0.80 1)5)

39	Spezifischer Lüftungswärmeverlust: $L = \eta * 0,34 * 0,8 * V_N$ = 1,0 * 0,34 * 0,8 * 405,9	L = 110,4
40	Lüftungswärmeverluste: Q_L = 84 * L = 84 * 110,4	Q_L = 9274,0

1) Reduktionsfaktor bei unbeheizten Glasvorbauten mit Einfachverglasung: r = 0.7 mit Isolierverglasung: r = 0.6 mit Wärmeschutzverglasung: r = 0.5 [$k_V \leq$ 2.0 W/(m²K)]

2) Im Bereich von Rolladenkästen darf der Wärmedurchgangskoeffizient den Wert von 0,6 W/(m²K) nicht überschreiten.

3) Die Abminderungsfaktoren gelten nicht für Gebäude, für die die erhöhten internen Gewinne nach Zeile 54 dieses Formblatts angesetzt werden.

4) Die Abminderung ist nur gültig, wenn je kWh aufgewendeter Arbeit mindestens 5,0 kWh nutzbare Wärme abgegeben wird.

5) Die Abminderung ist nur gültig, wenn je kWh aufgewendeter Arbeit mindestens 4,0 kWh nutzbare Wärme abgegeben wird.

41	**3. Wärmegewinne**				
42	**3.1 Solare Wärmegewinne Q_S**				
43	Orientierung [6]	Strahlungs-intensität I_i [kWh/m²a]	Gesamtenergie-durchlaßgrad g_i [ ]	Fenster-Teilfläche [7] A_i [m²]	Reduktionsfaktor bei un-beheiztem Wintergarten [8] r_i [ ]	$0{,}46 * r_i * I_i * g_i * A_i$ [kWh/a]
44	Süd	400	0,62	18,7	1,0	2133,3
45						
46	West + Ost	275	0,62	36,6	1,0	2870,5
47						
48	Nord	160				
49						
50	Solare Wärmegewinne: $Q_S = \Sigma \, (0{,}46 * r_i * I_i * g_i * A_i)$			Summe Q_S =	5003,8

51	**3.2 Interne Wärmegewinne Q_I**	
52	Nutzungsart	Durchschnittliche interne Gewinne q_I pro m³ Volumen
53	Gebäude allgemein, außer Gebäude mit nachgewiesener büroähnlicher Nutzung	8.00
54	Gebäude mit nachgewiesener büroähnlicher Nutzung	10.00
55	Interne Wärmegewinne: $Q_I = q_I * V = \underline{\;8{,}0\;} * \underline{\;507{,}4\;}$ Q_I =	4059,2

56	**4. Jahres-Heizwärmebedarf**	
57	Vorhandener volumenbezogener Jahres-Heizwärmebedarf: vorh. $Q'_H = [0{,}9 * (Q_T + Q_I) - (Q_S + Q_I)] / V$ vorh. $Q'_H = [0{,}9 * (\underline{15582{,}0} + \underline{9274{,}0}\,) - (\underline{5003{,}8} + \underline{4059{,}2})] / \underline{507{,}4}$ vorh. Q'_H =	26,23
58	Zulässiger volumenbezogener Jahres-Heizwärmebedarf: zul. $Q'_H = 17{,}3$ bei $A/V \leq 0{,}2$ zul. $Q'_H = 13{,}82 + 17{,}32 \, (A/V)$ bei $0{,}2 < A/V < 1{,}05$ zul. $Q'_H = 32{,}0$ bei $A/V \geq 1{,}05$ zul. Q'_H =	26,29
59	**Der Nachweis nach Wärmeschutz-Verordnung ist erbracht wenn gilt:** **vorh. $Q'_H = 26{,}23$ kWh/m³a $\leq 26{,}29$ kWh/m³a = zul. Q'_H**	

60	**5. Zusatzanforderungen**
61	**5.1 Aneinandergereihte Gebäude mit zwei Trennwänden**
62	Bei Gebäuden mit zwei Trennwänden gilt zusätzlich folgende Anforderung: vorh. $k_{m,W+F} \leq$ zul. $k_{m,W+F}$ Dabei wird vorh. $k_{m,W+F}$ der verschiedenen Wand- und Fensterflächen wie folgt ermittelt: vorh. $k_{m,W+F} = (k_{W,i} * A_{W,i} + k_{F,i} * A_{F,i}) / (A_{W,i} + A_{F,i})$ vorh. $k_{m,W+F} = (\underline{\;\;} * \underline{\;\;\;\;} + \underline{\;\;} * \underline{\;\;\;\;}) / (\underline{\;\;\;\;} + \underline{\;\;\;\;}) =$ vorh. $k_{m,W+F} =$
63	**Der Nachweis für aneinandergereihte Gebäude mit zwei Trennwänden ist nach Wärmeschutz-Verordnung erbracht, wenn zusätzlich zu Zeile 56 gilt:** **vorh. $k_{m,W+F} =$ W/(m²K) $\leq$ zul. $k_{m,W+F} = 1{,}00$ W/(m²K)**
64	**5.2 Nachweis für den Wärmeschutz im Sommer**
65	Bei Gebäuden - mit einer raumlufttechnischen Anlage mit Kühlung - mit einem Fensterflächenanteil f je Fassade mit $f \geq 50\%$, gilt zusätzlich folgende Anforderung: $(g_F * f) = (g * z * f) \leq 0.25$ [9]

66	Orientierung [6]	Fensterflächenanteil f [10]	Gesamtenergiedurchlaß-grad g	Abminderungsfaktor z [10][11] für Sonnenschutzmaßnahmen	f * g * z	Anforderung [12]
67	Ost-Fassade	0,37				≤ 0.25
68	Süd-Fassade	0,19				≤ 0.25
69	West-Fassade	0,51	0,62	0,30	0,10	≤ 0.25

[6] Als maßgebende Orientierung gilt diejenige Himmelsrichtung, deren Abweichung gegenüber der Senkrechten auf die Fensterfläche kleiner 45 Grad ist. In den Grenzfällen NO, NW, SO und SW gilt jeweils der ungünstigere Wert. Fensterflächen mit einer Neigung kleiner 15° sind wie west/ost-orientiert einzustufen.

[7] Bei einem Fensterflächenanteil von mehr als 2/3 der jeweiligen Wandfläche darf der solare Gewinn nur bis zu dieser Größe berücksichtigt werden.

[8] Reduktionsfaktor der solaren Gewinne bei Fenstern gegen unbeheizten Glasvorbau bei Wintergartenverglasung mit: - Einfachverglasung: $r = 0.7$
    - Isolierverglasung: $r = 0.6$
    - Wärmeschutzverglasung: $r = 0.5$
    ($k_V \leq 2.0$ W/(m²K))

[9] Ausgenommen sind nach Norden orientierte oder ganztägig verschattete Fenster.

[10] Berechnung des Fensterflächenanteils f und Abminderungsfaktoren z für Sonnenschutzmaßnahmen s.a. DIN 4108 Teil 2

[11] Werden zur Erfüllung der Anforderungen Sonnenschutzvorrichtungen verwendet, sind diese mindestens teilweise beweglich anzuordnen. Hierbei muß durch den beweglichen Anteil des Sonnenschutzes ein Abminderungsfaktor z kleiner oder gleich 0.5 erreicht werden.

[12] Die Anforderungen gelten bei beweglichem Sonnenschutz in geschlossenem Zustand

6.3.2.1 Reihenmittelhaus ohne Zusatznachweis (6,18 m Versatz)

Eine Zusammenstellung der verschiedenen Bauteile und ihrer Flächenanteile kann Tabelle 6.7 entnommen werden:

Tabelle 6.7 Bauteile und Flächen

Bauteil	Fläche insgesamt [m²]	Flächen mit Orientierung [m²]			
		Nord	Ost	Süd	West
Außenwand	155,7	54,9	25,3	54,9	20,6
Fenster	36,6	-	15,0	-	21,6
Dach	63,4	-	-	-	-
Kellerdecke	61,7	-	-	-	-

Tabelle 6.8 Fensterflächenanteil f

Orientierung	Außenwandfläche A_W [m²]	Fensterfläche A_F [m²]	Fensterflächenanteil f [ ]
Ost	25,3	15,0	0,37
Süd	54,9	-	-
West	20,6	21,6	0,52

Besonderheiten:

- Der Nachweis für aneinandergereihte Gebäude mit zwei Trennwänden ist bei einem Versatz des Reihenmittelhauses gegenüber den angrenzenden Reihenendhäusern von 6,18 m **nicht** zu führen.
Fläche beider Trennwände (Außenwände und adiabatische Wände; s.a. Erläuterungen zu WSchV 1995 Anlage 1 Ziffer 6.2 in Kapitel 3):

$2 \times A_{Wand} = 2 \times [(a_1 + b_1) \cdot h_i + (a_2 + b_2) \cdot h_i] = 2 \times 97,4 = 194,8 \ m²$

Fläche beider gemeinsamer Trennwände zum Nachbargebäude:

$2 \times A_{gem. Trennwand} = 2 \times [(a_1 \cdot h_i) + (a_2 \cdot h_i)] = 2 \times 42,5 = 85,0 \ m²$

Verhältnis Trennwandflächen / Außenwände: 85,0 / 194,8 = 0,44

Damit sind weniger als 50% der Wandflächen A_{Wand} Innenwandflächen, und ein Zusatznachweis für aneinandergereihte Gebäude mit zwei Trennwänden ist **nicht** erforderlich (d.h. mehr als 50% der Wandflächen A_{Wand} sind Außenwandflächen).
- Zum Nachweis des sommerlichen Wärmeschutzes nach WSchV 1995 Anlage 1 Ziffer 5 wird davon ausgegangen, daß alle Fenster und Fenstertüren mit außenliegenden Rolläden ausgestattet sind. Hierfür kann nach DIN 4108 Teil 2 Tabelle 5 [12] ein Abminderungsfaktor z = 0,3 angesetzt werden.

Nachweis der Anforderungen nach Wärmeschutzverordnung 1995 Anlage 1
(Gebäude mit normalen Innentemperaturen)

Objekt:	*Reihenmittelhaus mit 6,18 m Versatz*					
1	**1. Gebäuderanddaten**					
2	Volumen: V = *493,3* Netto-Volumen: V_N = 0.8 * V = 0.8 * *493,3* = *394,6* A/V = *0,64*					
3	**2. Wärmeverluste**					
4	**2.1 Transmissionswärmeverluste Q_T**					
5	Bauteil	Kurzbe-zeichnung	Fläche A_i [m²]	Wärmedurchgangs-koeffizient k_i [W/(m²K)]	$k_i * A_i$ [W/K]	Reduktions-faktor r_i [ ]	$k_i * A_i * r_i$ [W/K]
6	Außenwand	W1.1	*155,7*	*0,4*	*62,3*	1.0	*62,3*
7		W1.2				1.0	
8		W1.3				1.0	
9	Wand gegen Abseitenraum	W2.1				0.8	
10	Wand gegen unbeheizten Glasvorbau	W3.1				[1]	
11		W3.2				[1]	
12		W3.3				[1]	
13	Außenfenster	F1.1	*36,6*	*1,6*	*58,6*	1.0[2]	*58,6*
14		F1.2				1.0[2]	
15		F1.3				1.0[2]	
16	Fenster gegen unbeheizten Glasvorbau	F2.1				[1][2]	
17		F2.2				[1][2]	
18		F2.3				[1][2]	
19	Dach, Decke zum nicht ausgebauten DG	D1	*63,4*	*0,25*	*15,9*	0.8	*12,7*
20		D2				0.8	
21		D3				0.8	
22	Kellerdecke, Grundfläche und Wände gegen Erdreich bei beheizten Räumen	G1	*61,7*	*0,35*	*21,6*	0.5	*10,8*
23		G2				0.5	
24		G3				0.5	
25	Decke gegen Außenluft nach unten	DL1				1.0	
26		DL2				1.0	
27		DL3				1.0	
28	Angrenzende Bauteile (unbeheizte Räume)	AB1				0.5	
29		AB2				0.5	
30		AB3				0.5	
31	Summe A = *317,4*			Spezifischer Transmissionswärmeverlust Summe H_T =		*144,4*
32	Transmissionswärmeverluste: $Q_T = 84 * H_T = 84 *$ *144,4* Q_T = *12 129,6*					
33	**2.2 Lüftungswärmeverluste Q_L**					
34	Haustechnische Einrichtungen			Reduktionsfaktor η		
35	ohne Lüftungsanlage			1.00		
36	mit kontrollierter Be- und Entlüftung			0.95[3]		
37	mit kontrollierter Be- und Entlüftung und Wärmerückgewinnungsanlage			0.80[3][4]		
38	mit kontrollierter Be- und Entlüftung und Wärmerückgewinnungsanlage mit Wärmetauscher in der Fortluft			0.80[3][5]		
39	Spezifischer Lüftungswärmeverlust: $L = \eta * 0,34 * 0,8 * V_N =$ *1,0* * 0,34 * 0,8 * *394,6* L = *107,3*					
40	Lüftungswärmeverluste: $Q_L = 84 * L = 84 *$ *107,3* Q_L = *9015,8*					

[1] Reduktionsfaktor bei unbeheizten Glasvorbauten mit Einfachverglasung: r = 0.7
mit Isolierverglasung: r = 0.6
mit Wärmeschutzverglasung: r = 0.5
[$k_v \leq 2.0$ W/(m²K)]

[2] Im Bereich von Rolladenkästen darf der Wärmedurchgangskoeffizient den Wert von 0,6 W/(m²K) nicht überschreiten.

[3] Die Abminderungsfaktoren gelten nicht für Gebäude, für die die erhöhten internen Gewinne nach Zeile 54 dieses Formblatts angesetzt werden.

[4] Die Abminderung ist nur gültig, wenn je kWh aufgewendeter Arbeit mindestens 5,0 kWh nutzbare Wärme abgegeben wird.

[5] Die Abminderung ist nur gültig, wenn je kWh aufgewendeter Arbeit mindestens 4,0 kWh nutzbare Wärme abgegeben wird.

41	**3. Wärmegewinne**				
42	**3.1 Solare Wärmegewinne Q_s**				
43	Orientierung [6]	Strahlungsintensität I_i [kWh/m²a]	Gesamtenergiedurchlaßgrad g_i [ ]	Fenster-Teilfläche [7] A_i [m²]	Reduktionsfaktor bei unbeheiztem Wintergarten [8] r_i [ ]	$0,46 * r_i * I_i * g_i * A_i$ [kWh/a]
44	Süd	400		–		
45						
46	West + Ost	275	0,62	36,6	1,0	2870,5
47						
48	Nord	160		–		
49						
50	Solare Wärmegewinne: $Q_s = \Sigma\ (0,46 * r_i * I_i * g_i * A_i)$ **Summe Q_s** =				2870,5
51	**3.2 Interne Wärmegewinne Q_I**				
52	Nutzungsart			Durchschnittliche interne Gewinne q_i pro m³ Volumen		
53	Gebäude allgemein, außer Gebäude mit nachgewiesener büroähnlicher Nutzung			8.00		
54	Gebäude mit nachgewiesener büroähnlicher Nutzung			10.00		
55	Interne Wärmegewinne: $Q_I = q_i * V =$ __8,0__ * __493,3__ Q_I =					3946,4

56	**4. Jahres-Heizwärmebedarf**	
57	Vorhandener volumenbezogener Jahres-Heizwärmebedarf: vorh. $Q'_H = [0,9 * (Q_T + Q_L) - (Q_S + Q_I)] / V$ vorh. $Q'_H = [0,9 * ($ _12129,6_ $+$ _9015,8_ $) - ($ _2870,5_ $+$ _3946,4_ $)] /$ _493,3_ vorh. Q'_H =	24,76
58	Zulässiger volumenbezogener Jahres-Heizwärmebedarf: zul. $Q'_H = 17,3$ bei A/V $\leq$ 0,2 zul. $Q'_H = 13,82 + 17,32\ (A/V)$ bei 0,2 < A/V < 1,05 zul. $Q'_H = 32,0$ bei A/V $\geq$ 1,05 zul. Q'_H =	24,91
59	**Der Nachweis nach Wärmeschutz-Verordnung ist erbracht wenn gilt:** vorh. Q'_H = _24,76_ kWh/m³a $\leq$ _24,91_ kWh/m³a = zul. Q'_H	

60	**5. Zusatzanforderungen**				
61	**5.1 Aneinandergereihte Gebäude mit zwei Trennwänden**				
62	Bei Gebäuden mit zwei Trennwänden gilt zusätzlich folgende Anforderung: vorh. $k_{m,W+F} \leq$ zul. $k_{m,W+F}$ Dabei wird vorh. $k_{m,W+F}$ der verschiedenen Wand- und Fensterflächen wie folgt ermittelt: vorh. $k_{m,W+F} = (\ k_{W,i} * A_{W,i} + k_{F,i} * A_{F,i}\ ) / (\ A_{W,i} + A_{F,i}\ )$ vorh. $k_{m,W+F} = (\ \_\_\_ * \_\_\_\_\_ + \_\_\_ * \_\_\_\_\_\ ) / (\ \_\_\_\_\_ + \_\_\_\_\_\ ) =$ vorh. $k_{m,W+F} =$					
63	**Der Nachweis für aneinandergereihte Gebäude mit zwei Trennwänden ist nach Wärmeschutz-Verordnung erbracht, wenn zusätzlich zu Zeile 56 gilt:** vorh. $k_{m,W+F}$ = W/(m²K) $\leq$ zul. $k_{m,W+F}$ = 1,00 W/(m²K)					
64	**5.2 Nachweis für den Wärmeschutz im Sommer**				

65	Bei Gebäuden - mit einer raumlufttechnischen Anlage mit Kühlung
	              - mit einem Fensterflächenanteil f je Fassade mit f $\geq$ 50%, gilt zusätzlich folgende Anforderung:
	       $(g_F * f) = (g * z * f) \leq 0.25$ [9]				

66	Orientierung [6]	Fensterflächenanteil f [10]	Gesamtenergiedurchlaßgrad g	Abminderungsfaktor z [10][11] für Sonnenschutzmaßnahmen	f * g * z	Anforderung [12]
67	Ost-Fassade	0,37				≤ 0.25
68	Süd-Fassade	–				≤ 0.25
69	West-Fassade	0,52	0,62	0,30	0,10	≤ 0.25

[6] Als maßgebende Orientierung gilt diejenige Himmelsrichtung, deren Abweichung gegenüber der Senkrechten auf die Fensterfläche kleiner 45 Grad ist. In den Grenzfällen NO, NW, SO und SW gilt jeweils der ungünstigere Wert. Fensterflächen mit einer Neigung kleiner 15° sind wie west/ost-orientiert einzustufen.

[7] Bei einem Fensterflächenanteil von mehr als 2/3 der jeweiligen Wandfläche darf der solare Gewinn nur bis zu dieser Größe berücksichtigt werden.

[8] Reduktionsfaktor der solaren Gewinne bei Fenstern gegen unbeheizten Glasvorbau bei Wintergartenverglasung mit: - Einfachverglasung: r = 0.7
                                                      - Isolierverglasung: r = 0.6
                                                      - Wärmeschutzverglasung: r = 0.5
                                                      $(k_v \leq 2.0$ W/(m²K))

[9] Ausgenommen sind nach Norden orientierte oder ganztägig verschattete Fenster.

[10] Berechnung des Fensterflächenanteils f und Abminderungsfaktoren z für Sonnenschutzmaßnahmen s.a. DIN 4108 Teil 2

[11] Werden zur Erfüllung der Anforderungen Sonnenschutzvorrichtungen verwendet, sind diese mindestens teilweise beweglich anzuordnen. Hierbei muß durch den beweglichen Anteil des Sonnenschutzes ein Abminderungsfaktor z kleiner oder gleich 0.5 erreicht werden.

[12] Die Anforderungen gelten bei beweglichem Sonnenschutz in geschlossenem Zustand

6.3.2.2 Reihenmittelhaus mit Zusatznachweis (3,0 m Versatz)

Eine Zusammenstellung der verschiedenen Bauteile und ihrer Flächenanteile kann Tabelle 6.9 entnommen werden:

Tabelle 6.9 Bauteile und Flächen

Bauteil	Fläche insgesamt [m²]	Flächen mit Orientierung [m²]			
		Nord	Ost	Süd	West
Außenwand	104,2	29,1	25,3	29,2	20,6
Fenster	36,6	-	15,0	-	21,6
Dach	63,4	-	-	-	-
Kellerdecke	61,7	-	-	-	-

Tabelle 6.10 Fensterflächenanteil f

Orientierung	Außenwandfläche A_W [m²]	Fensterfläche A_F [m²]	Fensterflächenanteil f [ ]
Ost	25,3	15,0	0,37
Süd	29,2	-	-
West	20,6	21,6	0,52

Besonderheiten:

- Bei einem Versatz des Reihenmittelhauses gegenüber den angrenzenden Reihenendhäusern von 3,0 m ist der Nachweis für aneinandergereihte Gebäude mit zwei Trennwänden zu führen:
Fläche beider Trennwände (Außenwände und adiabatische Wände; s.a. Erläuterungen zu WSchV 1995 Anlage 1 Ziffer 6.2 in Kapitel 3):
$$2 \times A_{Wand} = 2 \times [(a_1 + b_1) \cdot h_i + (a_2 + b_2) \cdot h_i] = 2 \times 97,4 = 194,8 \text{ m}^2$$
Fläche beider gemeinsamer Trennwände zum Nachbargebäude:
$$A_{gem.\ Trennwand} = [(a_1 \cdot h_i) + (a_2 \cdot h_i)] = (68,3 + 68,2 =) \ 136,5 \text{ m}^2$$
Verhältnis Trennwandflächen / Außenwände: 136,5 / 194,8 = 0,70

Damit sind mehr als 50% der Wandflächen A_{Wand} Innenwandflächen, und ein Zusatznachweis für aneinandergereihte Gebäude mit zwei Trennwänden ist erforderlich (d.h. weniger als 50% der Wandflächen A_{Wand} sind Außenwandflächen).
- Zum Nachweis des sommerlichen Wärmeschutzes nach WSchV 1995 Anlage 1 Ziffer 5 wird davon ausgegangen, daß alle Fenster und Fenstertüren mit außenliegenden Rolläden ausgestattet sind. Hierfür kann nach DIN 4108 Teil 2 Tabelle 5 [12] ein Abminderungsfaktor z = 0,3 angesetzt werden.

Nachweis der Anforderungen nach Wärmeschutzverordnung 1995 Anlage 1
(Gebäude mit normalen Innentemperaturen)

Objekt:	Reihenmittelhaus mit 3.0 m Versatz					
1	**1. Gebäuderanddaten**					
2	Volumen: V = 493,3 Netto-Volumen: V_N = 0.8 * V = 0.8 * 493,3 = 394,6 A/V = 0,54					
3	**2. Wärmeverluste**					
4	**2.1 Transmissionswärmeverluste Q_T**					
5	Bauteil	Kurzbezeichnung	Fläche A_i [m²]	Wärmedurchgangskoeffizient k_i [W/(m²K)]	$k_i * A_i$ [W/K]	Reduktionsfaktor r_i [ ]	$k_i * A_i * r_i$ [W/K]
6	Außenwand	W1.1	104,2	0,4	41,7	1.0	41,7
7		W1.2				1.0	
8		W1.3				1.0	
9	Wand gegen Abseitenraum	W2.1				0.8	
10		W3.1				1)	
11	Wand gegen unbeheizten Glasvorbau	W3.2				1)	
12		W3.3				1)	
13	Außenfenster	F1.1	36,6	1,6	58,6	1.0 2)	58,6
14		F1.2				1.0 2)	
15		F1.3				1.0 2)	
16	Fenster gegen unbeheizten Glasvorbau	F2.1				1)2)	
17		F2.2				1)2)	
18		F2.3				1)2)	
19	Dach, Decke zum nicht ausgebauten DG	D1	63,4	0,25	15,9	0.8	12,7
20		D2				0.8	
21		D3				0.8	
22	Kellerdecke, Grundfläche und Wände gegen Erdreich bei beheizten Räumen	G1	61,7	0,35	21,6	0.5	10,8
23		G2				0.5	
24		G3				0.5	
25	Decke gegen Außenluft nach unten	DL1				1.0	
26		DL2				1.0	
27		DL3				1.0	
28	Angrenzende Bauteile (unbeheizte Räume)	AB1				0.5	
29		AB2				0.5	
30		AB3				0.5	
31	**Summe A =** 265,9			Spezifischer Transmissionswärmeverlust **Summe H_T =**		123,8	
32	Transmissionswärmeverluste: $Q_T = 84 * H_T = 84 * 123,8$ $Q_T =$ 10399,2						
33	**2.2 Lüftungswärmeverluste Q_L**					
34	Haustechnische Einrichtungen			Reduktionsfaktor η			
35	ohne Lüftungsanlage			1.00			
36	mit kontrollierter Be- und Entlüftung			0.95 3)			
37	mit kontrollierter Be- und Entlüftung und Wärmerückgewinnungsanlage			0.80 3)4)			
38	mit kontrollierter Be- und Entlüftung und Wärmerückgewinnungsanlage mit Wärmetauscher in der Fortluft			0.80 3)5)			
39	Spezifischer Lüftungswärmeverlust: $L = \eta * 0,34 * 0,8 * V_N = 1,0 * 0,34 * 0,8 * 394,6$ $L =$ 107,3						
40	Lüftungswärmeverluste: $Q_L = 84 * L = 84 * 107,3$ $Q_L =$ 9015,8						

1) Reduktionsfaktor bei unbeheizten Glasvorbauten mit Einfachverglasung: r = 0.7
   mit Isolierverglasung: r = 0.6
   mit Wärmeschutzverglasung: r = 0.5
   [$k_V \leq 2.0$ W/(m²K)]

2) Im Bereich von Rolladenkästen darf der Wärmedurchgangskoeffizient den Wert von 0,6 W/(m²K) nicht überschreiten.

3) Die Abminderungsfaktoren gelten nicht für Gebäude, für die die erhöhten internen Gewinne nach Zeile 54 dieses Formblatts angesetzt werden.

4) Die Abminderung ist nur gültig, wenn je kWh aufgewendeter Arbeit mindestens 5,0 kWh nutzbare Wärme abgegeben wird.

5) Die Abminderung ist nur gültig, wenn je kWh aufgewendeter Arbeit mindestens 4,0 kWh nutzbare Wärme abgegeben wird

41	**3. Wärmegewinne**				
42	**3.1 Solare Wärmegewinne Q_S**				
43	Orientierung [a] / Strahlungs-intensität I_i [kWh/m²a]	Gesamtenergie-durchlaßgrad g_i [ ]	Fenster-Teilfläche [b] A_i [m²]	Reduktionsfaktor bei un-beheiztem Wintergarten [c] r_i [ ]	$0,46 * r_i * I_i * g_i * A_i$ [kWh/a]
44	Süd	400		–	
45					
46	West + Ost	275	0,62	36,6	1,0	2870,5
47						
48	Nord	160		–	
49					
50	Solare Wärmegewinne: $Q_S = \Sigma (0,46 * r_i * I_i * g_i * A_i)$			**Summe Q_S =**	2870,5
51	**3.2 Interne Wärmegewinne Q_I**				
52	Nutzungsart			Durchschnittliche interne Gewinne q_I pro m³ Volumen	
53	Gebäude allgemein, außer Gebäude mit nachgewiesener büroähnlicher Nutzung			8.00	
54	Gebäude mit nachgewiesener büroähnlicher Nutzung			10.00	
55	Interne Wärmegewinne: $Q_I = q_I * V =$ _8,0_ * _493,3_			Q_I =	3946,4

56	**4. Jahres-Heizwärmebedarf**
57	Vorhandener volumenbezogener Jahres-Heizwärmebedarf: vorh. $Q'_H = [0,9 * (Q_T + Q_L) - (Q_S + Q_I)] / V$ vorh. $Q'_H = [0,9 * ($ _10399,2_ $+$ _9015,8_ $) - ($ _2870,5_ $+$ _3946,4_ $)] /$ _493,3_ vorh. Q'_H = **21,60**
58	Zulässiger volumenbezogener Jahres-Heizwärmebedarf: zul. $Q'_H = 17,3$ bei $A/V \leq 0,2$ zul. $Q'_H = 13,82 + 17,32 (A/V)$ bei $0,2 < A/V < 1,05$ zul. $Q'_H = 32,0$ bei $A/V \geq 1,05$ zul. Q'_H = **23,17**
59	**Der Nachweis nach Wärmeschutz-Verordnung ist erbracht wenn gilt:** **vorh. Q'_H = 21,60 kWh/m³a $\leq$ 23,17 kWh/m³a = zul. Q'_H**

60	**5. Zusatzanforderungen**
61	**5.1 Aneinandergereihte Gebäude mit zwei Trennwänden**
62	Bei Gebäuden mit zwei Trennwänden gilt zusätzlich folgende Anforderung: vorh. $k_{m,W+F}$ $\leq$ zul. $k_{m,W+F}$ Dabei wird vorh. $k_{m,W+F}$ der verschiedenen Wand- und Fensterflächen wie folgt ermittelt: vorh. $k_{m,W+F} = (k_{W,i} * A_{W,i} + k_{F,i} * A_{F,i}) / (A_{W,i} + A_{F,i})$ vorh. $k_{m,W+F} = ($ _0,4_ * _104,2_ + _1,6_ * _36,6_ $) / ($ _104,2_ + _36,6_ $) =$ vorh. $k_{m,W+F}$ = 0,71
63	**Der Nachweis für aneinandergereihte Gebäude mit zwei Trennwänden ist nach Wärmeschutz-Verordnung erbracht, wenn zusätzlich zu Zeile 56 gilt:** **vorh. $k_{m,W+F}$ = 0,71 W/(m²K) $\leq$ zul. $k_{m,W+F}$ = 1,00 W/(m²K)**
64	**5.2 Nachweis für den Wärmeschutz im Sommer**
65	Bei Gebäuden - mit einer raumlufttechnischen Anlage mit Kühlung - mit einem Fensterflächenanteil f je Fassade mit $f \geq 50\%$, gilt zusätzlich folgende Anforderung: $(g_F * f) = (g * z * f) \leq 0.25$ [d]

66	Orientierung [a]	Fensterflächenanteil f [e]	Gesamtenergiedurchlaß-grad g	Abminderungsfaktor z [e][f] für Sonnenschutzmaßnahmen	$f * g * z$	Anforderung [g]
67	Ost-Fassade	0,37				≤ 0.25
68	Süd-Fassade	–				≤ 0.25
69	West-Fassade	0,52	0,62	0,30	0,10	≤ 0.25

[a] Als maßgebende Orientierung gilt diejenige Himmelsrichtung, deren Abweichung gegenüber der Senkrechten auf die Fensterfläche kleiner 45 Grad ist.
  In den Grenzfällen NO, NW, SO und SW gilt jeweils der ungünstigere Wert. Fensterflächen mit einer Neigung kleiner 15° sind wie west/ost-orientiert einzustufen.
[b] Bei einem Fensterflächenanteil von mehr als 2/3 der jeweiligen Wandfläche darf der solare Gewinn nur bis zu dieser Größe berücksichtigt werden.
[c] Reduktionsfaktor der solaren Gewinne bei Fenstern gegen unbeheizten Glasvorbau bei Wintergartenverglasung mit: - Einfachverglasung: r = 0.7
                                                                 - Isolierverglasung: r = 0.6
                                                                 - Wärmeschutzverglasung: r = 0.5
                                                                   ($k_v \leq 2.0$ W/(m²K))
[d] Ausgenommen sind nach Norden orientierte oder ganztägig verschattete Fenster.
[e] Berechnung des Fensterflächenanteils f und Abminderungsfaktoren z für Sonnenschutzmaßnahmen s a. DIN 4108 Teil 2
[f] Werden zur Erfüllung der Anforderungen Sonnenschutzvorrichtungen verwendet, sind diese mindestens teilweise beweglich anzuordnen. Hierbei muß durch den beweg-lichen Anteil des Sonnenschutzes ein Abminderungsfaktor z kleiner oder gleich 0.5 erreicht werden.
[g] Die Anforderungen gelten bei beweglichem Sonnenschutz in geschlossenem Zustand

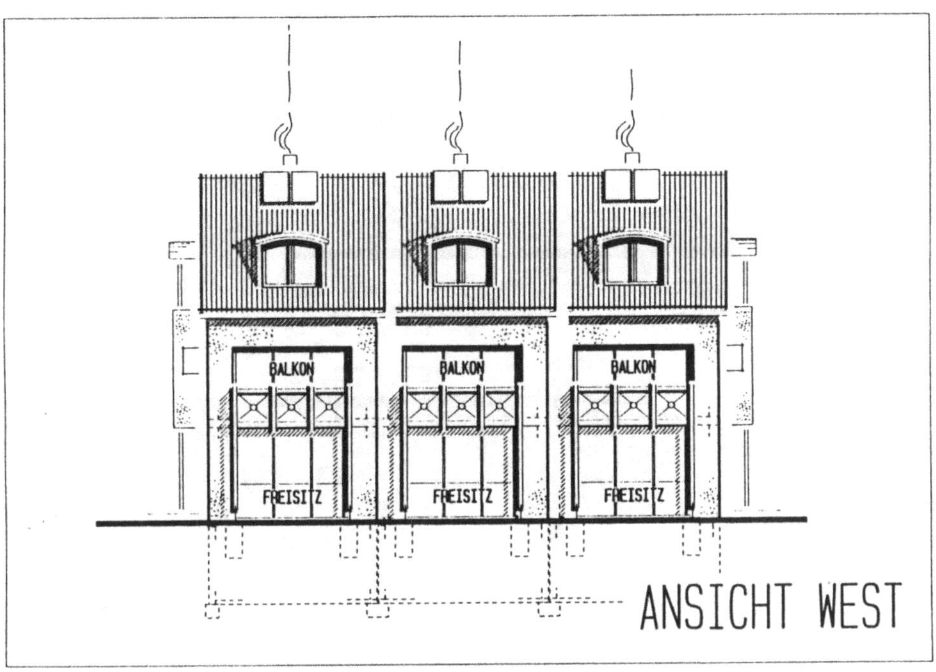

BALKON
BALKON
BALKON
FREISITZ
FREISITZ
FREISITZ
ANSICHT WEST

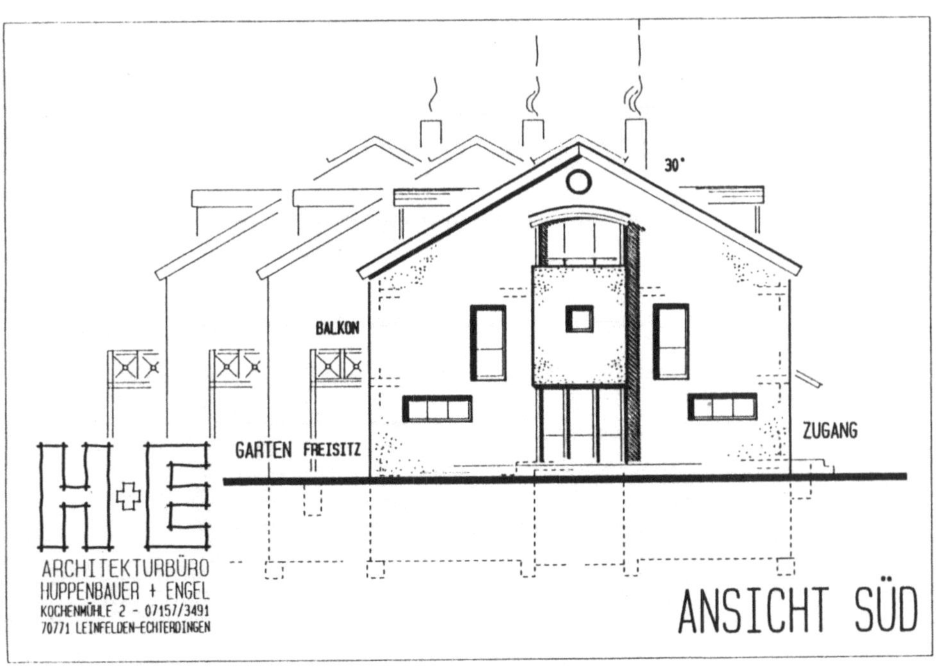

30°
BALKON
GARTEN FREISITZ
ZUGANG
H+E
ARCHITEKTURBÜRO
HUPPENBAUER + ENGEL
KOCHENMÜHLE 2 - 07157/3491
70771 LEINFELDEN-ECHTERDINGEN
ANSICHT SÜD

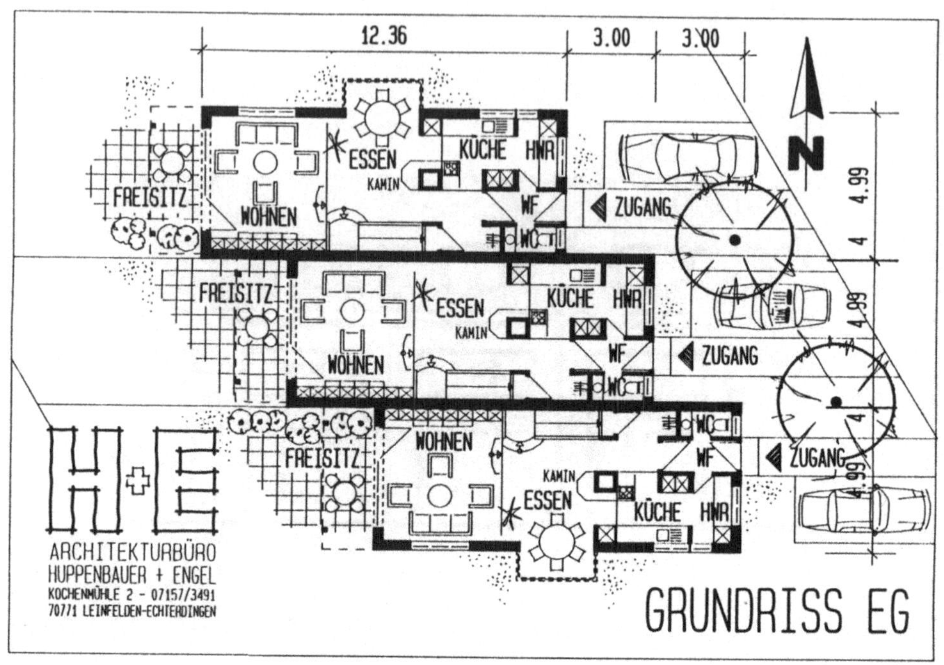

12.36
3.00
3.00
N
4.99
4
4.99
4
4.99
FREISITZ
WOHNEN
ESSEN
KAMIN
KÜCHE
HWR
WF
WC
ZUGANG
FREISITZ
WOHNEN
ESSEN
KAMIN
KÜCHE
HWR
WF
WC
ZUGANG
FREISITZ
WOHNEN
ESSEN
KAMIN
KÜCHE
HWR
WF
WC
ZUGANG
H+E
ARCHITEKTURBÜRO
HUPPENBAUER + ENGEL
KOCHENMÜHLE 2 - 07157/3491
70771 LEINFELDEN-ECHTERDINGEN
GRUNDRISS EG

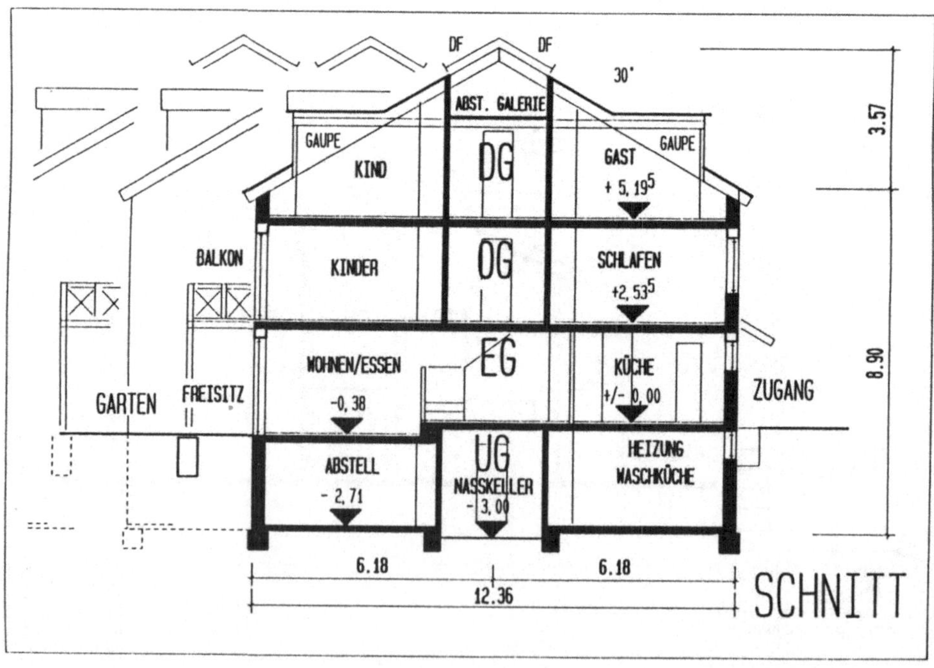

DF
DF
30°
ABST. GALERIE
GAUPE
KIND
DG
GAST
+ 5,19
GAUPE
3.57
BALKON
KINDER
OG
SCHLAFEN
+2,53
WOHNEN/ESSEN
EG
KÜCHE
+/- 0,00
ZUGANG
GARTEN
FREISITZ
-0,38
8.90
ABSTELL
- 2,71
UG
NASSKELLER
- 3,00
HEIZUNG
WASCHKÜCHE
6.18
6.18
12.36
SCHNITT

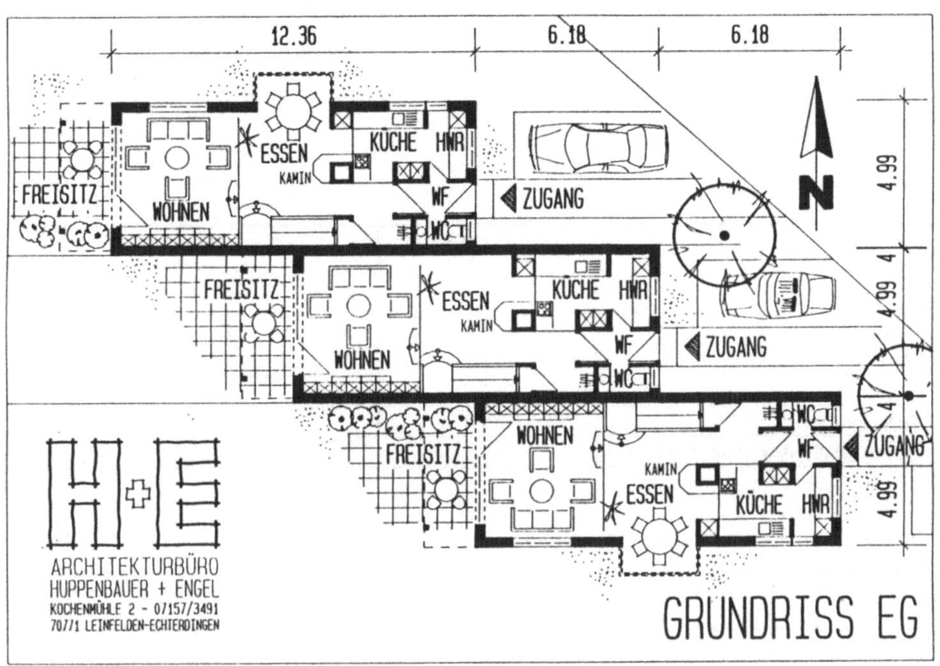
12.36
6.18
6.18
4.99
4.99
4
4
4.99
N
FREISITZ
WOHNEN
ESSEN
KAMIN
KÜCHE
HWR
WF
WC
ZUGANG
FREISITZ
WOHNEN
ESSEN
KAMIN
KÜCHE
HWR
WF
WC
ZUGANG
FREISITZ
WOHNEN
ESSEN
KAMIN
KÜCHE
HWR
WF
WC
ZUGANG
H+E
ARCHITEKTURBÜRO
HUPPENBAUER + ENGEL
KOCHENMÜHLE 2 - 07157/3491
70771 LEINFELDEN-ECHTERDINGEN
GRUNDRISS EG

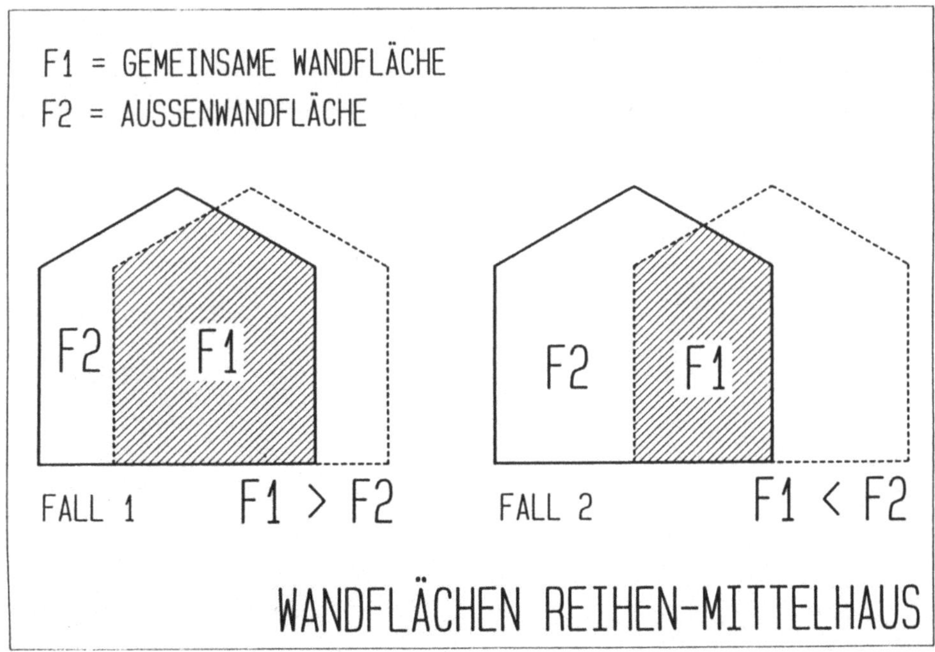
F1 = GEMEINSAME WANDFLÄCHE
F2 = AUSSENWANDFLÄCHE
F2
F1
F2
F1
FALL 1
F1 > F2
FALL 2
F1 < F2
WANDFLÄCHEN REIHEN-MITTELHAUS

6.4.1 Bürogebäude ohne Lagerhalle

Eine Zusammenstellung der verschiedenen Bauteile und ihrer Flächenanteile kann
Tabelle 6.11 entnommen werden:

Tabelle 6.11 Bauteile und Flächen

Bauteil	Fläche insgesamt [m²]	Flächen mit Orientierung [m²]			
		Nord	Ost	Süd	West
Außenwand	361,4	111,0	62,8	130,6	62,8
Fenster	161,0	71,0	16,4	51,4	16,4
Dach	261,3	-	-	-	-
Kellerdecke	165,0	-	-	-	-
Decke gegen Außenluft n. unten	120,1	-	-	-	-

Tabelle 6.12 Fensterflächenanteil f

Orientierung	Außenwandfläche A_W [m²]	Fensterfläche A_F [m²]	Fensterflächenanteil f [ ]
Ost	62,8	16,4	0,21
Süd	130,6	51,4	0,28
West	62,8	16,4	0,21

Besonderheiten:

- Das Zentraltreppenhaus ist in das Gebäude integriert und wird zum beheizten Volumen gerechnet.

Nachweis der Anforderungen nach Wärmeschutzverordnung 1995 Anlage 1
(Gebäude mit normalen Innentemperaturen)

Objekt:	*Bürogebäude ohne angrenzende Lagerhalle*					
1	**1. Gebäuderanddaten**					
2	Volumen: V = *1872,3* Netto-Volumen: V_N = 0.8 * V = 0.8 * *1872,3* = *1497,8* A/V = *0,57*					
3	**2. Wärmeverluste**					
4	**2.1 Transmissionswärmeverluste Q_T**					
5	Bauteil	Kurzbe-zeichnung	Fläche A_i [m²]	Wärmedurchgangs-koeffizient k_i [W/(m²K)]	$k_i * A_i$ [W/K]	Reduktions-faktor r_i [ ]	$k_i * A_i * r_i$ [W/K]
6		W1.1	*361,4*	*0,50*	*180,7*	1.0	*180,7*
7	Außenwand	W1.2				1.0	
8		W1.3				1.0	
9	Wand gegen Abseitenraum	W2.1				0.8	
10		W3.1				[1]	
11	Wand gegen unbeheizten Glasvorbau	W3.2				[1]	
12		W3.3				[1]	
13		F1.1	*161,0*	*1,6*	*257,6*	1.0[2]	*257,6*
14	Außenfenster	F1.2				1.0[2]	
15		F1.3				1.0[2]	
16		F2.1				[1][2]	
17	Fenster gegen unbeheizten Glasvorbau	F2.2				[1][2]	
18		F2.3				[1][2]	
19		D1	*261,3*	*0,25*	*65,3*	0.8	*52,3*
20	Dach, Decke zum nicht ausgebauten DG	D2				0.8	
21		D3				0.8	
22		G1	*165,0*	*0,40*	*66,0*	0.5	*33,0*
23	Kellerdecke, Grundfläche und Wände gegen Erdreich bei beheizten Räumen	G2				0.5	
24		G3				0.5	
25		DL1	*120,1*	*0,35*	*42,0*	1.0	*42,0*
26	Decke gegen Außenluft nach unten	DL2				1.0	
27		DL3				1.0	
28		AB1				0.5	
29	Angrenzende Bauteile (unbeheizte Räume)	AB2				0.5	
30		AB3				0.5	
31	Summe A = *1068,8*			Spezifischer Transmissionswärmeverlust Summe H_T =	*565,6*		
32	Transmissionswärmeverluste: Q_T = 84 * H_T = 84 * *565,6* Q_T = *47510,4*						
33	**2.2 Lüftungswärmeverluste Q_L**					
34	Haustechnische Einrichtungen			Reduktionsfaktor η			
35	ohne Lüftungsanlage			1.00			
36	mit kontrollierter Be- und Entlüftung			0.95[3]			
37	mit kontrollierter Be- und Entlüftung und Wärmerückgewinnungsanlage			0.80[3][4]			
38	mit kontrollierter Be- und Entlüftung und Wärmerückgewinnungsanlage mit Wärmetauscher in der Fortluft			0.80[3][5]			
39	Spezifischer Lüftungswärmeverlust: L = η * 0,34 * 0,8 * V_N = *1,0* * 0,34 * 0,8 * *1497,8* L = *407,4*						
40	Lüftungswärmeverluste: Q_L = 84 * L = 84 * *407,4* Q_L = *34221,7*						

[1] Reduktionsfaktor bei unbeheizten Glasvorbauten mit Einfachverglasung: r = 0.7; mit Isolierverglasung: r = 0.6; mit Wärmeschutzverglasung: r = 0.5 [$k_v \leq 2.0$ W/(m²K)]

[2] Im Bereich von Rolladenkästen darf der Wärmedurchgangskoeffizient den Wert von 0,6 W/(m²K) nicht überschreiten.

[3] Die Abminderungsfaktoren gelten nicht für Gebäude, für die die erhöhten internen Gewinne nach Zeile 54 dieses Formblatts angesetzt werden.

[4] Die Abminderung ist nur gültig, wenn je kWh aufgewendeter Arbeit mindestens 5,0 kWh nutzbare Wärme abgegeben wird.

[5] Die Abminderung ist nur gültig, wenn je kWh aufgewendeter Arbeit mindestens 4,0 kWh nutzbare Wärme abgegeben wird.

41	**3. Wärmegewinne**				
42	**3.1 Solare Wärmegewinne Q_S**				
43	Orientierung [6]	Strahlungs-intensität I_i [kWh/m²a]	Gesamtenergie-durchlaßgrad g_i [ ]	Fenster-Teilfläche [7] A_i [m²]	Reduktionsfaktor bei unbeheiztem Wintergarten [8] r_i [ ]	$0,46 * r_i * I_i * g_i * A_i$ [kWh/a]
44	Süd	400	0,62	51,4	1,0	5863,7
45						
46	West + Ost	275	0,62	32,8	1,0	2572,5
47						
48	Nord	160	0,62	71,0	1,0	3239,9
49						
50	Solare Wärmegewinne: $Q_S = \Sigma\ (0,46 * r_i * I_i * g_i * A_i)$				**Summe Q_S =**	11676,1

51	**3.2 Interne Wärmegewinne Q_I**	
52	Nutzungsart	Durchschnittliche interne Gewinne q_i pro m³ Volumen
53	Gebäude allgemein, außer Gebäude mit nachgewiesener büroähnlicher Nutzung	8.00
54	Gebäude mit nachgewiesener büroähnlicher Nutzung	10.00
55	Interne Wärmegewinne: $Q_I = q_i * V =$ 10,0 $*$ 1872,3 Q_I = 18723,0	

56	**4. Jahres-Heizwärmebedarf**	
57	Vorhandener volumenbezogener Jahres-Heizwärmebedarf: vorh. $Q'_H = [0,9 * (Q_T + Q_I) - (Q_S + Q_I)] / V$ vorh. $Q'_H = [0,9 * ($47510,4$ + $34221,7$) - ($11676,1$ + $18723,0$)] /$ 1872,3 vorh. Q'_H =	23,05
58	Zulässiger volumenbezogener Jahres-Heizwärmebedarf: zul. $Q'_H = 17,3$ bei $A/V \leq 0,2$ zul. $Q'_H = 13,82 + 17,32\ (A/V)$ bei $0,2 < A/V < 1,05$ zul. $Q'_H = 32,0$ bei $A/V \geq 1,05$ zul. Q'_H =	23,69
59	**Der Nachweis nach Wärmeschutz-Verordnung ist erbracht wenn gilt:** vorh. Q'_H = 23,05 kWh/m³a $\leq$ 23,69 kWh/m³a = zul. Q'_H	

60	**5. Zusatzanforderungen**					
61	**5.1 Aneinandergereihte Gebäude mit zwei Trennwänden**					
62	Bei Gebäuden mit zwei Trennwänden gilt zusätzlich folgende Anforderung: vorh. $k_{m,W+F} \leq$ zul. $k_{m,W+F}$ Dabei wird vorh. $k_{m,W+F}$ der verschiedenen Wand- und Fensterflächen wie folgt ermittelt: vorh. $k_{m,W+F} = (k_{W,i} * A_{W,i} + k_{F,i} * A_{F,i}) / (A_{W,i} + A_{F,i})$ vorh. $k_{m,W+F} = (\_\_\_ * \_\_\_\_\_ + \_\_\_ * \_\_\_\_\_) / (\_\_\_\_\_ + \_\_\_\_\_) =$ vorh. $k_{m,W+F} =$						
63	**Der Nachweis für aneinandergereihte Gebäude mit zwei Trennwänden ist nach Wärmeschutz-Verordnung erbracht, wenn zusätzlich zu Zeile 56 gilt:** vorh. $k_{m,W+F} =$ W/(m²K) $\leq$ zul. $k_{m,W+F}$ = 1,00 W/(m²K)						
64	**5.2 Nachweis für den Wärmeschutz im Sommer**					
65	Bei Gebäuden - mit einer raumlufttechnischen Anlage mit Kühlung - mit einem Fensterflächenanteil f je Fassade mit $f \geq 50\%$, gilt zusätzlich folgende Anforderung: $(g_F * f) = (g * z * f) \leq 0.25$ [9]					
66	Orientierung [6]	Fensterflächenanteil f [10]	Gesamtenergiedurchlaß-grad g	Abminderungsfaktor z [10][11] für Sonnenschutzmaßnahmen	f * g * z	Anforderung [12]
67	Ost-Fassade	0,21				≤ 0.25
68	Süd-Fassade	0,28				≤ 0.25
69	West-Fassade	0,21				≤ 0.25

[6] Als maßgebende Orientierung gilt diejenige Himmelsrichtung, deren Abweichung gegenüber der Senkrechten auf die Fensterfläche kleiner 45 Grad ist. In den Grenzfällen NO, NW, SO und SW gilt jeweils der ungünstigere Wert. Fensterflächen mit einer Neigung kleiner 15° sind wie west/ost-orientiert einzustufen

[7] Bei einem Fensterflächenanteil von mehr als 2/3 der jeweiligen Wandfläche darf der solare Gewinn nur bis zu dieser Größe berücksichtigt werden.

[8] Reduktionsfaktor der solaren Gewinne bei Fenstern gegen unbeheizten Glasvorbau bei Wintergartenverglasung mit: - Einfachverglasung: $r = 0.7$ - Isolierverglasung: $r = 0.6$ - Wärmeschutzverglasung: $r = 0.5$ ($k_V \leq 2.0$ W/(m²K))

[9] Ausgenommen sind nach Norden orientierte oder ganztägig verschattete Fenster.

[10] Berechnung des Fensterflächenanteils f und Abminderungsfaktoren z für Sonnenschutzmaßnahmen s.a. DIN 4108 Teil 2

[11] Werden zur Erfüllung der Anforderungen Sonnenschutzvorrichtungen verwendet, sind diese mindestens teilweise beweglich anzuordnen. Hierbei muß durch den beweglichen Anteil des Sonnenschutzes ein Abminderungsfaktor z kleiner oder gleich 0.5 erreicht werden.

[12] Die Anforderungen gelten bei beweglichem Sonnenschutz in geschlossenem Zustand

6.4.2 Bürogebäude mit Lagerhalle

Eine Zusammenstellung der verschiedenen Bauteile und ihrer Flächenanteile kann Tabelle 6.13 entnommen werden:

Tabelle 6.13　Bauteile und Flächen

Bauteil	Fläche insgesamt [m²]	Flächen mit Orientierung [m²]			
		Nord	Ost	Süd	West
Außenwand	262,4	90,0	62,8	109,6	-
Fenster	105,0	59,4	16,4	26,8	-
Dach	206,3	-	-	-	-
Kellerdecke	133,1	-	-	-	-
Decke gegen Außenluft n. unten	96,9	-	-	-	-
Angrenzende Bauteile (unbeheizte Räume)	66,8	-	-	-	-

Tabelle 6.14　Fensterflächenanteil f

Orientierung	Außenwandfläche A_W [m²]	Fensterfläche A_F [m²]	Fensterflächenanteil f [ ]
Ost	62,8	16,4	0,21
Süd	109,6	26,8	0,20
West	-	-	-

Besonderheiten:

- Die Westseite des Gebäudes wird durch eine Lagerhalle mit niedrigen Innentemperaturen ($12°C \leq t_i < 19°C$) abgedeckt.
- Das Zentraltreppenhaus ist in das Gebäude integriert und wird zum beheizten Volumen gerechnet.

Nachweis der Anforderungen nach Wärmeschutzverordnung 1995 Anlage 1
(Gebäude mit normalen Innentemperaturen)

Objekt:	*Bürogebäude mit angrenzender Lagerhalle*					
1	**1. Gebäuderanddaten**					
2	Volumen: $V = 1519{,}8$ Netto-Volumen: $V_N = 0.8 * V = 0.8 * \underline{\;1519{,}8\;} = 1215{,}8$ A/V $= 0{,}57$					
3	**2. Wärmeverluste**					
4	**2.1 Transmissionswärmeverluste Q_T**					
5	Bauteil	Kurzbe-zeichnung	Fläche A_i [m²]	Wärmedurchgangs-koeffizient k_i [W/(m²K)]	$k_i * A_i$ [W/K]	Reduktions-faktor r_i [ ]	$k_i * A_i * r_i$ [W/K]
6	Außenwand	W1.1	262,4	0,50	131,2	1.0	131,2
7		W1.2				1.0	
8		W1.3				1.0	
9	Wand gegen Abseitenraum	W2.1				0.8	
10		W3.1				[1)	
11	Wand gegen unbeheizten Glasvorbau	W3.2				[1)	
12		W3.3				[1)	
13	Außenfenster	F1.1	105,0	1,6	168,0	1.0[2)	168,0
14		F1.2				1.0[2)	
15		F1.3				1.0[2)	
16	Fenster gegen unbeheizten Glasvorbau	F2.1				[1)2)	
17		F2.2				[1)2)	
18		F2.3				[1)2)	
19	Dach, Decke zum nicht ausgebauten DG	D1	206,3	0,25	51,6	0.8	41,3
20		D2				0.8	
21		D3				0.8	
22	Kellerdecke, Grundfläche und Wände gegen Erdreich bei beheizten Räumen	G1	133,1	0,40	53,2	0.5	26,6
23		G2				0.5	
24		G3				0.5	
25	Decke gegen Außenluft nach unten	DL1	96,9	0,35	33,9	1.0	33,9
26		DL2				1.0	
27		DL3				1.0	
28	Angrenzende Bauteile (unbeheizte Räume)	AB1	66,8	0,5	33,4	0.5	16,7
29		AB2				0.5	
30		AB3				0.5	
31	**Summe A =**	870,5	Spezifischer Transmissionswärmeverlust **Summe H_T =**			417,7
32	Transmissionswärmeverluste: $Q_T = 84 * H_T = 84 * \underline{\;417{,}7\;}$				$Q_T =$	35086,8
33	**2.2 Lüftungswärmeverluste Q_L**					
34	Haustechnische Einrichtungen		Reduktionsfaktor η			
35	ohne Lüftungsanlage		1.00			
36	mit kontrollierter Be- und Entlüftung		0.95[3)			
37	mit kontrollierter Be- und Entlüftung und Wärmerückgewinnungsanlage		0.80[3)4)			
38	mit kontrollierter Be- und Entlüftung und Wärmerückgewinnungsanlage mit Wärmetauscher in der Fortluft		0.80[3)5)			
39	Spezifischer Lüftungswärmeverlust: $L = \eta * 0{,}34 * 0{,}8 * V_N = \underline{1{,}0} * 0{,}34 * 0{,}8 * \underline{1215{,}8}$				$L =$	330,7
40	Lüftungswärmeverluste: $Q_L = 84 * L = 84 * \underline{\;330{,}7\;}$				$Q_L =$	27778,8

[1)] Reduktionsfaktor bei unbeheizten Glasvorbauten mit Einfachverglasung: $r = 0{,}7$ mit Isolierverglasung: $r = 0{,}6$ mit Wärmeschutzverglasung: $r = 0{,}5$ $[k_v \leq 2.0$ W/(m²K)]

[2)] Im Bereich von Rolladenkästen darf der Wärmedurchgangskoeffizient den Wert von 0,6 W/(m²K) nicht überschreiten.

[3)] Die Abminderungsfaktoren gelten nicht für Gebäude, für die die erhöhten internen Gewinne nach Zeile 54 dieses Formblatts angesetzt werden.

[4)] Die Abminderung ist nur gültig, wenn je kWh aufgewendeter Arbeit mindestens 5,0 kWh nutzbare Wärme abgegeben wird.

[5)] Die Abminderung ist nur gültig, wenn je kWh aufgewendeter Arbeit mindestens 4,0 kWh nutzbare Wärme abgegeben wird.

41	**3. Wärmegewinne**				
42	**3.1 Solare Wärmegewinne Q_S**				
43	Orientierung [a]	Strahlungs-intensität I_i [kWh/m²a]	Gesamtenergie-durchlaßgrad g_i [ ]	Fenster-Teilfläche [b] A_i [m²]	Reduktionsfaktor bei unbeheiztem Wintergarten [c] r_i [ ]	$0{,}46 * r_i * I_i * g_i * A_i$ [kWh/a]
44	Süd	400	0,62	26,8	1,0	3057,3
45						
46	West + Ost	275	0,62	16,4	1,0	1286,3
47						
48	Nord	160	0,62	59,4	1,0	2710,5
49						
50	Solare Wärmegewinne: $Q_S = \Sigma \, (0{,}46 * r_i * I_i * g_i * A_i)$				Summe Q_S =	7054,1
51	**3.2 Interne Wärmegewinne Q_I**				
52	Nutzungsart	Durchschnittliche interne Gewinne q_I pro m³ Volumen
53	Gebäude allgemein, außer Gebäude mit nachgewiesener büroähnlicher Nutzung	8.00
54	Gebäude mit nachgewiesener büroähnlicher Nutzung	10.00
55	Interne Wärmegewinne: $Q_I = q_I * V = \underline{10{,}0} \quad * \underline{1519{,}8}$	Q_I = 15198,0

56	**4. Jahres-Heizwärmebedarf**
57	Vorhandener volumenbezogener Jahres-Heizwärmebedarf: vorh. $Q'_H = [0{,}9 * (Q_T + Q_L) - (Q_S + Q_I)] / V$ vorh. $Q'_H = [0{,}9 * (\underline{35086{,}8} + \underline{27778{,}8}) - (\underline{7054{,}1} + \underline{15118{,}0})] / \underline{1519{,}8}$ vorh. Q'_H = 22,59
58	Zulässiger volumenbezogener Jahres-Heizwärmebedarf: zul. $Q'_H = 17{,}3$ bei A/V $\leq$ 0,2 zul. $Q'_H = 13{,}82 + 17{,}32 \,(A/V)$ bei 0,2 < A/V < 1,05 zul. $Q'_H = 32{,}0$ bei A/V $\geq$ 1,05 zul. Q'_H = 23,69
59	**Der Nachweis nach Wärmeschutz-Verordnung ist erbracht wenn gilt:** **vorh. Q'_H = 22,59 kWh/m³a $\leq$ 23,69 kWh/m³a = zul. Q'_H**
60	**5. Zusatzanforderungen**
61	**5.1 Aneinandergereihte Gebäude mit zwei Trennwänden**
62	Bei Gebäuden mit zwei Trennwänden gilt zusätzlich folgende Anforderung: vorh. $k_{m,W+F} \leq$ zul. $k_{m,W+F}$ Dabei wird vorh. $k_{m,W+F}$ der verschiedenen Wand- und Fensterflächen wie folgt ermittelt: vorh. $k_{m,W+F} = (k_{W,i} * A_{W,i} + k_{F,i} * A_{F,i}) / (A_{W,i} + A_{F,i})$ vorh. $k_{m,W+F} = (\underline{\quad} * \underline{\quad\quad} + \underline{\quad} * \underline{\quad\quad}) / (\underline{\quad\quad} + \underline{\quad\quad}) =$ vorh. $k_{m,W+F} =$
63	**Der Nachweis für aneinandergereihte Gebäude mit zwei Trennwänden ist nach Wärmeschutz-Verordnung erbracht, wenn zusätzlich zu Zeile 56 gilt:** **vorh. $k_{m,W+F}$ = W/(m²K) $\leq$ zul. $k_{m,W+F}$ = 1,00 W/(m²K)**
64	**5.2 Nachweis für den Wärmeschutz im Sommer**
65	Bei Gebäuden - mit einer raumlufttechnischen Anlage mit Kühlung - mit einem Fensterflächenanteil f je Fassade mit f $\geq$ 50%, gilt zusätzlich folgende Anforderung: $(g_F * f) = (g * z * f) \leq 0{,}25$ [d]

66	Orientierung [a]	Fensterflächenanteil f [e]	Gesamtenergiedurchlaß-grad g	Abminderungsfaktor z [e][f] für Sonnenschutzmaßnahmen	f * g * z	Anforderung [g]
67	Ost-Fassade	0,21				≤ 0.25
68	Süd-Fassade	0,20				≤ 0.25
69	West-Fassade	–				≤ 0.25

[a] Als maßgebende Orientierung gilt diejenige Himmelsrichtung, deren Abweichung gegenüber der Senkrechten auf die Fensterfläche kleiner 45 Grad ist. In den Grenzfällen NO, NW, SO und SW gilt jeweils der ungünstigere Wert. Fensterflächen mit einer Neigung kleiner 15° sind wie west/ost-orientiert einzustufen.

[b] Bei einem Fensterflächenanteil von mehr als 2/3 der jeweiligen Wandfläche darf der solare Gewinn nur bis zu dieser Größe berücksichtigt werden.

[c] Reduktionsfaktor der solaren Gewinne bei Fenstern gegen unbeheizten Glasvorbau bei Wintergartenverglasung mit:
   - Einfachverglasung: r = 0.7
   - Isolierverglasung: r = 0.6
   - Wärmeschutzverglasung: r = 0.5
    $(k_V \leq 2.0 \; W/(m²K))$

[d] Ausgenommen sind nach Norden orientierte oder ganztägig verschattete Fenster.

[e] Berechnung des Fensterflächenanteils f und Abminderungsfaktoren z für Sonnenschutzmaßnahmen s.a. DIN 4108 Teil 2

[f] Werden zur Erfüllung der Anforderungen Sonnenschutzvorrichtungen verwendet, sind diese mindestens teilweise beweglich anzuordnen. Hierbei muß durch den beweglichen Anteil des Sonnenschutzes ein Abminderungsfaktor z kleiner oder gleich 0.5 erreicht werden.

[g] Die Anforderungen gelten bei beweglichem Sonnenschutz in geschlossenem Zustand

6.4.3 Lagerhalle

Eine Zusammenstellung der verschiedenen Bauteile und ihrer Flächenanteile kann Tabelle 6.15 entnommen werden:

Tabelle 6.15 Bauteile und Flächen

Bauteil	Fläche insgesamt [m²]	Flächen mit Orientierung [m²]			
		Nord	Ost	Süd	West
Außenwand	172,7	42,7	-	63,2	66,8
Fenster	106,5	24,5	37,8	4,0	40,2
Dach	78,8	-	-	-	-
Grundfläche gegen Erdreich	113,4	-	-	-	-

Besonderheiten:

- Die Lagerhalle grenzt mit ihrer Ostseite an den normalbeheizten Büroteil. Da sich in diesem Fall ein Wärmestrom aus dem höher temperierten Bürotrakt in die niedrig beheizte Lagerhalle einstellt, wird die Trennwand zwischen beiden Nutzungstypen bei der Ermittlung des Jahres-Transmissionswärmebedarfs nicht berücksichtigt.

Nachweis der Anforderungen nach Wärmeschutzverordnung 1995 Anlage 2
(Gebäude mit niedrigen Innentemperaturen)

Objekt:	*Lagerhalle*					
1	**1. Gebäuderanddaten**					
2	Volumen: V = 769,0 A/V = 0,61					
3	**2. Transmissionswärmeverluste**					
4	Bauteil	Kurzbe-zeichnung	Fläche A_i [m²]	Wärmedurchgangs-koeffizient k_i [W/(m²K)]	$k_i \cdot A_i$ [W/K]	Reduktions-faktor r_i [ ]	$k_i \cdot A_i \cdot r_i$ [W/K]
5		W1.1	172,7	0,50	86,4	1.0	86,4
6	Außenwand	W1.2				1.0	
7		W1.3				1.0	
8	Wand gegen Abseitenraum	W2.1				0.8	
9		W3.1				[1]	
10	Wand gegen unbeheizten Glasvorbau	W3.2				[1]	
11		W3.3				[1]	
12		F1.1	104,1	1,8	187,4	1.0[2]	187,4
13	Außenfenster	F1.2	2,4	3,0	7,2	1.0[2]	7,2
14		F1.3				1.0[2]	
15		F2.1				[1][2]	
16	Fenster gegen unbeheizten Glasvorbau	F2.2				[1][2]	
17		F2.3				[1][2]	
18		D1	78,8	0,30	23,6	0.8	18,9
19	Dach, Decke zum nicht ausgebauten DG	D2				0.8	
20		D3				0.8	
21		G1	113,4	0,40	45,4	0.5[3]	22,7
22	Kellerdecke, Grundfläche und Wände gegen Erdreich bei beheizten Räumen	G2				0.5[3]	
23		G3				0.5[3]	
24		DL1				1.0	
25	Decke gegen Außenluft nach unten	DL2				1.0	
26		DL3				1.0	
27		AB1				0.5	
28	Angrenzende Bauteile (unbeheizte Räume)	AB2				0.5	
29		AB3				0.5	
30	**Summe A =** 471,4			Spezifischer Transmissionswärmeverlust **Summe H_T =**		322,6
31	Jahres-Transmissionswärmebedarf: $Q_T = 30 * H_T = 30 *$ 322,6 $\qquad Q_T =$ 9678,0						
32	**3. Jahres-Transmissionswärmebedarf**						
33	Vorhandener volumenbezogener Jahres-Transmissionswärmebedarf: vorh. $Q'_T = Q_T / V$ vorh. $Q'_T =$ 9678,0 / 769,0 $\qquad$ vorh. $Q'_T =$ 12,59						
34	Zulässiger volumenbezogener Jahres-Transmissionswärmebedarf: zul. $Q'_T = 6,20$ $\quad$ bei A/V $\leq 0,2$ zul. $Q'_T = 3,0 + 16,0$ (A/V) $\quad$ bei $0,2 < $ A/V $ < 1,00$ zul. $Q'_T = 19,0$ $\quad$ bei A/V $\geq 1,00$ $\qquad$ zul. $Q'_T =$ 12,76						
35	**Der Nachweis nach Wärmeschutz-Verordnung ist erbracht wenn gilt:** vorh. $Q'_T =$ 12,59 kWh/m³a $\leq$ 12,76 kWh/m³a = zul. Q'_T						

[1] Reduktionsfaktor bei unbeheizten Glasvorbauten mit Einfachverglasung: $r = 0.7$; mit Isolierverglasung: $r = 0.6$; mit Wärmeschutzverglasung: $r = 0.5$ [$k_V \leq 2.0$ W/(m²K)]

[2] Im Bereich von Rolladenkästen darf der Wärmedurchgangskoeffizient den Wert von 0,6 W/(m²K) nicht überschreiten.

[3] Der Reduktionsfaktor 0,5 ist nur bei gedämmten Fußböden anzusetzen. Bei ungedämmten Fußböden ist der Reduktionsfaktor in Abhängigkeit von der Größe der Gebäudegrundfläche nach der Formel: $r_0 = 2,33 / (A_0)^{1/3}$

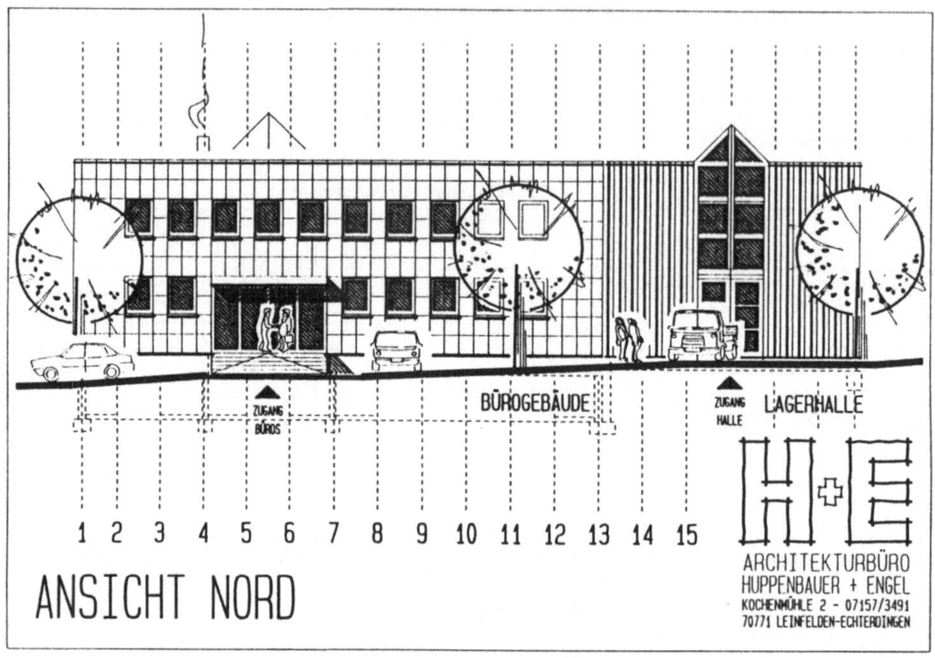
ZUGANG
BÜROS
BÜROGEBÄUDE
ZUGANG
HALLE
LAGERHALLE
1 2 3 4 5 6 7 8 9 10 11 12 13 14 15
ANSICHT NORD
H+E
ARCHITEKTURBÜRO
HUPPENBAUER + ENGEL
KOCHENMÜHLE 2 - 07157/3491
70771 LEINFELDEN-ECHTERDINGEN

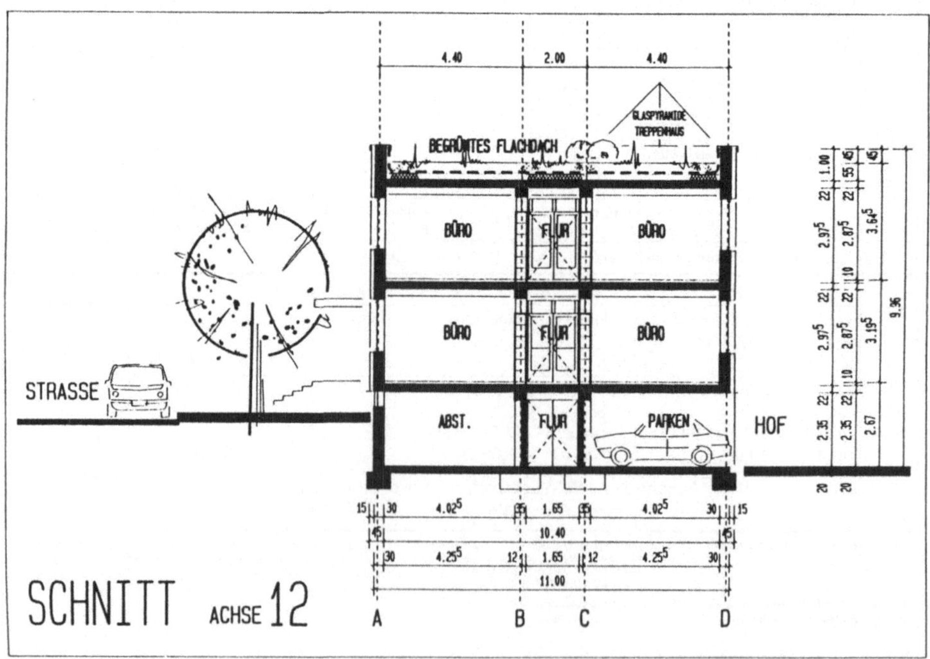
4.40   2.00   4.40
GLASPYRAMIDE
TREPPENHAUS
BEGRÜNTES FLACHDACH
BÜRO   FLUR   BÜRO
BÜRO   FLUR   BÜRO
STRASSE
ABST.   FLUR   PARKEN   HOF
SCHNITT   ACHSE 12
A   B   C   D

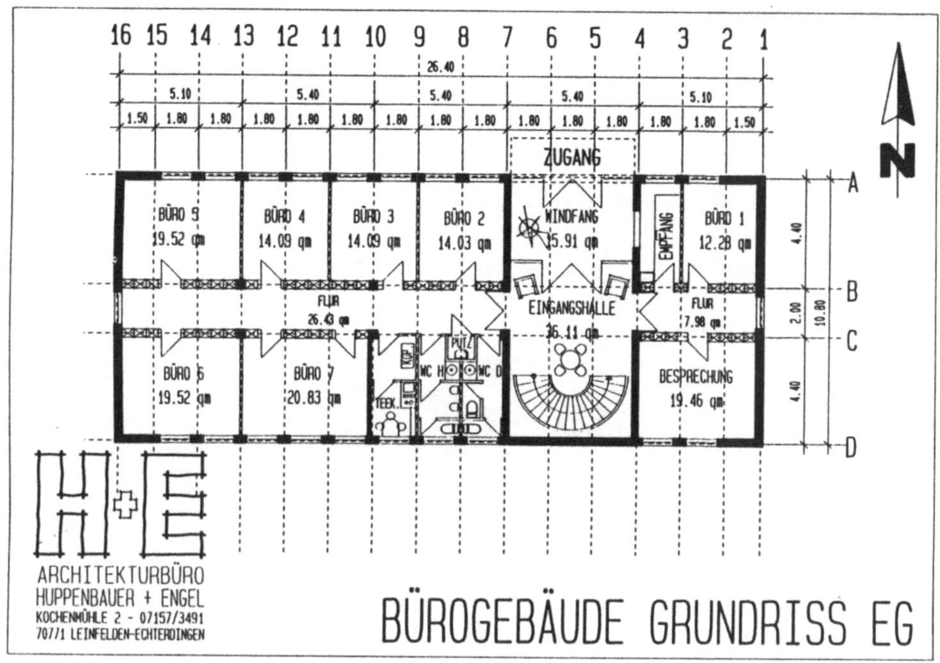
16 15 14 13 12 11 10 9 8 7 6 5 4 3 2 1
26.40
5.10   5.40   5.40   5.40   5.10
1.50 1.80 1.80 1.80 1.80 1.80 1.80 1.80 1.80 1.80 1.80 1.80 1.80 1.80 1.50
N
ZUGANG
A
BÜRO 5
19.52 qm
BÜRO 4
14.09 qm
BÜRO 3
14.09 qm
BÜRO 2
14.03 qm
WINDFANG
15.91 qm
EMPFANG
BÜRO 1
12.28 qm
4.40
B
FLUR
26.43 qm
EINGANGSHALLE
36.11 qm
FLUR
7.98 qm
2.00
10.80
C
BÜRO 6
19.52 qm
BÜRO 7
20.83 qm
PUTZ
WC H
WC D
TEEK.
BESPRECHUNG
19.46 qm
4.40
D
H+E
ARCHITEKTURBÜRO
HUPPENBAUER + ENGEL
KOCHENMÜHLE 2 - 07157/3491
70771 LEINFELDEN-ECHTERDINGEN
BÜROGEBÄUDE GRUNDRISS EG

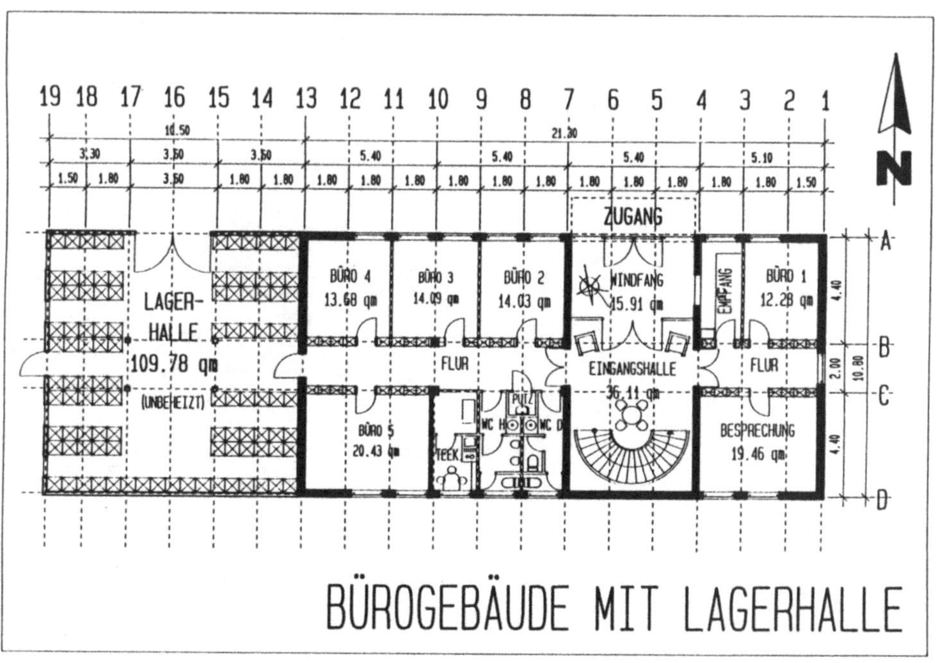
19 18 17 16 15 14 13 12 11 10 9 8 7 6 5 4 3 2 1
10.50
21.30
3.30   3.50   3.50   5.40   5.40   5.40   5.10
1.50 1.80 3.50 1.80 1.80 1.80 1.80 1.80 1.80 1.80 1.80 1.80 1.80 1.80 1.80 1.80 1.50
N
ZUGANG
A
LAGER-
HALLE
109.78 qm
(UNBEHEIZT)
BÜRO 4
13.68 qm
BÜRO 3
14.09 qm
BÜRO 2
14.03 qm
WINDFANG
15.91 qm
EMPFANG
BÜRO 1
12.28 qm
4.40
B
FLUR
EINGANGSHALLE
36.11 qm
FLUR
2.00
10.80
C
BÜRO 5
20.43 qm
PUTZ
WC H
WC D
TEEK
BESPRECHUNG
19.46 qm
4.40
D
BÜROGEBÄUDE MIT LAGERHALLE

Anhang 1

**Verordnung
über einen energiesparenden Wärmeschutz bei Gebäuden
(Wärmeschutzverordnung - WärmeschutzV)**

Vom 16. August 1994

(Auszug aus dem Bundesgesetzblatt Teil I Nr. 55 vom 24. August 1994
Seite 2121 bis 2132)

Verordnung
über einen energiesparenden Wärmeschutz bei Gebäuden
(Wärmeschutzverordnung – WärmeschutzV)*)

Vom 16. August 1994

Auf Grund des § 1 Abs. 2 sowie der §§ 4 und 5 des Energieeinsparungsgesetzes vom 22. Juli 1976 (BGBl. I S. 1873), von denen die §§ 4 und 5 durch Gesetz vom 20. Juni 1980 (BGBl. I S. 701) geändert worden sind, verordnet die Bundesregierung:

Erster Abschnitt

Zu errichtende Gebäude
mit normalen Innentemperaturen

§ 1

Anwendungsbereich

Bei der Errichtung der nachstehend genannten Gebäude ist zum Zwecke der Energieeinsparung der Jahres-Heizwärmebedarf dieser Gebäude durch Anforderungen an den Wärmedurchgang der Umfassungsfläche und an die Lüftungswärmeverluste nach den Vorschriften dieses Abschnittes zu begrenzen:

1. Wohngebäude,

2. Büro- und Verwaltungsgebäude,

3. Schulen, Bibliotheken,

4. Krankenhäuser, Altenwohnheime, Altenheime, Pflegeheime, Entbindungs- und Säuglingsheime sowie Aufenthaltsgebäude in Justizvollzugsanstalten und Kasernen,

5. Gebäude des Gaststättengewerbes,

6. Waren- und sonstige Geschäftshäuser,

7. Betriebsgebäude, soweit sie nach ihrem üblichen Verwendungszweck auf Innentemperaturen von mindestens 19 °C beheizt werden,

8. Gebäude für Sport- oder Versammlungszwecke, soweit sie nach ihrem üblichen Verwendungszweck auf Innentemperaturen von mindestens 15 °C und jährlich mehr als drei Monate beheizt werden,

9. Gebäude, die eine nach den Nummern 1 bis 8 gemischte oder eine ähnliche Nutzung aufweisen.

§ 2

Begriffsbestimmungen

(1) Der Jahres-Heizwärmebedarf eines Gebäudes im Sinne dieser Verordnung ist diejenige Wärme, die ein Heizsystem unter den Maßgaben des in Anlage 1 angegebenen Berechnungsverfahrens jährlich für die Gesamtheit der beheizten Räume dieses Gebäudes bereitzustellen hat.

(2) Beheizte Räume im Sinne dieser Verordnung sind Räume, die auf Grund bestimmungsgemäßer Nutzung direkt oder durch Raumverbund beheizt werden.

§ 3

Begrenzung des Jahres-Heizwärmebedarfs Q_H

(1) Der Jahres-Heizwärmebedarf ist nach Anlage 1 Ziffer 1 und 6 zu begrenzen. Für kleine Wohngebäude mit bis zu zwei Vollgeschossen und nicht mehr als drei Wohneinheiten gilt die Verpflichtung nach Satz 1 als erfüllt, wenn die Anforderungen nach Anlage 1 Ziffer 7 eingehalten werden.

(2) Werden mechanisch betriebene Lüftungsanlagen eingesetzt, können diese bei der Ermittlung des Jahres-Heizwärmebedarfes nach Maßgabe der Anlage 1 Ziffer 1.6.3 und 2 berücksichtigt werden.

---

*) Die §§ 1 bis 7, § 8 Abs. 1, die §§ 9 bis 11 und die §§ 13 bis 15 sowie die Anlagen 1, 2 und 4 dienen der Umsetzung des Artikels 5 der Richtlinie 93/76/EWG des Rates vom 13. September 1993 zur Begrenzung der Kohlendioxidemissionen durch eine effizientere Energienutzung – SAVE – (ABl. EG Nr. L 237 S. 28), § 12 dient der Umsetzung des Artikels 2 dieser Richtlinie.

(3) Ferner gelten folgende Anforderungen:

1. Bei Flächenheizungen in Bauteilen, die beheizte Räume gegen die Außenluft, das Erdreich oder gegen Gebäudeteile mit wesentlich niedrigeren Innentemperaturen abgrenzen, ist der Wärmedurchgang nach Anlage 1 Ziffer 3 zu begrenzen.

2. Der Wärmedurchgangskoeffizient für Außenwände im Bereich von Heizkörpern darf den Wert der nichttransparenten Außenwände des Gebäudes nicht überschreiten.

3. Werden Heizkörper vor außenliegenden Fensterflächen angeordnet, sind zur Verringerung der Wärmeverluste geeignete, nicht demontierbare oder integrierte Abdeckungen an der Heizkörperrückseite vorzusehen. Der k-Wert der Abdeckung darf $0{,}9\ \mathrm{W/(m^2 \cdot K)}$ nicht überschreiten. Der Wärmedurchgang durch die Fensterflächen ist nach Anlage 1 Ziffer 4 zu begrenzen.

4. Soweit Gebäude mit Einrichtungen ausgestattet werden, durch die die Raumluft unter Einsatz von Energie gekühlt wird, ist der Energiedurchgang von außenliegenden Fenstern und Fenstertüren nach Maßgabe der Anlage 1 Ziffer 5 zu begrenzen.

5. Fenster und Fenstertüren in wärmetauschenden Flächen müssen mindestens mit einer Doppelverglasung ausgeführt werden. Hiervon sind großflächige Verglasungen, zum Beispiel für Schaufenster, ausgenommen, wenn sie nutzungsbedingt erforderlich sind.

§ 4

Anforderungen an die Dichtheit

(1) Soweit die wärmeübertragende Umfassungsfläche durch Verschalungen oder gestoßene, überlappende sowie plattenartige Bauteile gebildet wird, ist eine luftundurchlässige Schicht über die gesamte Fläche einzubauen, falls nicht auf andere Weise eine entsprechende Dichtheit sichergestellt werden kann.

(2) Die Fugendurchlaßkoeffizienten der außenliegenden Fenster und Fenstertüren von beheizten Räumen dürfen die in Anlage 4 Tabelle 1 genannten Werte, die Fugendurchlaßkoeffizienten der Außentüren den in Anlage 4 Tabelle 1 Zeile 1 genannten Wert nicht überschreiten.

(3) Die sonstigen Fugen in der wärmeübertragenden Umfassungsfläche müssen entsprechend dem Stand der Technik dauerhaft luftundurchlässig abgedichtet sein.

(4) Soweit es im Einzelfall erforderlich wird zu überprüfen, ob die Anforderungen der Absätze 1 bis 3 erfüllt sind, gilt Anlage 4 Ziffer 2.

Zweiter Abschnitt

Zu errichtende Gebäude mit niedrigen Innentemperaturen

§ 5

Anwendungsbereich

Bei der Errichtung von Betriebsgebäuden, die nach ihrem üblichen Verwendungszweck auf eine Innentemperatur von mehr als 12 °C und weniger als 19 °C und jährlich mehr als vier Monate beheizt werden, ist zum Zwecke der Energieeinsparung ein baulicher Wärmeschutz nach den Vorschriften dieses Abschnitts auszuführen.

§ 6

Begrenzung des Jahres-Transmissionswärmebedarfs Q_T

(1) Der Jahres-Transmissionswärmebedarf ist nach Anlage 2 Ziffer 1 zu begrenzen.

(2) Ferner gelten folgende Anforderungen:

1. Soweit die Gebäude mit Einrichtungen ausgestattet werden, bei denen die Luft unter Einsatz von Energie gekühlt, be- oder entfeuchtet wird, ist mindestens Isolier- oder Doppelverglasung vorzusehen. Wird die Luft unter Einsatz von Energie gekühlt, ist der Energiedurchgang von außenliegenden Fenstern und Fenstertüren nach Maßgabe der Anlage 1 Ziffer 5 zu begrenzen.

2. Für die Begrenzung des Jahres-Transmissionswärmebedarfs bei

   a) Flächenheizungen in Außenbauteilen gilt § 3 Abs. 3 Nr. 1 entsprechend,

   b) Außenwänden im Bereich von Heizkörpern gilt § 3 Abs. 3 Nr. 2 entsprechend,

   c) Heizkörpern im Bereich von Fensterflächen gilt § 3 Abs. 3 Nr. 3 entsprechend.

(3) Wird für außenliegende Fenster, Fenstertüren und Außentüren in beheizten Räumen Einfachverglasung vorgesehen, so ist der Wärmedurchgangskoeffizient für diese Bauteile bei der Berechnung nach Anlage 2 Ziffer 2 mit mindestens $5{,}2\ \mathrm{W/(m^2 \cdot K)}$ anzusetzen.

§ 7

Anforderungen an die Dichtheit

Die Fugendurchlaßkoeffizienten der außenliegenden Fenster und Fenstertüren von beheizten Räumen dürfen den in Anlage 4 Tabelle 1 Zeile 1 genannten Wert nicht überschreiten. Im übrigen gilt § 4 Abs. 1, 3 und 4 entsprechend.

Dritter Abschnitt

Bauliche Änderungen bestehender Gebäude

§ 8

Begrenzung des Heizwärmebedarfs

(1) Bei der baulichen Erweiterung eines Gebäudes nach dem Ersten oder Zweiten Abschnitt um mindestens einen beheizten Raum oder der Erweiterung der Nutzfläche in bestehenden Gebäuden um mehr als 10 m^2 zusammenhängende beheizte Gebäudenutzfläche nach Anlage 1 Ziffer 1.4.2 sind für die neuen beheizten Räume bei Gebäuden mit normalen Innentemperaturen die Anforderungen nach den §§ 3 und 4 und bei Gebäuden mit niedrigen Innentemperaturen die Anforderungen nach den §§ 6 und 7 einzuhalten.

(2) Soweit bei beheizten Räumen in Gebäuden nach dem Ersten oder Zweiten Abschnitt

1. Außenwände,

2. außenliegende Fenster und Fenstertüren sowie Dachfenster,

3. Decken unter nicht ausgebauten Dachräumen oder Decken (einschließlich Dachschrägen), welche die Räume nach oben oder unten gegen die Außenluft abgrenzen,

4. Kellerdecken oder

5. Wände oder Decken gegen unbeheizte Räume

erstmalig eingebaut, ersetzt (wärmetechnisch nachgerüstet) oder erneuert werden, sind die in Anlage 3 genannten Anforderungen einzuhalten. Dies gilt nicht, wenn die Anforderungen für zu errichtende Gebäude erfüllt werden oder wenn sich die Ersatz- oder Erneuerungsmaßnahme auf weniger als 20 vom Hundert der Gesamtfläche der jeweiligen Bauteile erstreckt; bei Außenwänden, außenliegenden Fenstern und Fenstertüren sind die jeweiligen Bauteilflächen der zugehörigen Fassade zugrunde zu legen. Satz 1 gilt auch bei Maßnahmen zur wärmeschutztechnischen Verbesserung der Bauteile. Die Sätze 1 und 3 gelten nicht, wenn im Einzelfall die zur Erfüllung der dort genannten Anforderungen aufzuwendenden Mittel außer Verhältnis zu der noch zu erwartenden Nutzungsdauer des Gebäudes stehen.

(3) Soweit Einrichtungen bei Gebäuden nach dem Ersten oder Zweiten Abschnitt nachträglich eingebaut werden, durch die die Raumluft unter Einsatz von Energie gekühlt wird, ist der Energiedurchgang von außenliegenden Fenstern und Fenstertüren nach Maßgabe der Anlage 1 Ziffer 5 zu begrenzen. Außenliegende Fenster und Fenstertüren sowie Außentüren der von Einrichtungen nach Satz 1 versorgten Räume sind mindestens mit Isolier- oder Doppelverglasungen auszuführen.

Vierter Abschnitt
Ergänzende Vorschriften

§ 9
Gebäude mit gemischter Nutzung

Bei Gebäuden, die nach der Art ihrer Nutzung nur zu einem Teil den Vorschriften des Ersten bis Dritten Abschnitts unterliegen, gelten für die entsprechenden Gebäudeteile die Vorschriften des jeweiligen Abschnitts.

§ 10
Regeln der Technik

(1) Für Bauteile von Gebäuden nach dieser Verordnung, die gegen die Außenluft oder Gebäudeteile mit wesentlich niedrigeren Innentemperaturen abgrenzen, sind die Anforderungen des Mindest-Wärmeschutzes nach den allgemein anerkannten Regeln der Technik einzuhalten, sofern nach dieser Verordnung geringere Anforderungen zulässig wären.

(2) Das Bundesministerium für Raumordnung, Bauwesen und Städtebau weist durch Bekanntmachung im Bundesanzeiger auf Veröffentlichungen sachverständiger Stellen über die jeweils allgemein anerkannten Regeln der Technik hin, auf die in dieser Verordnung Bezug genommen wird.

§ 11
Ausnahmen

(1) Diese Verordnung gilt nicht für

1. Traglufthallen, Zelte und Raumzellen sowie sonstige Gebäude, die wiederholt aufgestellt und zerlegt werden und nicht mehr als zwei Heizperioden am jeweiligen Aufstellungsort beheizt werden,

2. unterirdische Bauten oder Gebäudeteile für Zwecke der Landesverteidigung, des Zivil- oder Katastrophenschutzes,

3. Werkstätten, Werkhallen und Lagerhallen, soweit sie nach ihrem üblichen Verwendungszweck großflächig und lang anhaltend offengehalten werden müssen,

4. Unterglasanlagen und Kulturräume im Gartenbau.

(2) Die nach Landesrecht zuständigen Stellen lassen auf Antrag für Baudenkmäler oder sonstige besonders erhaltenswerte Bausubstanz Ausnahmen von dieser Verordnung zu, soweit Maßnahmen zur Begrenzung des Jahres-Heizwärmebedarfs nach dem Dritten Abschnitt die Substanz oder das Erscheinungsbild des Baudenkmals beeinträchtigen und andere Maßnahmen zu einem unverhältnismäßig hohen Aufwand führen würden.

(3) Die nach Landesrecht zuständigen Stellen lassen auf Antrag Ausnahmen von dieser Verordnung zu, soweit durch andere Maßnahmen die Ziele dieser Verordnung im gleichen Umfang erreicht werden.

§ 12
Wärmebedarfsausweis

(1) Für Gebäude nach dem Ersten und Zweiten Abschnitt sind die wesentlichen Ergebnisse der rechnerischen Nachweise in einem Wärmebedarfsausweis zusammenzustellen. Rechte Dritter werden durch den Ausweis nicht berührt. Näheres über den Wärmebedarfsausweis wird in einer Allgemeinen Verwaltungsvorschrift der Bundesregierung mit Zustimmung des Bundesrates bestimmt. Hierbei ist auf die normierten Bedingungen bei der Ermittlung des Wärmebedarfs hinzuweisen.

(2) Der Wärmebedarfsausweis ist der nach Landesrecht für die Überwachung der Verordnung zuständigen Stelle auf Verlangen vorzulegen und ist Käufern, Mietern oder sonstigen Nutzungsberechtigten eines Gebäudes auf Anforderung zur Einsichtnahme zugänglich zu machen.

(3) Dieser Wärmebedarfsausweis stellt die energiebezogenen Merkmale eines Gebäudes im Sinne der Richtlinie 93/76/EWG des Rates vom 13. September 1993 zur Begrenzung der Kohlendioxidemissionen durch eine effizientere Energienutzung (ABl. EG Nr. L 237 S. 28) dar.

§ 13
Übergangsvorschriften

(1) Die Errichtung oder bauliche Änderung von Gebäuden nach dem Ersten bis Dritten Abschnitt, für die bis zum Tage vor dem Inkrafttreten dieser Verordnung der Bauantrag gestellt oder die Bauanzeige erstattet worden ist, ist von den Anforderungen dieser Verordnung ausgenommen. Für diese Bauvorhaben gelten weiterhin die Anforderungen der Wärmeschutzverordnung vom 24. Februar 1982 (BGBl. I S. 209).

(2) Genehmigungs- und anzeigefreie Bauvorhaben sind von den Anforderungen dieser Verordnung ausgenommen, wenn mit der Bauausführung bis zum Tage vor dem Inkrafttreten dieser Verordnung begonnen worden ist. Für diese Bauvorhaben gelten weiterhin die Anforderungen der Wärmeschutzverordnung vom 24. Februar 1982 (BGBl. I S. 209).

§ 14
Härtefälle

Die nach Landesrecht zuständigen Stellen können auf Antrag von den Anforderungen dieser Verordnung befreien, soweit die Anforderungen im Einzelfall wegen besonderer Umstände durch einen unangemessenen Aufwand oder in sonstiger Weise zu einer unbilligen Härte führen.

§ 15
Inkrafttreten

(1) Diese Verordnung tritt am 1. Januar 1995 in Kraft.

(2) Mit Inkrafttreten dieser Verordnung tritt die Wärmeschutzverordnung vom 24. Februar 1982 (BGBl. I S. 209) außer Kraft.

Der Bundesrat hat zugestimmt.

Bonn, den 16. August 1994

Der Stellvertreter des Bundeskanzlers
Kinkel

Der Bundesminister für Wirtschaft
Rexrodt

Die Bundesministerin
für Raumordnung, Bauwesen und Städtebau
I. Schwaetzer

            Anhang 1

Anlage 1

Anforderungen
zur Begrenzung des Jahres-Heizwärmebedarfs Q_H
bei zu errichtenden Gebäuden mit normalen Innentemperaturen

1.0 Anforderungen zur Begrenzung des Jahres-Heizwärmebedarfs in Abhängigkeit von A/V (Verhältnis der wärmeübertragenden Umfassungsfläche A zum hiervon eingeschlossenen Bauwerksvolumen V)

Die in Tabelle 1 angegebenen Werte des auf das beheizte Bauwerksvolumen V oder die Gebäudenutzfläche A_N bezogenen maximalen Jahres-Heizwärmebedarfs Q'_H oder Q''_H dürfen nicht überschritten werden.

Die auf die Gebäudenutzfläche bezogenen Werte nach Tabelle 1 Spalte 3 dürfen nur bei Gebäuden mit lichten Raumhöhen von 2,60 m oder weniger angewendet werden.

Tabelle 1

Maximale Werte
des auf das beheizte Bauwerksvolumen
oder die Gebäudenutzfläche A_N bezogenen
Jahres-Heizwärmebedarfs in Abhängigkeit
vom Verhältnis A/V

A/V	Maximaler Jahres-Heizwärmebedarf	
	bezogen auf V Q'_H [1] nach Ziff. 1.6.6	bezogen auf A_N Q''_H [2] nach Ziff. 1.6.7
im m^{-1}	in kWh/($m^3 \cdot$ a)	in kWh/($m^2 \cdot$ a)
1	2	3
≤ 0,2	17,3	54,0
0,3	19,0	59,4
0,4	20,7	64,8
0,5	22,5	70,2
0,6	24,2	75,6
0,7	25,9	81,1
0,8	27,7	86,5
0,9	29,4	91,9
1,0	31,1	97,3
≥ 1,05	32,0	100,0

[1] Zwischenwerte sind nach folgender Gleichung zu ermitteln:
$$Q'_H = 13,82 + 17,32 \, (A/V) \quad \text{in kWh/(m}^3 \cdot \text{a)}.$$

[2] Zwischenwerte sind nach folgender Gleichung zu ermitteln:
$$Q''_H = Q'_H / 0,32 \quad \text{in kWh/(m}^2 \cdot \text{a)}.$$

1.1 Berechnung der wärmeübertragenden Umfassungsfläche A eines Gebäudes

Die wärmeübertragende Umfassungsfläche A eines Gebäudes wird wie folgt ermittelt:

$$A = A_W + A_F + A_D + A_G + A_{DL}$$

Dabei bedeuten

A_W die Fläche der an die Außenluft grenzenden Wände, im ausgebauten Dachgeschoß auch die Fläche der Abseitenwände zum nicht wärmegedämmten Dachraum.
Es gelten die Gebäudeaußenmaße.
Gerechnet wird von der Oberkante des Geländes oder, falls die unterste Decke über der Oberkante des Geländes liegt, von der Oberkante dieser Decke bis zu der Oberkante der obersten Decke oder der Oberkante der wirksamen Dämmschicht.

A_F die Fläche der Fenster, Fenstertüren, Türen und Dachfenster, soweit sie zu beheizende Räume nach außen abgrenzen. Sie wird aus den lichten Rohbaumaßen ermittelt.

A_D die nach außen abgrenzende wärmegedämmte Dach- oder Dachdeckenfläche.

A_G die Grundfläche des Gebäudes, sofern sie nicht an die Außenluft grenzt. Gerechnet wird die Bodenfläche auf dem Erdreich oder bei unbeheizten Kellern die Kellerdecke. Werden Keller beheizt, sind in der Gebäudegrundfläche A_G neben der Kellergrundfläche auch die erdberührten Wandflächenanteile zu berücksichtigen.

A_{DL} die Deckenfläche, die das Gebäude nach unten gegen die Außenluft abgrenzt.

1.2 Beheiztes Bauwerksvolumen V

Das beheizte Bauwerksvolumen V in m^3 ist das Volumen, das von den nach Ziffer 1.1 ermittelten Teilflächen umschlossen wird.

1.3 A/V-Werte

Das Verhältnis A/V in m^{-1} wird ermittelt, indem die nach Ziffer 1.1 unter Beachtung der Ziffern 1.5.2.3 und 6.2 errechnete wärmeübertragende Umfassungsfläche A eines Gebäudes durch das nach Ziffer 1.2 errechnete Bauwerksvolumen geteilt wird.

1.4 Bestimmung der Bezugsgrößen V_L und A_N

1.4.1 Anrechenbares Luftvolumen V_L

Das anrechenbare Luftvolumen V_L der Gebäude wird wie folgt ermittelt:

$$V_L = 0,80 \cdot V \quad \text{in } m^3,$$

wobei V das beheizte Bauwerksvolumen nach Ziffer 1.2 ist.

1.4.2 Gebäudenutzfläche A_N

Die Gebäudenutzfläche wird für Gebäude, deren lichte Raumhöhen 2,60 m oder weniger betragen, wie folgt ermittelt:

$$A_N = 0,32 \cdot V \quad \text{in m}^2,$$

wobei V das nach Ziffer 1.2 ermittelte beheizte Bauwerksvolumen in m³ bedeutet.

1.5 Wärmedurchgangskoeffizienten

1.5.1 Wärmedurchgangskoeffizienten k für die einzelnen Anteile der Umfassungsfläche A

Die Berechnung der Wärmedurchgangskoeffizienten k erfolgt nach den allgemein anerkannten Regeln der Technik.

Rechenwerte der Wärmeleitfähigkeit, Wärmeübergangswiderstände, Wärmedurchlaßwiderstände, Wärmedurchgangskoeffizienten, der äquivalenten Wärmedurchgangskoeffizienten für Systeme sowie der Gesamtenergiedurchlaßgrade für Verglasungen dürfen für die Berechnung des Wärmeschutzes verwendet werden, wenn sie im Bundesanzeiger bekanntgemacht worden sind.

Die Wärmedurchgangskoeffizienten für außenliegende Fenster und Fenstertüren sowie Außentüren und die Gesamtenergiedurchlaßgrade für Verglasungen sind von Prüfanstalten zu ermitteln, die im Bundesanzeiger bekanntgemacht worden sind.

1.5.2 Berücksichtigung bauteilspezifischer Temperaturdifferenzen bei der Ermittlung des Transmissionswärmebedarfs Q_T

1.5.2.1 Für Dach- oder Dachdeckenflächen sind der Wärmedurchgangskoeffizient k_D und für Flächen der Abseitenwände zum nicht wärmegedämmten Dachraum der Wärmedurchgangskoeffizient k_W jeweils mit dem Faktor 0,8 zu reduzieren.

1.5.2.2 Für die Grundfläche des Gebäudes ist der Wärmedurchgangskoeffizient k_G mit dem Faktor 0,5 zu gewichten.

1.5.2.3 Für angrenzende Gebäudeteile mit wesentlich niedrigeren Raumtemperaturen (z. B. Treppenräume, Lagerräume) dürfen die Wärmedurchgangskoeffizienten der abgrenzenden Bauteilflächen k_{AB} mit dem Faktor 0,5 gewichtet werden. Hierbei werden für die Ermittlung der wärmeübertragenden Umfassungsfläche A und des beheizten Bauwerksvolumens V die abgrenzenden Bauteilflächen A_{AB} berücksichtigt. Die angrenzenden Gebäudeteile bleiben für die Ermittlung des Verhältnisses A/V unberücksichtigt.

1.5.3 Berücksichtigung geschlossener, nicht beheizter Glasvorbauten

Die äquivalenten Wärmedurchgangskoeffizienten $k_{eq,F}$ von außenliegenden Fenstern und Fenstertüren sowie Außentüren nach Ziffer 1.6.4.2, die im Bereich von geschlossenen, nicht beheizten Glasvorbauten in Außenwänden angeordnet sind, sowie die Wärmedurchgangskoeffizienten der im Bereich dieser Glasvorbauten liegenden Außenwandteile dürfen wie folgt vermindert werden:

Abminderungsfaktoren bei Glasvorbauten mit

Einfachverglasung	0,70,
Isolier- oder Doppelverglasung (Klarglas)	0,60,
Wärmeschutzglas ($k_V \leq 2,0$ W/(m²·K))	0,50.

Die Berücksichtigung geschlossener, nicht beheizter Glasvorbauten auf den Wärmeschutz der außenliegenden Fenster und Fenstertüren, der Außentüren sowie der Außenwandanteile im Bereich dieser Glasvorbauten kann auch nach allgemein anerkannten Regeln der Technik erfolgen.

1.6 Berechnung des Jahres-Heizwärmebedarfs Q_H

Der Jahres-Heizwärmebedarf Q_H für ein Gebäude wird wie folgt ermittelt:

$$Q_H = 0,9 \cdot (Q_T + Q_L) - (Q_I + Q_S) \quad \text{in kWh/a.}$$

Dabei bedeuten

Q_T der Transmissionswärmebedarf in kWh/a

den durch den Wärmedurchgang der Außenbauteile verursachten Anteil des Jahres-Heizwärmebedarfes. Bei Berücksichtigung der solaren Wärmegewinne nach Ziffer 1.6.4.2 sind die nutzbaren solaren Wärmegewinne in Q_T berücksichtigt.

Q_L der Lüftungswärmebedarf in kWh/a

den durch Erwärmung der gegen kalte Außenluft ausgetauschten Raumluft verursachten Anteil des Jahres-Heizwärmebedarfes.

Q_I die internen Wärmegewinne in kWh/a

die bei bestimmungsgemäßer Nutzung innerhalb des Gebäudes auftretenden nutzbaren Wärmegewinne.

Q_S die solaren Wärmegewinne in kWh/a

nach Ziffer 1.6.4.1 die bei bestimmungsgemäßer Nutzung durch Sonneneinstrahlung nutzbaren Wärmegewinne.

1.6.1 Transmissionswärmebedarf Q_T

Der Transmissionswärmebedarf Q_T in kWh/a wird wie folgt ermittelt:

$$Q_T = 84 \cdot (k_W \cdot A_W + k_F \cdot A_F + 0,8 \cdot k_D \cdot A_D + 0,5\, k_G \cdot A_G + k_{DL} \cdot A_{DL} + 0,5 \cdot k_{AB} \cdot A_{AB})^{[1]}.$$

Für nach Ziffer 1.5.3 abweichende Gebäudesituationen können die dort angegebenen Faktoren berücksichtigt werden.

Werden die solaren Wärmegewinne nach Ziffer 1.6.4.2 berücksichtigt, ist für die Ermittlung des Transmissionswärmebedarfs der außenliegenden Fenster und Fenstertüren sowie ggf. der Außentüren $k_F \cdot A_F$ durch $k_{eq,F} \cdot A_F$ zu ersetzen.

Im Bereich von Rolladenkästen darf der Wärmedurchgangskoeffizient den Wert 0,6 W/(m²·K) nicht überschreiten.

1.6.2 Lüftungswärmebedarf Q_L ohne mechanisch betriebene Lüftungsanlage nach Ziffer 2.

Der Lüftungswärmebedarf Q_L wird wie folgt ermittelt:

$$Q_L = 0,34 \cdot \beta \cdot 84 \cdot V_L \quad \text{in kWh/a.}$$

---

[1] Im Faktor 84 ist eine mittlere Heizgradtagzahl von 3500 K · Tage/Jahr berücksichtigt.

Dabei bedeuten

β die Luftwechselzahl (Rechenwert) in h^{-1},

V_L das anrechenbare Luftvolumen in m^3 nach Ziffer 1.4.1.

Für den Nachweis des Lüftungswärmebedarfs ist die Luftwechselzahl β gleich $0,8\ h^{-1}$ zu setzen. Damit ergibt sich:

$$Q_L = 22,85 \cdot V_L \quad \text{in kWh/a.}$$

1.6.3 Lüftungswärmebedarf Q_L mit mechanisch betriebener Lüftungsanlage nach Ziffer 2

Wird ein Gebäude mit einer mechanisch betriebenen Lüftungsanlage nach Ziffer 2.1 ausgestattet, darf der nach Ziffer 1.6.2 ermittelte Lüftungswärmebedarf Q_L bei Anlagen mit Wärmerückgewinnung ohne Wärmepumpe gemäß Ziffer 2.1 mit dem Faktor 0,80 multipliziert werden, soweit je kWh aufgewendeter elektrischer Arbeit mindestens 5,0 kWh nutzbare Wärme abgegeben wird.

Für Anlagen mit Wärmepumpen darf der Lüftungswärmebedarf Q_L mit dem Faktor 0,80 multipliziert werden, soweit je kWh aufgewendeter elektrischer Arbeit mindestens 4,0 kWh nutzbare Wärme abgegeben wird.

Soweit bei Anlagen mit Wärmerückgewinnung ein Wärmerückgewinnungsgrad η_W, der größer ist als 65 vom Hundert, im Bundesanzeiger veröffentlicht worden ist, darf der Lüftungswärmebedarf Q_L mit dem Faktor

$$0,80 \cdot (65/\eta_W)$$

multipliziert werden.

Wird ein Gebäude mit einer mechanisch betriebenen Lüftungsanlage nach Ziffer 2.2 (Abluftanlage) ausgestattet, darf der nach Ziffer 1.6.2 ermittelte Lüftungswärmebedarf Q_L mit dem Faktor 0,95 multipliziert werden.

Werden bei einem Gebäude nach § 1 Nr. 2 die erhöhten nutzbaren internen Wärmegewinne nach Ziffer 1.6.5 angesetzt, finden die Regelungen dieses Absatzes keine Anwendung.

1.6.4 Nutzbare solare Wärmegewinne

Solare Wärmegewinne dürfen nur bei außenliegenden Fenstern und Fenstertüren sowie bei Außentüren und nur dann berücksichtigt werden, wenn der Glasanteil des Bauteils mehr als 60 vom Hundert beträgt. Die nutzbaren solaren Wärmegewinne werden entweder nach Ziffer 1.6.4.1 oder nach Ziffer 1.6.4.2 ermittelt.

Bei Fensteranteilen von mehr als $^2/_3$ der Wandfläche darf der solare Gewinn nur bis zu dieser Größe berücksichtigt werden.

1.6.4.1 Gesonderte Ermittlung der nutzbaren solaren Wärmegewinne

Unter Berücksichtigung eines mittleren Nutzungsgrades, der Abminderung durch Rahmenanteile und Verschattungen sowie der Gesamtenergiedurchlaßgrade der Verglasungen werden die nutzbaren solaren Wärmegewinne entsprechend den Fensterflächen i und der Orientierung j für senkrechte Flächen wie folgt ermittelt:

$$Q_s = \sum_{i,j} 0,46 \cdot I_j \cdot g_i \cdot A_{F,j,i} \quad \text{in kWh/a.}$$

In Abhängigkeit von der Himmelsrichtung sind folgende Werte des Strahlungsangebotes I_j anzusetzen:

I_S = 400 kWh/($m^2 \cdot$ a) für Südorientierung,

$I_{W/O}$ = 275 kWh/($m^2 \cdot$ a) für Ost- und Westorientierung,

I_N = 160 kWh/($m^2 \cdot$ a) für Nordorientierung,

g_i der Gesamtenergiedurchlaßgrad der Verglasung.

Hierbei ist unter „Orientierung" eine Abweichung der Senkrechten auf die Fensterflächen von nicht mehr als 45 Grad von der jeweiligen Himmelsrichtung zu verstehen. In den Grenzfällen (NO, NW, SO, SW) gilt jeweils der kleinere Wert für I_j. Fenster in Dachflächen mit einer Neigung von mehr als 15 Grad sind wie Fenster in senkrechten Flächen zu behandeln. Fenster in Dachflächen mit einer Neigung kleiner als 15 Grad sind wie Fenster mit Ost- und Westorientierung zu behandeln.

Sind die Fensterflächen überwiegend verschattet, so ist der Wert I_j für die Nordorientierung anzusetzen.

1.6.4.2 Ermittlung der nutzbaren solaren Wärmegewinne mittels äquivalenter Wärmedurchgangskoeffizienten $k_{eq,F}$

Aus den unter Ziffer 1.5.1 ermittelten Wärmedurchgangskoeffizienten k_F werden äquivalente Wärmedurchgangskoeffizienten wie folgt ermittelt:

$$k_{eq,F} = k_F - g \cdot S_F \quad \text{in W/($m^2 \cdot$ K).}$$

Dabei bedeutet

S_F der Koeffizient für solare Wärmegewinne mit

S_F = 2,40 W/($m^2 \cdot$ K) für Südorientierung,

    = 1,65 W/($m^2 \cdot$ K) für Ost- und Westorientierung sowie für Fenster in flachen oder bis zu 15 Grad geneigten Dachflächen,

    = 0,95 W/($m^2 \cdot$ K) für Nordorientierung.

Die Regelungen zur Orientierung und Verschattung der Fensterflächen in Ziffer 1.6.4.1 gelten entsprechend.

1.6.4.3 Fertighäuser

Für Fertighäuser darf der Nachweis nach Ziffer 1.6.4.1 oder Ziffer 1.6.4.2 unter Annahme einer Ost-/Westorientierung für alle Fensterflächen geführt werden.

1.6.5 Nutzbare interne Wärmegewinne Q_I

Interne Wärmegewinne dürfen bei Gebäuden nach § 1 berücksichtigt werden, jedoch höchstens bis zu einem Wert von

$$Q_I = 8,0 \cdot V \quad \text{in kWh/a.}$$

Bei Gebäuden nach § 1 Nr. 1 darf dieser Wert in jedem Fall zugrundegelegt werden.

Bei lichten Raumhöhen von nicht mehr als 2,60 m können die nutzbaren, auf die Gebäudenutzfläche A_N bezogenen internen Wärmegewinne höchstens wie folgt angesetzt werden:

$$Q_I = 25 \cdot A_N \quad \text{in kWh/a.}$$

Für Gebäude und Gebäudeteile nach § 1 Nr. 2 mit vorgesehener ausschließlicher Nutzung als Büro-

oder Verwaltungsgebäude dürfen die nutzbaren internen Wärmegewinne höchstens mit

$$Q_i = 10{,}0 \cdot V \quad \text{in kWh/a}$$

beziehungsweise

$$Q_i = 31{,}25 \cdot A_N \quad \text{in kWh/a}$$

angesetzt werden.

1.6.6 Jahres-Heizwärmebedarf Q'_H je m^3 beheiztes Bauwerksvolumen

Der Jahres-Heizwärmebedarf je m^3 beheiztes Bauwerksvolumen (Tabelle 1 Spalte 2) wird wie folgt ermittelt:

$$Q'_H = \frac{Q_H}{V} \text{ in kWh/(m}^3 \cdot \text{a)}.$$

1.6.7 Jahres-Heizwärmebedarf Q''_H je m^2 Gebäudenutzfläche A_N

Der Jahres-Heizwärmebedarf je m^2 Gebäudenutzfläche A_N (Tabelle 1 Spalte 3) wird wie folgt ermittelt:

$$Q''_H = \frac{Q_H}{A_N} \text{ in kWh/(m}^2 \cdot \text{a)}.$$

2.0 Anforderungen an mechanisch betriebene Lüftungsanlagen

Die in Ziffer 1.6.3 genannten Faktoren dürfen nur bei Lüftungsanlagen berücksichtigt werden, wenn die nachstehend in Ziffer 2.1 oder Ziffer 2.2 genannten Anforderungen sowie die in Anlage 4 Ziffer 1.1 genannte Anforderung an das Gebäude erfüllt werden und in diesen Anlagen die Zuluft nicht unter Einsatz von elektrischer oder aus fossilen Brennstoffen gewonnener Energie gekühlt wird.

Das Bundesministerium für Raumordnung, Bauwesen und Städtebau kann im Bundesanzeiger die für die Beurteilung der Lüftungsanlagen nach Ziffer 2 maßgeblichen Kennwerte solcher Produkte veröffentlichen. Diese Werte sind von Prüfstellen zu ermitteln, die im Bundesanzeiger bekannt gemacht worden sind. Die nach Landesrecht für den Vollzug der Wärmeschutzverordnung zuständigen Stellen können verlangen, daß ausschließlich im Bundesanzeiger veröffentlichte Kennwerte zur Beurteilung der Anlageneigenschaften verwendet werden.

2.1 Anforderungen an mechanisch betriebene Lüftungsanlagen mit Wärmerückgewinnung

2.1.1 Luftwechsel

In den bei der Ermittlung des anrechenbaren Luftvolumens V_L nach Ziffer 1.4.1 zu berücksichtigenden Räumen eines Gebäudes muß ein zeitlicher Mittelwert des Außenluftwechsels von mindestens $0{,}5 \, h^{-1}$ und höchstens $1{,}0 \, h^{-1}$ eingehalten werden können. Unter Außenluftwechsel ist dabei der Volumenanteil der Raumluft zu verstehen, der je Stunde gegen Außenluft ausgetauscht wird.

2.1.2 Anteil der rückgewonnenen Wärme

Die zum Einbau gelangenden Anlagen sind mit Einrichtungen auszustatten, die geeignet sind, im Mittel 60 vom Hundert oder mehr der Wärmedifferenz zwischen Fortluft- und Außenluftvolumenstrom zurückzugewinnen. Die hierfür maßgebenden Anlageneigenschaften sind nach allgemein anerkannten Regeln der Technik zu bestimmen, soweit solche Regeln vorliegen.

2.1.3 Wärmerückgewinnung bei Gebäuden mit mehreren Nutzeinheiten

Die Wärmerückgewinnung soll für jede Nutzeinheit getrennt erfolgen. Unter Nutzeinheit ist hier die Einheit eines oder mehrerer Räume eines Gebäudes zu verstehen, deren Beheizung auf Rechnung desselben Nutzers erfolgt.

2.1.4 Regelbarkeit durch den Nutzer

Die Lüftungsanlagen müssen mit Einrichtungen ausgestattet sein, die eine Beeinflussung der Luftvolumenströme jeder Nutzeinheit durch den Nutzer erlauben.

2.1.5 Nutzung der rückgewonnenen Wärme

Es muß sichergestellt sein, daß die aus der Fortluft rückgewonnene Wärme im Verhältnis zu der von der Heizungsanlage bereitgestellten Wärme vorrangig genutzt wird.

2.2 Anforderungen an mechanisch betriebene Lüftungsanlagen ohne Wärmerückgewinnung (Zu- und Abluftanlagen)

Mechanisch betriebene Lüftungsanlagen ohne Wärmerückgewinnung müssen so durch den Nutzer beeinflußbar und in Abhängigkeit von einer geeigneten Führungsgröße selbsttätig regelnd sein, daß sich durch ihren Betrieb in den bei der Ermittlung des anrechenbaren Luftvolumens V_L nach Ziffer 1.4.1 zu berücksichtigenden Räumen ein Luftwechsel von mindestens $0{,}3 \, h^{-1}$ und höchstens $0{,}8 \, h^{-1}$ einstellt.

3 Begrenzung des Wärmedurchgangs bei Flächenheizungen

Bei Flächenheizungen darf der Wärmedurchgangskoeffizient der Bauteilschichten zwischen der Heizfläche und der Außenluft, dem Erdreich oder Gebäudeteilen mit wesentlich niedrigeren Innentemperaturen den Wert $0{,}35 \, \text{W/(m}^2 \cdot \text{K)}$ nicht überschreiten.

4 Anordnung von Heizkörpern vor Fenstern

Bei Anordnung von Heizkörpern vor außenliegenden Fensterflächen darf der Wärmedurchgangskoeffizient k_F dieser Bauteile den Wert

$$1{,}5 \, \text{W/(m}^2 \cdot \text{K)}$$

nicht überschreiten.

5 Begrenzung des Energiedurchganges bei großen Fensterflächenanteilen (sommerlicher Wärmeschutz)

5.1 Zur Begrenzung des Energiedurchganges bei Sonneneinstrahlung darf das Produkt $(g_F \cdot f)$ aus

Gesamtenergiedurchlaßgrad g_F (einschließlich zusätzlicher Sonnenschutzeinrichtungen) und Fensterflächenanteil f unter Berücksichtigung ausreichender Belichtungsverhältnisse

a) bei Gebäuden mit einer raumlufttechnischen Anlage mit Kühlung und

b) bei anderen Gebäuden nach Abschnitt 1 mit einem Fensterflächenanteil je zugehöriger Fassade von 50 vom Hundert oder mehr

für jede Fassade den Wert 0,25 (bei beweglichem Sonnenschutz in geschlossenem Zustand) nicht überschreiten. Ausgenommen sind nach Norden orientierte oder ganztägig verschattete Fenster.

5.2   Werden zur Erfüllung der Anforderungen Sonnenschutzvorrichtungen verwendet, sind diese mindestens teilweise beweglich anzuordnen. Hierbei muß durch den beweglichen Anteil des Sonnenschutzes ein Abminderungsfaktor z von kleiner oder gleich 0,5 erreicht werden.

5.3   Die Berechnung der Werte $(g_F \cdot f)$ erfolgt nach allgemein anerkannten Regeln der Technik.

6   Aneinandergereihte Gebäude

6.1   Nachweis des Jahres-Heizwärmebedarfs Q_H bei aneinandergereihten Gebäuden

Bei aneinandergereihten Gebäuden (z. B. Reihenhäuser, Doppelhäuser) ist der Nachweis der Begrenzung des Jahres-Heizwärmebedarfs Q_H für jedes Gebäude einzeln zu führen.

6.2   Gebäudetrennwände

Beim Nachweis nach Ziffer 1.6 werden die Gebäudetrennwände als nicht wärmedurchlässig angenommen und bei der Ermittlung der Werte A und A/V nicht berücksichtigt. Werden beheizte Teile eines Gebäudes (z. B. Anbauten nach § 8 Abs. 1) getrennt berechnet, gilt Satz 1 sinngemäß für die Trennfläche der Gebäudeteile.

Bei Gebäuden mit zwei Trennwänden (z. B. Reihenmittelhaus) darf zusätzlich der Wärmedurchgangskoeffizient für die Fassadenfläche (einschließlich Fenster und Fenstertüren)

$$k_{m,W+F} = (k_W \cdot A_W + k_F \cdot A_F) / (A_W + A_F)$$

den Wert

$$1{,}0 \ W/(m^2 \cdot K)$$

nicht überschreiten. Diese Anforderung ist auch bei gegeneinander versetzten Gebäuden einzuhalten, wenn die anteiligen gemeinsamen Trennwände 50 vom Hundert oder mehr der Wandflächen betragen.

6.3   Nachbarbebauung

Ist die Nachbarbebauung nicht gesichert, müssen die Trennwände mindestens den Wärmeschutz nach § 10 Abs. 1 aufweisen.

7   Vereinfachtes Nachweisverfahren

Für kleine Wohngebäude mit bis zu zwei Vollgeschossen und nicht mehr als drei Wohneinheiten gelten die Anforderungen der Ziffern 1 und 6 auch dann als erfüllt, wenn die in Tabelle 2 genannten maximalen Wärmedurchgangskoeffizienten k nicht überschritten werden.

Tabelle 2

Anforderungen
an den Wärmedurchgangskoeffizienten für einzelne Außenbauteile der wärmeübertragenden Umfassungsfläche A bei zu errichtenden kleinen Wohngebäuden

Zeile	Bauteil	max. Wärmedurchgangskoeffizient k_{max} in $W/(m^2 \cdot K)$
Spalte	1	2
1	Außenwände	k_W $\leq 0{,}50^{1)}$
2	Außenliegende Fenster und Fenstertüren sowie Dachfenster	$k_{m,F\,eq} \leq 0{,}7^{2)}$
3	Decken unter nicht ausgebauten Dachräumen und Decken (einschließlich Dachschrägen), die Räume nach oben und unten gegen die Außenluft abgrenzen	k_D $\leq 0{,}22$
4	Kellerdecken, Wände und Decken gegen unbeheizte Räume sowie Decken und Wände, die an das Erdreich grenzen	k_G $\leq 0{,}35$

---

[1] Die Anforderung gilt als erfüllt, wenn Mauerwerk in einer Wandstärke von 36,5 cm mit Baustoffen mit einer Wärmeleitfähigkeit von $\lambda \leq 0{,}21 \ W/(m \cdot K)$ ausgeführt wird.

[2] Der mittlere äquivalente Wärmedurchgangskoeffizient $k_{m,F\,eq}$ entspricht einem über alle außenliegenden Fenster und Fenstertüren gemittelten Wärmedurchgangskoeffizienten, wobei solare Wärmegewinne nach der Ziffer 1.6.4.2 zu ermitteln sind.

Anlage 2

Anforderungen
zur Begrenzung des Jahres-Transmissionswärmebedarfs Q_T
bei zu errichtenden Gebäuden mit niedrigen Innentemperaturen

1   Anforderungen zur Begrenzung des Jahres-Transmissionswärmebedarfs in Abhängigkeit vom Verhältnis A/V

Die in Tabelle 1 in Abhängigkeit vom Wert A/V (Anlage 1 Ziffer 1.3) angegebenen maximalen Werte des spezifischen, auf das beheizte Bauwerksvolumen bezogenen Jahres-Transmissionswärmebedarfs Q'_T dürfen nicht überschritten werden.

Tabelle 1

Maximale Werte
des auf das beheizte Bauwerksvolumen
bezogenen Jahres-Transmissionswärmebedarfs
Q'_T in Abhängigkeit vom Verhältnis A/V

A/V in m^{-1}	Q'_T [1] in kWh/(m^3 · a)
≤ 0,20	6,20
0,30	7,80
0,40	9,40
0,50	11,00
0,60	12,60
0,70	14,20
0,80	15,80
0,90	17,40
≥ 1,00	19,00

[1] Zwischenwerte sind nach folgender Gleichung zu ermitteln:
$$Q'_T = 3,0 + 16 \cdot (A/V) \quad \text{in kWh/(m}^3 \cdot \text{a)}.$$

**2.0   ** Der Nachweis des Jahres-Transmissionswärmebedarfs Q_T wird unter Anwendung der Berechnungsgrundlagen nach Anlage 1 geführt. Hierbei werden jedoch die passiven Solarenergiegewinne nicht berücksichtigt:

$$Q_T = 30 \, (k_W \cdot A_W + k_F \cdot A_F + 0,8 \cdot k_D \cdot A_D +$$
$$f_G \cdot k_G \cdot A_G + k_{DL} \cdot A_{DL} + 0,5 \cdot k_{AB} \cdot A_{AB})$$

$$\text{in kWh/a.}$$

Der Reduktionsfaktor f_G ist bei gedämmten Fußböden mit $f_G = 0,5$ anzusetzen. Bei ungedämmten Fußböden ist f_G in Abhängigkeit von der Größe der Gebäudegrundfläche A_G aus Tabelle 2 zu ermitteln.

Der Wärmedurchgangskoeffizient k_G von Fußböden gegen Erdreich braucht nicht höher als $2,0 \text{ W/(m}^2 \cdot \text{K)}$ angesetzt zu werden.

**2.1   ** Der auf das beheizte Bauwerksvolumen bezogene Jahres-Transmissionswärmebedarf Q'_T wird wie folgt ermittelt:

$$Q'_T = \frac{Q_T}{V} \quad \text{in kWh/(m}^3 \cdot \text{a)}.$$

Tabelle 2

Reduktionsfaktoren f_G

Gebäudegrundfläche A_G in m^2	Reduktionsfaktor f_G [1]
≤ 100	0,50
500	0,29
1000	0,23
1500	0,20
2000	0,18
2500	0,17
3000	0,16
5000	0,14
≥ 8000	0,12

[1] Zwischenwerte sind nach folgender Gleichung zu ermitteln:
$$f_G = 2,33 / \sqrt[3]{A_G}.$$

Anlage 3

Anforderungen
zur Begrenzung des Wärmedurchgangs bei erstmaligem Einbau,
Ersatz oder Erneuerung von Außenbauteilen bestehender Gebäude

1 Anforderungen bei erstmaligem Einbau, Ersatz und Erneuerung von Außenbauteilen

Bei erstmaligem Einbau, Ersatz oder Erneuerung von Außenbauteilen bestehender Gebäude dürfen die in Tabelle 1 aufgeführten maximalen Wärmedurchgangskoeffizienten nicht überschritten werden. Dabei darf der bestehende Wärmeschutz der Bauteile nicht verringert werden.

2 Anforderungen an Außenwände

Werden Außenwände in der Weise erneuert, daß

a) Bekleidungen in Form von Platten oder plattenartigen Bauteilen oder Verschalungen sowie Mauerwerks-Vorsatzschalen angebracht werden,

b) bei beheizten Räumen auf der Innenseite der Außenwände Bekleidungen oder Verschalungen aufgebracht werden oder

c) Dämmschichten eingebaut werden,

gelten die Anforderungen nach Tabelle 1 Zeile 1. In den Fällen a) und b) ist die Ausnahmeregelung nach § 8 Abs. 2 Satz 2 auf jede einzelne Fassadenfläche eines Gebäudes anzuwenden.

3 Anforderungen an Decken

Werden Decken unter nicht ausgebauten Dachräumen und Decken (einschließlich Dachschrägen), die Räume nach oben oder unten gegen die Außenluft abgrenzen, sowie Kellerdecken, Wände und Decken gegen unbeheizte Räume sowie Decken und Wände, die an das Erdreich grenzen, in der Weise erneuert, daß

a) die Dachhaut (einschließlich vorhandener Dachverschalungen unmittelbar unter der Dachhaut) ersetzt wird,

b) Bekleidungen in Form von Platten oder plattenartigen Bauteilen, wenn diese nicht unmittelbar angemauert, angemörtelt oder geklebt werden, oder Verschalungen angebracht werden oder

c) Dämmschichten eingebaut werden,

gelten die Anforderungen nach Tabelle 1 Zeile 3 und 4.

Tabelle 1

Begrenzung
des Wärmedurchgangs bei erstmaligem Einbau,
Ersatz und bei Erneuerung von Bauteilen

Zeile	Bauteil	Gebäude nach Abschnitt 1	Gebäude nach Abschnitt 2
		max. Wärmedurchgangskoeffizient k_{max} in W / (m$^2 \cdot$ K)[1]	
Spalte	1	2	3
1 a) b)	Außenwände Außenwände bei Erneuerungsmaßnahmen nach Ziffer 2 Buchstabe a und c mit Außendämmung	$k_W \leq 0{,}50$[2] $k_W \leq 0{,}40$	$\leq 0{,}75$ $\leq 0{,}75$
2	Außenliegende Fenster und Fenstertüren sowie Dachfenster	$k_F \leq 1{,}8$	—
3	Decken unter nicht ausgebauten Dachräumen und Decken (einschließlich Dachschrägen), die Räume nach oben und unten gegen die Außenluft abgrenzen	$k_D \leq 0{,}30$	$\leq 0{,}40$
4	Kellerdecken, Wände und Decken gegen unbeheizte Räume sowie Decken und Wände, die an das Erdreich grenzen	$k_G \leq 0{,}50$	—

[1] Der Wärmedurchgangskoeffizient kann unter Berücksichtigung vorhandener Bauteilschichten ermittelt werden.

[2] Die Anforderung gilt als erfüllt, wenn Mauerwerk in einer Wandstärke von 36,5 cm mit Baustoffen mit einer Wärmeleitfähigkeit von $\lambda \leq 0{,}21$ W/(m$^2 \cdot$ K) ausgeführt wird.

Anlage 4

Anforderungen
an die Dichtheit zur Begrenzung der Wärmeverluste

1 Anforderungen an außenliegende Fenster und Fenstertüren sowie Außentüren

1.1 Fugendurchlaßkoeffizienten

Die Fugendurchlaßkoeffizienten der außenliegenden Fenster und Fenstertüren bei Gebäuden nach Abschnitt 1 dürfen die in Tabelle 1 genannten Werte, die Fugendurchlaßkoeffizienten von Außentüren bei Gebäuden nach Abschnitt 1 sowie von außenliegenden Fenstern und Fenstertüren bei Gebäuden nach Abschnitt 2 den in Tabelle 1 Zeile 1 genannten Wert nicht überschreiten. Werden Einrichtungen nach Anlage 1 Ziffer 2 eingebaut, dürfen die Werte der Tabelle 1 Zeile 2 nicht überschritten werden.

1.2 Prüfzeugnis

Der Nachweis der Fugendurchlaßkoeffizienten der außenliegenden Fenster und Fenstertüren sowie der Außentüren nach Ziffer 1.1 erfolgt durch Prüfzeugnis einer im Bundesanzeiger bekanntgemachten Prüfanstalt.

1.3 Verzicht auf Prüfzeugnis

1.3.1 Auf einen Nachweis nach Ziffer 1.2 und Tabelle 1 Zeile 1 kann verzichtet werden für Holzfenster mit Profilen nach DIN 68 121 – Holzprofile für Fenster und Fenstertüren – Ausgabe Juni 1990. Die Norm ist im Beuth-Verlag GmbH, Berlin und Köln, erschienen und beim Deutschen Patentamt in München archivmäßig gesichert niedergelegt.

1.3.2 Auf einen Nachweis nach Ziffer 1.2 und Tabelle 1 Zeile 1 und 2 kann nur bei Beanspruchungsgruppen A und B (d. h. bis Gebäudehöhen von 20 m) verzichtet werden für alle Fensterkonstruktionen mit umlaufender, alterungsbeständiger, weichfedernder und leicht auswechselbarer Dichtung.

1.4 Fenster ohne Öffnungsmöglichkeiten

Fenster ohne Öffnungsmöglichkeiten und feste Verglasungen sind nach dem Stand der Technik dauerhaft und luftundurchlässig abzudichten.

1.5 Andere Lüftungsmöglichkeiten

Zum Zwecke einer aus Gründen der Hygiene und Beheizung erforderlichen Lufterneuerung sind stufenlos einstellbare und leicht regulierbare Lüftungseinrichtungen zulässig. Diese Lüftungseinrichtungen müssen im geschlossenen Zustand der Tabelle 1 genügen. Soweit in anderen Rechtsvorschriften, insbesondere dem Bauordnungsrecht der Länder, Anforderungen an die Lüftung gestellt werden, bleiben diese Vorschriften unberührt.

Tabelle 1

Fugendurchlaßkoeffizienten
für außenliegende Fenster und Fenstertüren
sowie Außentüren

Zeile	Geschoßzahl	Fugendurchlaß-koeffizient a in $\dfrac{m^3}{h \cdot m \cdot [daPa]^{2/3}}$ Beanspruchungs-gruppe nach DIN 18 055[1][2]	
		A	B und C
1	Gebäude bis zu 2 Vollgeschossen	2,0	–
2	Gebäude mit mehr als 2 Vollgeschossen	–	1,0

[1] Beanspruchungsgruppe
A: Gebäudehöhe bis 8 m,
B: Gebäudehöhe bis 20 m,
C: Gebäudehöhe bis 100 m.

[2] Das Normblatt DIN 18 055 – Fenster, Fugendurchlässigkeit, Schlagregendichtheit und mechanische Beanspruchung; Anforderungen und Prüfung – Ausgabe Oktober 1981 – ist im Beuth-Verlag GmbH, Berlin und Köln, erschienen und beim Deutschen Patentamt in München archivmäßig gesichert niedergelegt.

2 Nachweis der Dichtheit des gesamten Gebäudes

Soweit es im Einzelfall erforderlich wird zu überprüfen, ob die Anforderungen des § 4 Abs. 1 bis 3 oder des § 7 erfüllt sind, erfolgt diese Überprüfung nach den allgemein anerkannten Regeln der Technik, die nach § 10 Abs. 2 bekanntgemacht sind.

Anhang 2

Allgemeine Verwaltungsvorschrift
zu § 12 der Wärmeschutzverordnung
(AVV Wärmebedarfsausweis)

Vom 20. Dezember 1994

(Auszug aus dem Bundesanzeiger Nr. 243 vom 28. Dezember 1994
Seite 12543 bis 12546)

Allgemeine Verwaltungsvorschrift
zu § 12 der Wärmeschutzverordnung
(AVV Wärmebedarfsausweis)
Vom 20. Dezember 1994

Nach § 12 der Wärmeschutzverordnung vom 16. August 1994 (BGBl. I S. 2121) erläßt die Bundesregierung die folgende allgemeine Verwaltungsvorschrift:

§ 1
Zweck des Wärmebedarfsausweises

Der Wärmebedarfsausweis enthält die auf Grund des Ersten oder Zweiten Abschnittes der Wärmeschutzverordnung ermittelten wesentlichen Ergebnisse der rechnerischen Nachweise eines Gebäudes oder eines Gebäudeteils. Er stellt die energiebezogenen Merkmale dieses Gebäudes oder Gebäudeteils im Sinne des Artikels 2 der Richtlinie 93/76/EWG des Rates vom 13. September 1993 zur Begrenzung der Kohlendioxidemissionen durch eine effizientere Energienutzung — SAVE — (ABl. EG Nr. L 237 S. 28) dar.

§ 2
Allgemeine Angaben

Der Wärmebedarfsausweis muß folgende allgemeine Angaben enthalten:

1. die Bezeichnung des Gebäudes oder Gebäudeteils sowie Ort, Straße, Hausnummer, Gemarkung und Flurstücknummer,
2. das Datum der Ausfertigung des Wärmebedarfsausweises,
3. den Namen, die Anschrift und die eigenhändige Unterschrift des Aufstellers.

§ 3
Angaben für Gebäude nach dem Ersten Abschnitt der Wärmeschutzverordnung

(1) Neben den allgemeinen Angaben nach § 2 muß der Wärmebedarfsausweis für Gebäude nach dem Ersten Abschnitt der Wärmeschutzverordnung die folgenden Angaben enthalten:

1. die wärmeübertragende Umfassungsfläche A, das beheizte Bauwerksvolumen V, das Verhältnis A/V und eine hervorgehobene Gegenüberstellung des ermittelten, auf das beheizte Bauwerksvolumen V oder die nach der Wärmeschutzverordnung zugrunde gelegte Gebäudenutzfläche A_N bezogenen Wertes des Jahres-Heizwärmebedarfs Q'_H oder Q''_H des Gebäudes mit dem nach Anlage 1 Ziffer 1.0 der Wärmeschutzverordnung maximal zulässigen Wert in kWh/m³ · a oder kWh/m² · a,
2. den Hinweis:

   „Dem flächenbezogenen Wert Q''_H des Jahres-Heizwärmebedarfs liegt eine aus dem Gebäudevolumen abgeleitete Fläche (Gebäudenutzfläche A_N) zugrunde."

   Zusätzlich ist die Möglichkeit vorzusehen, den Jahres-Heizwärmebedarf zusätzlich auf eine von der Gebäudenutzfläche A_N abweichende Wohn- oder Nutzfläche bezogen anzugeben.
3. den Hinweis:

   „Die vorstehenden Werte des Jahres-Heizwärmebedarfs geben vorrangig Anhaltspunkte für die vergleichende Beurteilung der energetischen Qualität von Gebäuden. Diese Werte werden unter einheitlichen Randbedingungen ermittelt, die durch die Wärmeschutzverordnung vorgegeben sind (z. B. meteorologische Daten, bestimmte Annahmen über interne Wärmegewinne und den Luftwechsel). Insoweit, wegen des nicht einbezogenen Wirkungsgrads der Heizungsanlage und wegen der im Einzelfall unterschiedlichen Nutzergewohnheiten kann der tatsächliche Heizenergieverbrauch aus dem Jahres-Heizwärmebedarf nur bedingt abgeleitet werden.

   Die vorstehenden Werte des Jahres-Heizwärmebedarfs können darüber hinaus nur dann zutreffen, wenn die Dichtheitsanforderungen und die übrigen Anforderungen der Wärmeschutzverordnung erfüllt werden.",
4. der gesamte Jahres-Heizwärmebedarf Q_H sowie die Zusammenstellung der Einzelwerte für den Transmissionswärmebedarf Q_T, den Lüftungswärmebedarf Q_L, die nutzbaren internen Wärmegewinne Q_I und die nutzbaren solaren Wärmegewinne Q_S nach Anlage 1 Ziffer 1.6 der Wärmeschutzverordnung, jeweils in kWh/a,
5. die Gebäudenutzfläche A_N in m² und das anrechenbare Luftvolumen V_L in m³ nach Anlage 1 Ziffer 1.4 der Wärmeschutzverordnung,

6. eine tabellarische Zusammenstellung der Bauteile der wärmeübertragenden Umfassungsfläche nach Anlage 1 Ziffer 1.1 und Ziffer 1.5.2.3 der Wärmeschutzverordnung, deren jeweilige Flächen in m², deren Wärmedurchgangskoeffizienten in W/(m² · K) und die zugehörigen Faktoren zur Berücksichtigung bauteilspezifischer Temperaturdifferenzen nach Anlage 1 Ziffer 1.5.2 der Wärmeschutzverordnung; bei Verglasungen sind darüber hinaus auch deren Gesamtenergiedurchlaßgrad g_i und Orientierung nach Anlage 1 Ziffer 1.6.4 der Wärmeschutzverordnung anzugeben,
7. Hinweise auf die Berücksichtigung

   a) geschlossener, nicht beheizter Glasvorbauten mit Angabe der angesetzten Minderungsfaktoren nach Anlage 1 Nr. 1.5.3 der Wärmeschutzverordnung,

   b) mechanisch betriebener Lüftungsanlagen mit oder ohne Wärmerückgewinnung, gegebenenfalls mit Angabe des Anteils der rückgewonnenen Wärme nach Anlage 1 Ziffer 1.6.3 in Verbindung mit Ziffer 2 der Wärmeschutzverordnung,

   c) wegen ausschließlicher Nutzung als Büro- oder Verwaltungsgebäude erhöhter Werte der nutzbaren internen Wärmegewinne nach Anlage 1 Ziffer 1.6.5 letzter Satz der Wärmeschutzverordnung.

(2) Für kleine Wohngebäude mit bis zu zwei Vollgeschossen und nicht mehr als drei Wohneinheiten, für die auf Grund des § 3 Abs. 1 Satz 2 der Wärmeschutzverordnung der vereinfachte Nachweis nach Anlage 1 Ziffer 7 geführt wurde, ist es auch zulässig, daß der Wärmebedarfsausweis die folgenden Angaben anstelle der in Absatz 1 genannten enthält:

1. den Hinweis: „Für das Gebäude wurde auf Grund des § 3 Abs. 1 Satz 2 der Wärmeschutzverordnung der vereinfachte Nachweis nach Anlage 1 Ziffer 7 geführt.",
2. eine tabellarische Gegenüberstellung der nach Anlage 1 Ziffer 7 der Wärmeschutzverordnung maximal zulässigen und der vorhandenen Wärmedurchgangskoeffizienten k der Bauteile in W/(m² · K); die äquivalenten Wärmedurchgangskoeffizienten k_{Feq} der außenliegenden Fenster, Fenstertüren und Dachfenster und die zugehörigen Flächen sind entsprechend Anlage 1 Ziffer 1.6.4.2 und Fußnote 2 zu Anlage 1 Tabelle 2 der Wärmeschutzverordnung in Zusammenhang mit dem mittleren äquivalenten Wärmedurchgangskoeffizienten $k_{m,Feq}$ einzeln anzugeben.

Zusätzlich zu den Angaben nach Satz 1 ist die Möglichkeit für folgende Angaben vorzusehen:

die wärmeübertragende Umfassungsfläche A nach Anlage 1 Ziffer 1.1 in m², das beheizte Bauwerksvolumen V nach Anlage 1 Ziffer 1.2 in m³ und das Verhältnis A/V in m⁻¹ nach Anlage 1 Ziffer 1.3 der Wärmeschutzverordnung sowie den zu diesem A/V-Wert gehörigen maximal zulässigen Jahres-Heizwärmebedarf Q'_H oder Q''_H nach Anlage 1 Ziffer 1.0 der Wärmeschutzverordnung in kWh/m³ · a oder kWh/m² · a.

Dabei ist folgender Hinweis hinzuzufügen:

„Die Werte können zur Beschreibung der energetischen Qualität eines Gebäudes als Orientierungswerte herangezogen werden; sie geben vorrangig Anhaltspunkte für die vergleichende Beurteilung von Gebäuden. Ihnen liegen einheitliche Randbedingungen zugrunde, die durch die Wärmeschutzverordnung vorgegeben sind (z. B. meteorologische Daten, bestimmte Annahmen über nutzbare interne Wärmegewinne und den Luftwechsel). Insoweit, wegen des nicht einbezogenen Wirkungsgrads der Heizungsanlage und wegen der im Einzelfall unterschiedlichen Nutzergewohnheiten kann der tatsächliche Heizenergieverbrauch aus dem Jahres-Heizwärmebedarf nur bedingt abgeleitet werden.

Die vorstehend angegebenen Werte können darüber hinaus nur dann zutreffen, wenn die Dichtheitsanforderungen und die übrigen Anforderungen der Wärmeschutzverordnung erfüllt werden."

§ 4
Angaben für Gebäude
nach dem Zweiten Abschnitt der Wärmeschutzverordnung

Neben den allgemeinen Angaben nach § 2 muß der Wärmebedarfsausweis für Gebäude nach dem Zweiten Abschnitt der Wärmeschutzverordnung die folgenden Angaben enthalten:

1. die wärmeübertragende Umfassungsfläche A nach Anlage 1 Ziffer 1.1 in m^2, das beheizte Bauwerksvolumen V nach Anlage 1 Ziffer 1.2 in m^3 sowie das Verhältnis A/V in m^{-1} nach Anlage 1 Ziffer 1.3 der Wärmeschutzverordnung,

2. den Jahres-Transmissionswärmebedarf Q_T nach Anlage 2 Ziffer 2.0 der Wärmeschutzverordnung sowie eine Gegenüberstellung des nach Anlage 2 Ziffer 2.1 der Wärmeschutzverordnung ermittelten, auf das beheizte Bauwerksvolumen V bezogenen Wertes des Jahres-Transmissionswärmebedarfs Q'_T des Gebäudes mit dem nach Anlage 2 Ziffer 1 der Wärmeschutzverordnung maximal zulässigen Wert in kWh/m$^3 \cdot$ a,

3. den Hinweis:

„Die vorstehenden Werte des Jahres-Transmissionswärmebedarfs geben vorrangig Anhaltspunkte für die vergleichende Beurteilung der energetischen Qualität von Gebäuden. Diese Werte werden unter einheitlichen Randbedingungen ermittelt, die durch die Wärmeschutzverordnung vorgegeben sind (z. B. meteorologische Daten). Insoweit, wegen nicht einbezogener weiterer energetischer Einflußgrößen und wegen der im Einzelfall unterschiedlichen Nutzergewohnheiten kann der tatsächliche Heizenergieverbrauch aus dem Jahres-Transmissionswärmebedarf nur bedingt abgeleitet werden.

Die vorstehenden Werte des Jahres-Transmissionswärmebedarfs treffen darüber hinaus nur zu, wenn die Dichtheitsanforderungen und die übrigen Anforderungen der Wärmeschutzverordnung erfüllt werden.",

4. eine tabellarische Zusammenstellung der Bauteile der wärmeübertragenden Umfassungsfläche nach Anlage 2 Ziffer 2.0 der Wärmeschutzverordnung, deren jeweilige Fläche in m^2, deren Wärmedurchgangskoeffizienten in W/(m$^2 \cdot$ K) und die zugehörigen Faktoren zur Berücksichtigung bauteilspezifischer Temperaturdifferenzen.

§ 5
Gestaltung des Wärmebedarfsausweises

Überschrift, Aufbau und Inhalt des Wärmebedarfsausweises müssen für Gebäude nach dem Ersten Abschnitt der Wärmeschutzverordnung dem Muster A oder B in Anhang 1 und für Gebäude nach dem Zweiten Abschnitt der Wärmeschutzverordnung dem Muster in Anhang 2 entsprechen.

§ 6
Ergebnisse energietechnischer Untersuchungen an Gebäuden

Werden an Gebäuden durch fachkundige Stellen energietechnische Untersuchungen und Messungen, insbesondere Überprüfungen der Dichtheit des gesamten Gebäudes nach Anlage 4 Ziffer 2 der Wärmeschutzverordnung, durchgeführt, dürfen deren Ergebnisse als Anlage zum Wärmebedarfsausweis hinzugefügt werden.

§ 7
Gebäude mit gemischter Nutzung

Bei Gebäuden mit gemischter Nutzung, für deren Gebäudeteile auf Grund des § 9 der Wärmeschutzverordnung oder auf Grund einer Differenzierung entsprechend Anlage 1 Ziffer 1.6.5 letzter Satz unterschiedliche Vorschriften gelten, ist für jeden Gebäudeteil ein vollständiger Wärmebedarfsausweis aufzustellen.

§ 8
Ausnahmen, Härtefälle

Die §§ 11 und 14 der Wärmeschutzverordnung finden auch auf die Verpflichtung zur Aufstellung eines Wärmebedarfsausweises entsprechend Anwendung.

§ 9
Inkrafttreten

Diese allgemeine Verwaltungsvorschrift tritt am 1. Januar 1995 in Kraft.

Der Bundesrat hat zugestimmt.

Bonn, den 20. Dezember 1994

Der Bundeskanzler
Dr. Helmut K o h l

Der Bundesminister für Wirtschaft
R e x r o d t

Der Bundesminister
für Raumordnung, Bauwesen und Städtebau
Klaus T ö p f e r

Muster A

Wärmebedarfsausweis nach § 12 Wärmeschutzverordnung

für ein Gebäude mit normalen Innentemperaturen
bei Nachweis nach Anlage 1 Ziffer 1 und 6 Wärmeschutzverordnung

Bezeichnung des Gebäudes oder des Gebäudeteils..

Ort ....Straße u. Hausnummer..

Gemarkung...Flurstücknummer ....

I. Jahres-Heizwärmebedarf

A/V	Maximal zulässiger Jahres-Heizwärmebedarf	Berechneter Jahres-Heizwärmebedarf
(Wärmeübertr. Umfassungsfläche A =................... m² Beheiztes Bauwerksvolumen V =.................... m³) A/V=.......... m^{-1}	Q'_{Hzul} = ... kWh/(m³·a) oder Q''_{Hzul} = ... kWh/(m²·a)	Q'_H = ... kWh/(m³·a) oder Q''_H = ... kWh/(m²·a)

Dem flächenbezogenen Wert Q''_H des Jahres-Heizwärmebedarfs liegt eine aus dem Gebäudevolumen abgeleitete Fläche (Gebäudenutzfläche A_N) zugrunde.

Folgende Angabe ist freigestellt:

Umgerechnet auf die

☐ Wohnfläche nach § 44 Abs. 1 II. BV ☐ Hauptnutzfläche nach DIN 277

 - nur bei Wohnnutzung - A* =........... m² - bei anderen Nutzungen - A* = ...m²

ergibt sich ein Jahres-Heizwärmebedarf von

$$Q^{**}_H = Q_H / A^* = ... \ kWh/ (m^2 \cdot a).$$

Hinweise zu den Grundlagen dieses Wärmebedarfsausweises

Die vorstehenden Werte des Jahres-Heizwärmebedarfs geben vorrangig Anhaltspunkte für die vergleichende Beurteilung der energetischen Qualität von Gebäuden. Diese Werte werden unter einheitlichen Randbedingungen ermittelt, die durch die Wärmeschutzverordnung vorgegeben sind (z.B. meteorologische Daten, bestimmte Annahmen über nutzbare interne Wärmegewinne und den Luftwechsel). Insoweit, wegen des nicht einbezogenen Wirkungsgrades der Heizungsanlage und wegen der im Einzelfall unterschiedlichen Nutzergewohnheiten kann der tatsächliche Heizenergieverbrauch aus dem Jahres-Heizwärmebedarf nur bedingt abgeleitet werden.

Die vorstehenden Werte des Jahres-Heizwärmebedarfs können darüberhinaus nur dann zutreffen, wenn die Dichtheitsanforderungen und die übrigen Anforderungen der Wärmeschutzverordnung erfüllt werden.

II. Weitere energiebezogene Merkmale

Jahres-Heizwärmebedarf (insgesamt)

$$Q_H = ...kWh/a$$

Darin sind berücksichtigt:

Transmissionswärmebedarf

Q_T = ... kWh/a

Lüftungswärmebedarf

Q_L = ... kWh/a

Gebäudenutzfläche
nach Wärmeschutzverordnung A_N =........... m²

Nutzbare interne Wärmegewinne

Q_I = ... kWh/a

Nutzbare solare Wärmegewinne

☐ Q_S = ... kWh/a ☐ in Q_T enthalten

Anrechenbares Luftvolumen V_L = ...m³

Lfd. Nr.	Teilfläche	Benennung / Orientierung der Teilflächen	Fläche A_i [m²]	Wärmedurchgangskoeffizient k_i [W/(m²K)]	Gesamtenergiedurchlaßgrad g_i [-]	Faktor zur Berücksichtigung bauteilspezif. Temperaturdifferenzen [1]
	A_W: Außenwände					
	A_D: Dach- und Dachdeckenflächen					0,8
	A_G: unterer Gebäudeabschluß einschl. erdberührter Flächen					0,5
	A_{DL}: Decken nach unten gegen Außenluft					1,0
	A_{AB}: abgr. Flächen zu Gebäudeteilen mit niedr. Innentemp.					0,5
	A_F: Fenster, Fenstertüren und Außentüren	Nord				
		Ost				
		West				
		Süd				

Bei der Ermittlung des Jahres-Heizwärmebedarf wurden berücksichtigt:

☐ geschlossener, nicht beheizter Glasvorbau mit Einfachverglasung / Isolier- oder Doppelverglasung / Wärmeschutzverglasung [2] bei den Flächen   (lfd.Nr.): ....

☐ erhöhte Werte für die nutzbare interne Wärme wegen auschließlicher Nutzung als Büro- oder Verwaltungsgebäude

☐ mechanisch betriebene Lüftungsanlage <u>mit</u> Wärmerückgewinnung (mit oder ohne Wärmepumpe), Wärmerückgewinnungsgrad der Anlage η_W = ... %

☐ mechanisch betriebene Lüftungsanlage <u>ohne</u> Wärmerückgewinnung

---

[1] Bei geschlossenen, nicht beheizten Glasvorbauten sind für die Außenbauteile im Bereich dieser Vorbauten auch die angesetzten Abminderungsfaktoren anzugeben

[2] Nichtzutreffendes bitte streichen

Name und Anschrift des Aufstellers	Datum und Unterschrift
....	....

<u>Muster B</u>

Wärmebedarfsausweis nach § 12 Wärmeschutzverordnung

für ein Gebäude mit normalen Innentemperaturen
bei vereinfachtem Nachweis nach Anlage 1 Ziffer 7 Wärmeschutzverordnung

Bezeichnung des Gebäudes oder des Gebäudeteils...

Ort ....Straße u. Hausnummer...

Gemarkung..Flurstücknummer..

I. Wärmedurchgangskoeffizienten der Außenbauteile

Für das Gebäude wurde aufgrund von § 3 Abs. 1 Satz 2 der Wärmeschutzverordnung der vereinfachte Nachweis nach Anlage 1 Ziffer 7 geführt:

Teilfläche	Benennung / Orientierung der Teilflächen	<u>maximal zulässiger</u> Wärmedurchgangskoeffizient k_i [W/(m²K)]	<u>vorhandener</u>
Außenwände		0,50	
Decken unter nicht ausgebauten Dachräumen und Decken (einschließlich Dachschrägen), die Räume nach oben und unten gegen Außenluft abgrenzen		0,22	
Kellerdecken, Wände und Decken gegen unbeheizte Räume sowie Decken und Wände, die an das Erdreich grenzen		0,35	

	Benennung / Orientierung der Teilflächen	Fläche [m²]	<u>maximal zulässiger</u> äquivalenter Wärmedurchgangskoeffizient k_{Feq} [W/(m²K)]	<u>vorhandener</u>
Außenliegende Fenster, Fenstertüren sowie Dachfenster	Nord			
	Ost			
	West			
	Süd			
	mittlerer äquivalenter Wärmedurchgangskoeffizient $k_{m,Feq}$		0,7	

Die folgenden Angaben sind freigestellt:

II. Jahres-Heizwärmebedarf

$A/V_{vorh}\cdot$	Maximal zulässiger Jahres-Heizwärmebedarf entsprechend Anlage 1 Tabelle 1 der Wärmeschutzverordnung
(Wärmeübertragende Umfassungsfläche A =.................... m² Beheiztes Bauwerksvolumen V= .... m³) A/V = ...m^{-1}	Q'_{Hzul} =... kWh/(m³·a) oder Q''_{Hzul} =... kWh/(m²·a)

Hinweis zu vorstehend angegebenen Werten:

Die Werte können zur Beschreibung der energetischen Qualität eines Gebäudes als Orientierungswerte herangezogen werden; sie geben vorrangig Anhaltspunkte für die vergleichende Beurteilung von Gebäuden. Ihnen liegen einheitliche Randbedingungen zugrunde, die durch die Wärmeschutzverordnung vorgegeben sind (z.B. meteorologische Daten, bestimmte Annahmen über nutzbare interne Wärmegewinne und den Luftwechsel). Insoweit, wegen des nicht einbezogenen Wirkungsgrades der Heizungsanlage und wegen der im Einzelfall unterschiedlichen Nutzergewohnheiten kann der tatsächliche Heizenergieverbrauch aus dem Jahres-Heizwärmebedarf nur bedingt abgeleitet werden.

Die vorstehend angegebenen Werte können darüberhinaus nur dann zutreffen, wenn die Dichtheitsanforderungen und die übrigen Anforderungen der Wärmeschutzverordnung erfüllt werden.

Name und Anschrift des Aufstellers	Datum der Ausfertigung und Unterschrift
....	 ....

Wärmebedarfsausweis nach § 12 Wärmeschutzverordnung

für ein Gebäude mit niedrigen Innentemperaturen

Bezeichnung des Gebäudes oder des Gebäudeteils...

Ort .... Straße u. Hausnummer ....

Gemarkung.. Flurstücknummer ....

I. Jahres-Transmissionswärmebedarf

Wärmeübertragende Umfassungsfläche A = ... m^2

Beheiztes Bauwerksvolumen V = ... m^3

Jahres-Transmissionswärmebedarf (insgesamt) Q_T = ... kWh/a

A/V	Maximal zulässiger Jahres-Transmissionswärmebedarf	berechneter Jahres-Transmissionswärmebedarf
.............m^{-1}	$Q'_{T\,zul}$ =............................. kWh/(m³·a)	Q'_T =............................. kWh/(m³·a)

Hinweise zu den Grundlagen dieses Wärmebedarfsausweises:

Die vorstehenden Werte des Jahres-Transmissionswärmebedarfs geben vorrangig Anhaltspunkte für die vergleichende Beurteilung der energetischen Qualität von Gebäuden. Diese Werte werden unter einheitlichen Randbedingungen ermittelt, die durch die Wärmeschutzverordnung vorgegeben sind (z.B. meteorologische Daten). Insoweit, wegen nicht einbezogener weiterer energetischer Einflußgrößen und wegen der im Einzelfall unterschiedlichen Nutzergewohnheiten kann der tatsächliche Heizenergieverbrauch aus dem Jahres-Transmissionswärmebedarf nur bedingt abgeleitet werden.

Die vorstehenden Werte des Jahres-Transmissionswärmebedarfs treffen darüberhinaus nur zu, wenn die Dichtheitsanforderungen und die übrigen Anforderungen der Wärmeschutzverordnung erfüllt werden.

II. Weitere energiebezogene Merkmale

Teilfläche	Fläche A_i [m²]	Wärmedurchgangskoeffizient k_i [W/(m²K)]	Faktor zur Berücksichtigung bauteilspezifischer Temperaturdifferenzen
A_W: Außenwände			
A_D: Dach- und Dachdeckenflächen			0,8
A_G: unterer Gebäudeabschluß einschl. erdberührter Flächen			
A_{DL}: Decken nach unten gegen Außenluft			1,0
A_{AB}: abgr. Flächen zu Gebäudeteilen mit niedr. Innentemp.			0,5
A_F: Fenster, Fenstertüren und Außentüren			1,0

Name und Anschrift des Aufstellers	Datum und Unterschrift
....	 ....

Literaturverzeichnis

I Bücher und Broschüren

[1] Autorenkollektiv, Leitung Schmidbauer, B.: Dritter Bericht der ENQUETE-KOMMISSION Vorsorge zum Schutz der Erdatmosphäre zum Thema: Schutz der Erde. Drucksache 11/8030. Bonn: Bonner Universitäts-Buchdruckerei

[2] Klimabericht NRW 1992

[3] Wege zum Niedrigenergiehaus; Bundesministerium für Raumordnung, Bauwesen und Städtebau, 08.1988

[4] OLG München, Urteil v. 17.04.1979 - 1 U 2298/78 -; Döbereiner BauR 1980, 296, 298; Molodowsky, Jahrbuch des Bauwesens 1966, 81, 84 ff

[5] Koblin, W., Krüger E., Schuh U.: Handbuch - Passive Nutzung der Sonnenenergie. Schriftenreihe 04 "Bau- und Wohnforschung" des Bundesministers für Raumordnung, Bauwesen und Städtebau; Heft Nr. 04.097

II Richtlinien, Vorschriften, Veröffentlichungen

[6] Arbeitsstättenrichtlinie - Raumtemperatur; April 1976

[7] Richtlinie für die Planung und Ausführung von Dächern mit Abdichtungen, Zentralverband des Deutschen Dachdeckerhandwerks und Hauptverband der Deutschen Bauindustrie, Ausgabe Mai 1991. Köln: Verlagsgesellschaft Rudolf Müller GmbH

[8] Energieeinsparungsgesetz (EnEG) vom 22. Juli 1976 (BGBl. I S. 1873), mit Änderungen durch Gesetz vom 20. Juni 1980 (BGBl. I S. 701)

[9] Verordnung über wohnungswirtschaftliche Berechnungen (Zweite Berechnungsverordnung - II. BV) in der Fassung der Bekanntmachung vom 12. Oktober 1990 (BGBl. I S. 2178)

[10] Bundesanzeiger vom 31.12.1994, Nr. 246, S. 12646 und S. 12647

III Normen

[11] DIN 277   Grundflächen und Rauminhalte von Bauwerken im Hochbau;
      Ausgabe Juni 1987

[12] DIN 4108   Wärmeschutz im Hochbau; Teil 2: Wärmedämmung und Wär-
      mespeicherung; Anforderungen und Hinweise für Planung und Ausführung;
      Ausgabe August 1981

[13] DIN 4108   Wärmeschutz im Hochbau; Teil 3: Klimabedingter Feuchte-
      schutz; Anforderungen und Hinweise für Planung und Ausführung; Ausgabe
      August 1981

[14] DIN 4108   Wärmeschutz im Hochbau; Teil 4: Wärme- und feuchteschutz-
      technische Kennwerte; Ausgabe November 1991

[15] DIN 4108   Wärmeschutz im Hochbau; Teil 5: Berechnungsverfahren;
      Ausgabe August 1981

[16] DIN 4108   Wärmeschutz im Hochbau; Teil 6: Berechnung des Jahres-
      Heizwärmebedarfs von Gebäuden; Vornorm April 1995

[17] DIN 4701   Regeln für die Berechnung des Wärmebedarfs von Gebäuden;
      Teil 1: Grundlagen der Berechnung; Ausgabe März 1983

[18] DIN 4701   Regeln für die Berechnung des Wärmebedarfs von Gebäuden;
      Teil 2: Tabellen, Bilder, Algorithmen; Ausgabe März 1983

[19] DIN 5034   Tageslicht in Innenräumen; Allgemeine Anforderungen; Ausga-
      be Februar 1983

[20] DIN 18055   Fenster; Fugendurchlässigkeit, Schlagregendichtheit und me-
      chanische Beanspruchung; Anforderungen und Prüfung; Ausgabe Oktober
      1981

[21] DIN 18195 Bauwerksabdichtungen; Teil 4: Abdichtungen gegen Boden-
      feuchtigkeit; Ausgabe August 1983

[22] DIN 52619   Wärmeschutztechnische Prüfung; Teil 1: Bestimmung des Wärmedurchlaßwiderstandes und Wärmedurchgangskoeffizienten von Fenstern; Messung an der Gesamtkonstruktion; Ausgabe November 1982

[23] DIN 67507   Lichttransmissionsgrade, Strahlungstransmissionsgrade und Gesamtenergiedurchlaßgrade von Verglasungen; Ausgabe Juni 1980

[24] DIN EN 832 Wärmetechnisches Verhalten von Gebäuden - Berechnung des Heizenergiebedarfs - Wohngebäude; Entwurf Oktober 1994

Sachverzeichnis